リスク管理のための
社会安全学

自然・社会災害への対応と実践

関西大学 社会安全学部

[編]

ミネルヴァ書房

巻 頭 言

　1850年代半ばの開国以来，わが国はハード，ソフトの両面で，短期間のうちに欧米から近代産業技術を導入し，急ピッチで近代化・西欧化を推進していった。1857年には早くも長崎鎔鉄所の建設を開始し，1861年にそれを長崎製鉄所として完成させた。先ごろ世界遺産認定を受けた富岡製糸工場の建設は1872年のことで，海外の技術者の指導の下での事業であったが，追いつき追い越せをモットーに果敢に新しい技術を導入し，消化し，国産化していった。もちろん伝統的な自主技術もあったが，基盤インフラである鉄道，船舶，発電，ガス事業から鉱工業のあらゆる面において海外技術に依存したのである。

　第二次世界大戦後も，欧米との技術格差を埋めるため，国も率先して海外技術の導入に努めたが，例えば，脆弱であった石油化学工業分野では製造マニュアルから品質管理のマニュアルまで，そのまま翻訳したものを使用せざるをえない状況にあった。こうした状況を脱皮できたのは，高度成長を経て1970年代に入ってからのことである。現在わが国は，鉄鋼，材料，造船，半導体や電気電子，自動車など多くの技術分野で世界的にトップクラスにあるが，ここまでくるには160年程度の期間と莫大な資金，そして人材の投入が必要であった。

　元来技術には，技術自身に内在する発展性があるが，最も大きな牽引力は技術を取り巻く社会経済的要請である。換言すれば，それは国民の期待や信頼に大きく依存するものであるといえるだろう。そのような期待や信頼を得るには不断の努力と長い期間が必要なのだが，一方で一度でも大きな事故・災害が発生すれば，いとも簡単に技術に対する社会の信頼は大きく損なわれる。それは，福島第一原発事故で如実に示されたとおりである。

　船舶やボイラなど大きなエネルギーを扱う機器は，いったん事故が発生すると深刻な被害を生んでしまう。サルタナ号（1865年），タイタニック号（1912年），洞爺丸事故（1954年）などによる甚大な人的被害の発生，トリー・キャ

ニオン号（1967年）や日本近海でのナホトカ号（1997年）などの油流出事故に伴う大規模な環境破壊など，そうした事例は近現代の歴史を振り返ってみると枚挙にいとまがない。2014年4月に韓国で発生した，セウォル号転覆事故も我々の記憶に新しい。

上記のサルタナ号事故は，船舶やボイラの安全性は製造や運用の技術者だけでは確保できるものではなく，第三者検査という社会制度の重要性が社会に強く認識されるきっかけとなった。わが国にも船舶や産業用ボイラなど第三者検査にはすでに100年以上の歴史があるが，頻度は少ないとはいえ依然として事故は発生しているし，今後も発生し続けるだろう。なぜなら技術の発展とともにそれを取り巻く自然環境，社会経済環境，人的環境も同時に相互干渉的に変化するものであり，その変化の仕方によっては様々な局面で思いもよらない不整合が顕在化していく可能性があるからである。

原子力発電や石油化学は，わが国に導入されて40～50年の歴史しかない。船舶やボイラの導入から約160年が経過し，さらにその背景には300年にもわたる欧米における蒸気船やボイラ技術の歴史があることを考えれば，かなり若いといわざるをえない。若いということは，成熟した技術とはいえないと考えた方が良いだろう。すなわち，技術のみならず社会経済的，人的要因も含めての複雑系ともいえるこれら機器・プラントにおいて，未だ事故やトラブルが十分に出尽くしてはいない状況だからである。未経験の事象との遭遇とその克服の積み重ねが，当初はたとえ海外からの導入技術であったとしても，技術をわが手のものにする唯一の方法であり，その技術が社会にとって重要であるならば，社会もそのことを理解する必要がある。

一方で，技術の体系から見た時に若い技術であったとしても，個々の機器・プラントにとって40～50年という期間はかなりの期間である。経年劣化の問題が顕在化するだけでなく，現場では導入当初の幾度かの事故やトラブルを克服してきた技術者が去り，設計・製造・運用のあらゆる局面において初期の事故やトラブルの経験のない世代に入れ替わってしまったのが50年という歳月である。産業界では今，団塊世代の大量退職に伴う技術の伝承問題が顕在化している。それよりも深刻なのが，運用技術の伝承はなされたとしても，トラブ

ルや事故に対する感受性，危険認識などについての体験に乏しい世代が現場の第一線に立ち始めたことである。世代交替問題の本質は，単に技術の継承の適否ではなく，安全問題なのである。

　このような問題は自然災害においても同様ではないだろうか。2014年8月下旬に広島市北部において大規模な土砂災害が発生し，死者・行方不明者合わせてその被害者数は80名を超えた。過去数十年間にわたって経験がないほどのゲリラ豪雨が直接的原因であるが，上記産業分野と同様の構図，つまり住宅建設技術，土木技術を取り巻く自然環境，社会経済環境，人口動態などが複雑に絡み合った災害であるように思える。

　社会災害問題は基盤インフラや産業機器，工業製品に関わる技術者や政策決定とその執行に携わる政治・行政だけの問題ではなく，直接・間接的に利便性を享受する市民や，いったん事故になると避難を余儀なくされる周辺住民全体の問題でもある。それと同様に，自然災害についても気象学者，土木技術者，行政だけの問題というより，むしろ住民や社会全体を含めた問題と捉える必要がある。大都市への人口集中は地方都市の過疎化と裏腹の関係にあり，これらはともに自然災害に対する脆弱性が高まることと無縁ではない。行政のみならず住民自身も災害も含めた地域の歴史，地理的・地質的・気象学的特性，社会経済的構造，人口動態などに関心を持ち，過去の経験にとらわれることなく安全問題を虚心に考え続けることが重要である。

　関西大学社会安全学部は2010年の創設から5年，社会安全研究科は2012年の後期課程創設から3年がそれぞれ経過し，本年3月末をもって学部・大学院が全て完成することになる。この間にも各種の事故・災害が多発し，物理現象としての災害の背景に社会経済的背景を始め，様々な要因の影響が複雑に関連していることが明らかとなった。そしてその度に，社会的に見て整合性のある対策を講じるには分野横断の共同研究が不可欠であることが示され，また感じられてきた。

　本学部・研究科の専任スタッフは2012年以降，社会安全問題に関するテーマを主軸として，姉妹本をすでに3冊ミネルヴァ書房から上梓してきた。本書はその第4冊目となる。本学部における分野横断的な共同研究の成果であるこ

れら一連の著作が，自然災害，社会災害に対する社会の"靱性"を高めること
に資することができればまことに幸いである。

2015 年 1 月

関西大学社会安全学部長
小澤　守

はしがき

　社会安全学部は，関西大学の 13 番目の学部として，2010 年 4 月に大阪・高槻の地に産声を上げた。また，同時に，大学院社会安全研究科修士課程も開設された（その後，2012 年 4 月に博士後期課程を開設）。専ら社会の安全・安心問題を扱う，わが国で初めての学部・大学院で，①自然災害に対する防災と減災，並びに②事故・社会災害の防止と減災，の二つをその研究教育の柱としている。

　「安全の知」の集積・体系化，事故を防止・減少させるための理論的・政策的研究，防災・減災のための実際的な提言等を行うには，既存の学問領域を横断する融合研究の深化が必要不可欠である。このため，本学では開設準備段階の 2009 年から，着任予定の専任スタッフが集って「社会安全学セミナー」と題する共同研究会を定期的に開催してきた。これは，学部開設後も引き継がれ，5 年間にわたって，年度末を除いてほぼ毎月 1 回のペースで継続・開催されている。

　社会安全学部は，2012 年から毎春 1 冊，社会安全学に関するテーマを主軸にすえた研究書を継続して刊行してきた。これは，上記の社会安全学セミナーを核とした専任スタッフの共同研究の成果を世に問うためのものである。すでに，これまで 3 冊が刊行されているが，それらのタイトル等は以下のとおりである（いずれもミネルヴァ書房刊）。

『検証　東日本大震災』2012 年 2 月刊，A5 判，328 頁。
『事故防止のための社会安全学』2013 年 3 月刊，A5 判，328 頁。
『防災・減災のための社会安全学』2014 年 3 月刊，A5 判，250 頁。

　ところで，社会の安全・安心問題を論じる際，リスクに関する議論を避けて通ることはできない。現時点では全部で 5 冊を予定しているこの一連の研究書

の第4冊目となる本書は，このリスク問題に焦点を当てたものである。

ロベール・カステルも指摘するように，現代社会には事故や病気，失業などの「古典的」なリスクと，科学・技術の発展がもたらした環境問題のような「現代的」なリスクとが混在しつつ，一方で，リスクのインフレーションとでも呼ぶべきリスク事象の拡張が進展している（ロベール・カステル，庭田茂吉・アンヌ・ゴノン・岩﨑陽子訳『社会の安全と不安全――保護されるとはどういうことか』萌書房，2009年）。リスクは，安全問題の分析視角に関わる理論的フレームワークのレベルで問題となるのみならず，リスクマネジメントという用語に象徴されるように，実際の政策論のレベルでも問題となる概念である。

本書は，現代の日本社会が抱える自然災害や社会災害に関わる様々なリスクを，その管理という視点から整理し，リスク低減社会の実現への道筋を示そうとするもので，日常生活や経済活動におけるリスクとそれへの対応，自然災害のリスク評価とそれへの対処，支援や教育を通じたリスク管理の手法等が考察・検討の対象となっている。

ここでその構成を簡単に見ておくと，本書は以下の通り3部13章から成っている。

まず，生活に潜むリスクとその防止・低減に関わる問題を扱う第Ⅰ部には，秋山まゆみによる「消費生活における安全と消費者庁の消費者行政」（第1章），髙野一彦による「情報危機管理とビッグデータ」（第2章），小澤守・安部誠治による「企業の社会的責任と消費者の安全」（第3章），並びに桑名謹三による「保険制度による減災効果の検証」（第4章）の四つの論考が置かれている。

続いて，河田惠昭による「予防への災害リスク評価手法」（第5章），川口寿裕による「安全・迅速な出口退出のシミュレーション」（第6章），小山倫史による「ゲリラ豪雨と斜面崩壊」（第7章），林能成による「鉄道における津波避難の課題」（第8章），および永田尚三による「災害時における消防行政の課題」（第9章）の五つの章から構成される第Ⅱ部では，災害予防のためのリスク管理に焦点を当てた考察が行われている。

さらに，第Ⅲ部には，永松伸吾・元吉忠寛・金子信也による「被災者による被災者支援の効果」（第10章），近藤誠司による「ポスト3.11における災害ジ

ャーナリズムの役割」（第11章），山崎栄一による「法学者から見た防災教育」（第12章）の3編が配置され，支援のあり方や災害予防・対処のための情報・教育に関わる諸問題が検討されている。

最後に，終章として中村隆宏による「安全教育はいかにあるべきか」が置かれ，本学部の特色ある安全教育科目である「社会安全体験実習」の5年間の検証と総括が行われている。

大学関係者であればよくご存じのことと思うが，大学の学部や大学院を新設するには，文部科学省の認可が必要である。認可を得て学部・大学院を開設してから，最初に卒業生（大学院の場合は修了生）を送り出すことを「完成年度を迎える」という。本学の場合，すでに学部は2014年3月に，そして大学院修士課程は2012年3月にそれを迎えており，さらに本年3月末に大学院博士後期課程も完成年度を迎える。つまり，2010年4月からの新学部・大学院の開設事業は，全て完了することとなる。そういう点で，本書は本学の完成と5年の歩みとを記念する出版物でもあるといえる。

「温故知新」という故事があるが，人や社会は，これまでと今後のあり様を省察し，未来への指針や糧とするために，過去に起こった出来事の祝祭や追悼などを定期的に行うことを習いとしている。学部開設5周年というのもそうしたものの一つである。災害の分野でいえば，2015年は福知山線列車脱線事故から10年，阪神・淡路大震災から20年，日本航空123便墜落事故から30年，夕張炭鉱および山野炭鉱ガス爆発事故から50年，そして国鉄連絡船「紫雲丸」沈没事故と新潟大火から60年の年に当たる。

前述した完成年度とは，それで事業が完了し，成長・発展が止まるということでは決してない。完成年度を迎えるとは，さらなる発展に向けた再スタートを切るということに他ならない。開設の原点に立ち返りつつ，安全・安心社会の創造へ向けて，研究教育の一層の充実・発展に努めていくことこそが完成年度を迎えた本学の社会的使命であろう。

2015年1月

関西大学社会安全学部

リスク管理のための社会安全学
―― 自然・社会災害への対応と実践 ――

目　次

巻頭言
はしがき

第Ⅰ部　生活に潜むリスクとその防止

第1章　消費生活における安全と消費者庁の消費者行政
　　　　　　　　　　　　　　　　　　　　　　　　　　　　秋山まゆみ…3
　1　設立6年目を迎えた消費者庁………………………………………3
　2　消費者庁設立の背景と現状…………………………………………4
　3　消費者庁による消費者行政の問題点………………………………9
　4　消費者安全調査委員会による消費者事故等の調査………………15
　5　消費生活における安全の向上と消費者庁に求められる役割……18

第2章　情報危機管理とビッグデータ……………………髙野一彦…21
　　　　　――わが国の個人情報保護法制への提言と企業コンプライアンス――
　1　個人情報とプライバシー保護における問題の所在………………21
　2　国際的整合：EUデータ保護指令との比較を中心として………22
　3　企業から見たわが国の個人情報保護法の「有効性」の課題……26
　4　EU一般データ保護規則提案への企業の対応……………………32
　5　新たな個人情報保護法への提言：監督機関と法的制裁を中心として…35
　6　企業の情報法コンプライアンス・危機管理………………………40

第3章　企業の社会的責任と消費者の安全……小澤　守・安部誠治…47
　　　　　――パロマ湯沸器事故とその教訓――
　1　パロマ湯沸器による連続事故………………………………………47
　2　ガス湯沸器開発の歴史………………………………………………50
　3　当該湯沸器は欠陥製品だったのか…………………………………54
　4　事故の態様とパロマ社の問題点……………………………………57
　5　湯沸器の安全確保への教訓…………………………………………62

第4章　保険制度による減災効果の検証 …………… 桑名謹三 … 67
1　減災のための政策について ……………………………………… 67
2　保険料による減災インセンティブ ……………………………… 69
3　資力不足の問題の解消 …………………………………………… 74
4　減災効果の検証事例と今後の展望 ……………………………… 77

第Ⅱ部　災害予防のためのリスク管理

第5章　予防への災害リスク評価手法 …………… 河田惠昭 … 85
1　なぜ災害リスクの評価が必要なのか …………………………… 85
2　被害評価の具体的な問題点 ……………………………………… 86
3　災害リスク評価手法の開発過程 ………………………………… 88
4　解析に用いる集合知 ……………………………………………… 91
5　アンケート調査 …………………………………………………… 93
6　回答者の属性と回答結果の概要 ………………………………… 95
7　新聞記事の使用語数による被害の定量化 ……………………… 99
8　首都直下地震による被害額の推定 ……………………………… 104

第6章　安全・迅速な出口退出のシミュレーション …… 川口寿裕 … 107
1　安全な避難と避難シミュレーション …………………………… 107
2　避難シミュレーションの分類 …………………………………… 108
3　離散要素法 ………………………………………………………… 113
4　出口退出シミュレーション ……………………………………… 116
5　歩行者モデルの精密化と今後の課題 …………………………… 124

第7章　ゲリラ豪雨と斜面崩壊 …………………… 小山倫史 … 128
1　ゲリラ豪雨とは …………………………………………………… 128
2　降雨起因の斜面崩壊：崩壊メカニズムと崩壊形態 …………… 131
3　ゲリラ豪雨の計測方法および外力としての評価 ……………… 134

4　ゲリラ豪雨時の斜面内の雨水浸透現象の把握……………………… 137
　　5　ゲリラ豪雨時の斜面安定性評価のための数値解析・シミュレーション
　　　　………………………………………………………………………… 139
　　6　ゲリラ豪雨時の斜面崩壊に対する防災・減災に向けて…………… 141

第8章　鉄道における津波避難の課題………………………林　能成…144
　　1　避難による津波被害の軽減……………………………………………… 144
　　2　意外に少ない自然災害による鉄道の死亡事故……………………… 145
　　3　東日本大震災以前に鉄道が受けた津波災害………………………… 147
　　4　東日本大震災で鉄道が受けた津波被害……………………………… 150
　　5　津波にどのように備えるか（1）：東日本大震災以前の取り組み…… 154
　　6　津波にどのように備えるか（2）：東日本大震災以後の取り組み…… 157
　　7　実効的な津波避難誘導の実現に向けて……………………………… 162

第9章　災害時における消防行政の課題………………………永田尚三…167
　　　　――地域公助・垂直補完・水平補完・共助を中心に――
　　1　消防行政の役割とその問題……………………………………………… 167
　　2　地域公助の現状と課題…………………………………………………… 168
　　3　垂直補完の現状と課題…………………………………………………… 172
　　4　水平補完の現状と課題…………………………………………………… 177
　　5　共助の現状と課題………………………………………………………… 183
　　6　安全を守るための消防行政を目指して……………………………… 185

第Ⅲ部　支援のあり方と予防への布石

第10章　被災者による被災者支援の効果
　　　　――宮城県多賀城市の事例から――
　　　　………………………………永松伸吾・元吉忠寛・金子信也…191
　　1　被災者による被災者支援の意義………………………………………… 191

2　多賀城市における被災者支援事業……………………………… 192
　　3　仮設住宅団地入居者による支援員の評価……………………… 194
　　4　支援員による支援業務の評価…………………………………… 201
　　5　業務としての被災者支援の課題………………………………… 207

第11章　ポスト3.11における災害ジャーナリズムの役割
　　　　　　　　　　　　　　　　　　　　　……近藤誠司…210
　　1　取材者と被災者の関係性………………………………………… 210
　　2　災害ジャーナリズムとは………………………………………… 211
　　3　緊急報道をめぐるリアリティの構築…………………………… 214
　　4　復興報道をめぐるリアリティの構築…………………………… 218
　　5　予防報道をめぐるリアリティの構築…………………………… 223
　　6　もう一つのジャーナリズムを目指して………………………… 226

第12章　法学者から見た防災教育……………………山崎栄一…232
　　1　防災教育の意義と二つのアプローチ…………………………… 232
　　2　防災教育の法制度上の位置づけ………………………………… 232
　　3　大人に対する防災教育の必要性………………………………… 237
　　4　法知識を得ないことによるデメリット………………………… 239
　　5　なぜ，法知識が普及しないのか………………………………… 240
　　6　法知識の手がかりとしてのテキスト…………………………… 241
　　7　法知識を獲得する意義と内容…………………………………… 242
　　8　防災法教育の展開手法…………………………………………… 245

終　章　安全教育はいかにあるべきか………………中村隆宏…249
　　　　──関西大学社会安全学部の取り組み──
　　1　現代社会と交通事故……………………………………………… 249
　　2　安全教育としての体験型教育…………………………………… 251

3　社会安全体験実習とは……………………………………………… 251
	4　実施上の課題とその対応…………………………………………… 256
	5　社会安全体験実習が目指すもの：実習の本質…………………… 261
	6　安全を創造する担い手の育成……………………………………… 263

あとがき……265
索　　引……267

第Ⅰ部

生活に潜むリスクとその防止

第1章
消費生活における安全と消費者庁の消費者行政

秋山まゆみ

1 設立6年目を迎えた消費者庁

　従来の縦割り的な消費者行政の問題点の解消を目的に，2009年に設立された消費者庁は，必要な法制度の制定・改正・企画立案や，横断的な消費者事故情報の収集等を通じて，消費者行政を運営してきた。設立から6年目を迎え職員数も300名を超え，消費者庁・消費者委員会設置法附則や，消費者安全法の附則，法制定時の国会付帯決議に対応するために，消費者事故等の調査機関の設置，消費者の財産被害に係る「隙間事案」への行政措置の導入などの業務態勢を整えつつある。また，規制の横断的体系化として食品表示法の成立，消費者被害への機動的対応として特定商取引法の改正（訪問購入追加），消費者教育の推進に関する法律の成立なども進み，消費者安全法に基づき収集した消費者事故等も1万2627件に達するなど，消費者庁の取り組みは，着実に成果を挙げつつある。

　しかしながら，国会報告書や消費者白書等に書かれた華やかな実績のみだけでなく，消費生活における安心・安全に与える影響はどのようなものであるのか，また，設立当初より期待された消費者行政の司令塔としての役割は果たせているのかなど，6年を経た現在，その現状を検証する時期にきていると思われる。本稿では，消費者庁の行っている幅広い消費者行政の中でも，特に重要な「消費生活における生命身体の安全」に関わる分野に絞って検証を行う。

2　消費者庁設立の背景と現状

（1）消費者庁設立の背景
①消費者保護基本法から消費者基本法へ

　日本経済の高度成長期に社会問題化した消費者問題に対処し，総合的かつ整合的に消費者行政を推進するため，消費者問題に対する基本法として，1968年に消費者保護基本法（以下，「旧基本法」という。昭和43年法律第78号）が制定された。旧基本法においては当初，消費者は社会的弱者として保護の対象と考えられた。しかし，近年における規制緩和の推進，社会の高度情報化や国際化の進展など経済社会情勢の変化と消費者問題の変化，および消費者トラブル・被害の増大に対応するため，消費者政策の基本的な枠組みについて見直しが行われ，2004年に旧基本法の改正法案が審議され，全党一致の議員立法として改正法が成立した。旧基本法は消費者基本法（以下，「新基本法」という）と改称され，消費者行政の枠組みは，消費者を保護の対象，客体とするものから，消費者が権利の主体であることを前提として，消費者の権利を尊重し，自立支援を行う枠組みに転換することとなった。

　ところで，新基本法は「消費者の権利」に関する規定を定めた法律であるにもかかわらず，「消費者の権利」についての具体性を欠いており，しかも，国と地方自治体が消費者の自立を「支援」することを消費者政策の基本としていることに関して，消費者の権利を保障した条項であるとは言い難いとして，この転換を否定的ないし消極的に捉える立場もある。また，同法第7条第1項において，「消費者は，自ら進んで，その消費生活に関して，必要な知識を習得し，及び必要な情報を収集する等自主的かつ合理的に行動するよう努めなければならない」と規定し，消費者自らが自立した消費者となるよう求めている。旧基本法では「消費者の役割」という条項（旧基本法第5条）があり，これまでも消費者運動の立場などから様々な批判や指摘がなされてきた。一方，新基本法では「消費者の役割」という条項こそ削除されたものの，新基本法第7条はまさに「消費者の責務」といえるような内容となっている。

しかしながら，日々，膨大な情報量にさらされている現実の消費生活において，全ての消費者が本当に自立した消費者とはなりえるのか，また，深刻な消費者被害が後を絶たない現実を，どのように認識するのかなど，新基本法の理念をめぐってなお残された課題も多い。いうまでもないが，新基本法の精神ともいえる消費者の権利の尊重と消費者への自立支援という枠組みは，国や自治体が消費生活に関する知識と情報を消費者に十分に提供し，消費者が必要な知識と情報をいつでも入手できる環境が整ってはじめて実現できるものである。新基本法を社会に定着させていくためには，その主務官庁たる消費者庁の役割がまことに大きいといえよう。

②消費者庁設立の背景

消費者基本法の制定を受け，消費者政策の計画的な推進を図るため，2005年度から2009年度までの5年間を対象とする消費者基本計画が定められ，この計画に基づき消費者政策が展開されることとなった。しかしながらこの時期，輸入冷凍餃子による中毒事件，事故米穀の輸入問題，高齢者の生活の基盤である資産を狙った悪質商法等の横行，ガス湯沸器による連続中毒死事故の顕在化など，消費者生活の安全・安心を脅かす事件や事故が相次いで発生した。そして，このような様々な事故や被害に関する情報が報告されていながら，業界や行政組織において事故情報が分散されたままで放置され，その全体像を把握・対応できなかったことから，いわゆる縦割り行政の弊害や不作為といった問題が強く指摘されるようになった。

こうした状況を背景に，2007年の福田康夫内閣の発足とともに，消費者行政は大きな転換を遂げることになった。すなわち，福田内閣総理大臣（当時）は2008年を「生活者や消費者が主役となる社会」へ向けたスタートの年と位置付け，施政方針演説の中で，消費者行政を統一的・一元的に推進するための強い権限を持つ新組織の設置と，消費者行政担当大臣の常設を表明した。こうして，消費者庁の設置は福田内閣が進める重要政策の一つとなり，内閣官房に置かれた消費者行政推進会議（2008年2月8日閣議決定により設置）において，その組織・所管法令の内容等について検討されることとなった。

消費者行政推進会議が2008年6月にとりまとめた「消費者行政推進基本計

画 消費者・生活者の視点に立つ行政への転換」では，行政に対する消費者の信頼性の確保を重視するために新組織が満たすべき原則について，①消費者にとって便利でわかりやすい（新組織は，「生産者サイドから消費者・生活者サイドへの視点の転換の象徴」となるものであり，消費者問題全般にわたり強力な権限と責任を持つとともに，全ての消費者が迷わず何でも相談できるよう一元的窓口を持ち，情報収集と発信の一元化を実現する），②消費者・生活者のメリットを十分実感できる（消費者被害の実態を踏まえ，被害防止や救済に結び付けられる仕組みを構築する。「取引」，製品・食品などの「安全」，「表示」など，消費者の安全安心にかかわる問題を幅広く所管する。一元的な窓口機能，執行，企画立案，総合調整，勧告などの機能を有する消費者行政全般についての司令塔として位置付ける。消費者教育や啓発に係る取り組みを行い，隙間事案への対応や横断的な規制体系の整備のため，新法の早急な制定に取り組む），③迅速な対応（消費者からの相談や法執行，法律や政策の企画立案に至るまで，迅速な対応を行う），④専門性の確保（消費者行政に関する幅広い「専門性」を確保・育成し，各府省庁や民間に蓄積された専門性を活用する），⑤透明性の確保，⑥効率性の確保の 6 原則が提起された[(2)]。これにより，縦割り行政の弊害や不作為といった問題を反省するとともに，消費者庁を創設することによって，一元的な消費者窓口の設置や行政機関間における情報の一元的集約・分析体制の整備が図られることとなった。また，適用すべき法律が明確ではない，いわゆる「隙間事案」への対応や各行政機関の権限不行使の問題を改善するため，消費者行政の司令塔たる消費者庁が各省庁に措置要求できうる仕組みが整備されることとなった。

　2008 年 9 月に国会に提出された消費者庁関連法案は，2009 年の通常国会において衆議院で審議入りし，政府案を一部修正の上，同年 4 月 17 日に衆議院で，また 5 月 29 日に参議院で，それぞれ全会一致で可決・成立した。消費者庁及び消費者委員会設置法（平成 21 年法律第 48 号），消費者庁及び消費者委員会設置法の施行に伴う関係法律の整備に関する法律（平成 21 年法律第 49 号），消費者安全法（平成 21 年法律第 50 号）のいわゆる消費者庁関連 3 法である。これにより，消費者庁および消費者委員会が設置されることとなった。このうち，消費者安全法は，消費者庁設立に際して新たに制定された実体法で，消費

者庁設立の趣旨，機能等を法律の形で示すものであり，消費者庁設立以降の新たな消費者行政を理解する上で極めて重要な法律である。

（2）消費者庁による消費者行政の現状
①事故収集件数

2009年9月の消費者庁設置以降，消費者庁には消費者安全法等に基づき，関係行政機関や地方公共団体等から消費者事故等に関する様々な情報が寄せられており，消費者庁ではこれらの情報の集約・分析を行っている。

消費者庁の『消費者白書』（2013年度）によると，消費者安全法に基づき消費者庁に通知された消費者事故等は，1万2627件（前年度1万2729件，0.8％減）となっている。その内訳は，生命又は身体被害に関する事案（以下，「生命身体事故等」という）が3511件（前年度2813件，24.8％増），財産被害に関する事案（以下，「財産事案」という）が9116件（前年度9916件，8.1％減）である。また，生命身体事故等のうち，死亡等の重大なもの（以下，「重大事故等」という）は1317件（前年度1322件，0.4％減）となっている。「重大事故等」を除く「生命身体事故等」は，2194件あり，前年度の1491件から47.1％増加している。[3]

消費生活用製品安全法に基づき2013年度に報告された「重大製品事故」は，941件あり，前年度の1077件から12.6％減少している。[4]

2013年度にPIO-NET[5]に収集された消費生活相談のうち，生命・身体に関する危害・危険情報は2万226件となっている。このうち，危害情報の件数が2004年度以降，増加傾向にあり，2013年度は2004年度に比べて約2.4倍に増加している。

「事故情報データバンク」[6]には，上記の生命身体事故等，PIO-NET情報（「危害情報」および「危険情報」），重大製品事故，さらに，参画機関から寄せられた生命・身体に関する事故情報が登録され，インターネット上で簡単に閲覧・検索することができる。2013年度，事故情報データバンクには2万9801件の事故情報が登録され，このうち，消費者庁，国民生活センターを除く事故情報データバンク参画機関からの通知は1万3334件となっている。[7]また，

2014年3月31日時点で登録されている情報は累計で11万2314件となっている(8)。

さらに法律に基づくものではないが，医療機関ネットワーク(9)を通じて一部の医療機関からも消費者事故情報が収取されている。2013年度に医療機関ネットワークに収集された生命・身体に関する事故情報は，6906件となっている(10)。

②執行数

消費者庁が行った法執行・行政処分等のうち，消費者安全法に基づく法執行数は，2009年度0件，2010年度1件，2011年度7件，2012年度6件，2013年度9件となっている(11)。このうち2012年度の内訳を見てみると，①2012年7月13日中東の天然ガス関連事業者の名称を用いた「天然ガス施設運用権」の勧誘に関する注意喚起，②8月22日透析装置等の製造事業者を装った事業者による「信託受益権」の勧誘に関する注意喚起，③11月2日iPS細胞作製に係る特許権の「知的財産分与譲渡権」勧誘に関する注意喚起，④12月14日通信販売を装った「SIMフリースマートフォン」の勧誘に関する注意喚起，⑤2013年2月22日次亜塩素酸ナトリウムを含むとの表示がある「ウイルスプロテクター」について（使用中止および自主回収のお知らせ），⑥3月19日ワールドオーシャンファームやL＆Gの投資被害が回復できるという勧誘等に関する注意喚起の6件である(12)。つまり，財産事案で注意喚起を行ったもの5件，生命身体事故等で注意喚起を行ったもの1件となっている。2013年度については，①2013年5月31日（注意喚起）消費者を困惑させて代金の支払を迫る公益法人を装った「公益財団法人ハートライフクラブ」に関する件，②8月30日（注意喚起）副業を希望する消費者にウェブサイト開設を持ちかける「株式会社リミテッド」に関する件，③④12月13日（注意喚起）12月17日（勧告）有料老人ホームの運営を装って「新株引受権付社債」を募集する「友愛ホーム株式会社」に関する件，⑤⑥12月26日（注意喚起，勧告）インターネットを用いたオンラインゲーム事業の紹介者を募集する「株式会社ELICCJAPAN」に関する件，⑦12月26日（注意喚起）SIMフリー端末の通信販売を装う香港電脳問屋という名称のウェブサイトを運営する「HK Denno Trading Co., Ltd」に関する件，⑧2014年2月18日（注意喚起）未公開株の販売を委託されたと

偽る「株式会社なでしこグループ」に関する件，⑨3月31日（注意喚起）メールマガジン購読者に対して投資信託商品を勧誘する「Paul Green Asset Partners」に関する件(13)となっている。財産事案で注意喚起を行ったもの7件，勧告を行ったもの2件，生命身体事故等での法執行等は0件ということになる。

3　消費者庁による消費者行政の問題点

（1）消費者安全法による法執行数の問題

第2節第2項で見たように，消費者庁が一元的に収集するとされる消費生活における消費者事故等は1万2627件で，そのうち生命身体事故等は3511件，生命身体事故等のうち，死亡等の重大なものは1317件となっている。さらに，これらの消費者事故等のうち，消費者庁が行った法執行は，2012年度についてはわずか6件のみに止まっている。これら6件のうち，生命身体事故等に関するものは2013年2月22日に行われた注意喚起「次亜塩素酸ナトリウムを含むとの表示がある『ウイルスプロテクター』について（使用中止及び自主回収のお知らせ）」1件のみである。2013年度の法執行数は9件と少し増えているが，その内訳を見ると，生命身体事故等に関するものは0件となっている。

消費者安全法により消費者庁に一元的に収集された消費生活における消費者事故等の情報は，通知元への補足調査・追加情報等の依頼をしたりすることにより消費者庁内で相当程度の真実相当性を確認し，拡大被害等の可能性の有無を判断し，その後の法執行・措置へと結びつける仕組みになっている(14)。消費者安全法に基づく措置には，分析結果の公表（同法第13条），注意喚起（第38条第1項），各大臣に対する措置要求（第39条），事業者に対する勧告・命令（第40条），事業者に対する譲渡等の禁止・制限（第41条）および回収等命令（第42条）があり，これらは消費者に向けて発するもののみならず各大臣や事業者に対しても措置を行える権限を持つものがある。これはまさに，消費者行政の司令塔としての役割を担うことを期待された新組織として与えられた権限であった。2009年の消費者庁設立以来，消費者安全法に基づく措置を行うほどの重大な消費者事故等がほとんど起きていないということは考えられないので，

この執行数の少なさは見過ごすことができない。

　このように消費者安全法に基づく措置が圧倒的に少ない原因の一つとして，毎月300件程にものぼる消費者事故等に関する情報をさばくことの大変さはもちろんのことであるが，それ以上に，通知されてくる情報の真実相当性の確認が非常に困難であることが挙げられる。消費者安全法に基づく通知として集まってくる消費者事故等に関する情報は，消費生活用製品安全法のように事業者から事故内容や型式等が報告されてくる確かな情報と，各消費生活センターから，元々消費者安全法の通知のためではなく消費者相談として聞き取った内容で通知されてくるような事故内容・原因・型式等が不確かな情報が混在して集まってくる。消費者庁はホームページで「消費者事故等情報通知様式」を公表し誰でも見られるようにしたり，各地方公共団体に対する消費者安全法説明会等で通知形式の統一化を繰り返し説明し，努力をしているところであるが，なかなかそれが浸透しきれていないことも事実である。さらに，事故内容や事故原因等について不確かな情報が通知されてきた場合は，消費者庁は通知元である他省庁や消費生活センターに直接事故情報の内容を確認することができるが，当該事故の当事者である被害者や関連事業者には直接事故内容を確認せず，あくまで通知元を通じて間接的に確認をとるという運用を行っているので，通知されてくる情報の真実相当性の確認が非常に困難となる一因になっている。

　消費者安全法の中に，通知されてくる情報の内容を確認する手段について書かれた条文はないが，解釈上同法第14条第1項の「資料の提供要求等」を使うことが可能と考えられている。同法第14条第1項は「内閣総理大臣は，前条第一項の規定による情報の集約及び分析並びにその結果の取りまとめを行うため必要があると認めるときは，関係行政機関の長，関係地方公共団体の長，国民生活センターの長その他の関係者（第35条及び第38条第2項において「関係行政機関の長等」という）に対し，資料の提供，意見の表明，消費者事故等の原因の究明のために必要な調査，分析又は検査の実施その他必要な協力を求めることができる」と規定しており，消費者庁が消費者事故等に関する情報の集約・分析等をするために関係機関等に対して資料提供等や必要な協力を求める権限を有することを定めている。同法第14条には事業者という言葉は出てこ

ないが，関係機関等に含まれる「その他の関係者」はその範囲には限定がないため，解釈上当該情報に関係する者であれば民間事業者を排除するものではないと考えられている。同法第14条は同法第13条の国会報告を取りまとめるための情報集約・分析のために使うものということが前提となるが，国会報告には消費者事故等に関する情報や注意喚起についての報告も含まれることから，情報の集約・分析によって同法第38条の注意喚起を予定するのであれば事業者に対して資料提供要求等ができる可能性があるとされる。しかしながら，個別の事故の対応に係る情報等までは対象とならないと考えられている。さらに同法第14条に基づく事業者に対する資料提供要求等は，解釈上導き出されたものである上，義務ではなく，罰則もなく，強制力が無いため，協力的な事業者ならば問題がないが，事業者に断られると，それ以上は資料提供要求等をすることができない。そのため，消費安全性を欠くか否か，製品起因か否か，同種の消費者被害の発生または拡大がありうるか否かの判断や，今後の再発防止策の策定に必要な法執行に係る要件を満たす情報を得ることが困難となっており，法執行に結び付けることができずにいるのである。

　これらの問題を解消する一つの手立てとして，運用上の対策として，従来どおり通知内容を統一化したり，項目記入の徹底を図ることが挙げられる。そうすれば，通知内容の正確性の向上につなげることができる。ただし，運用上の対策には限界があるので，事業者からの情報収集能力強化のために，立法上の対策も必要となってくると思われる。かかる問題を考える一つの手掛かりとして，長野県消費生活条例が挙げられる。同条例第10条第1項は「知事は，事業者の供給する商品等が消費者の生命，身体又は財産に危害を及ぼす疑いがあると認めるときは，速やかに当該商品等を調査し，及び当該商品等に関する情報を収集しなければならない。」とし，第2項で「知事は，前項の規定による調査等を行うに当たり，必要があると認めるときは，<u>当該商品等を供給する事業者に対し，期間を定めて，当該商品等の安全性についての裏付けとなる合理的な根拠を示す資料の提出を求めることができる</u>。この場合において，当該事業者が<u>正当な理由なく当該資料を提出しないとき</u>は，次条の規定の適用については，<u>当該商品等は消費者の生命，身体又は財産に危害を及ぼし，又は及ぼす</u>

おそれがある商品等であるとみなす。」（下線は筆者）と規定している。その他にも生命身体分野に関する法律ではないが，上記の機能を持つものとして，例えば不当景品類及び不当表示防止法第4条第2項の不当な表示の禁止や，特定商取引に関する法律第6条の2の合理的な根拠を示す資料の提出に関する条文が参考になると思われる。

　事業者に資料の提出を求めることは，他省庁との関係からしても非常に難しいデリケートな問題を含み，消費者安全法の立法時から，この問題を解決するための議論を提起することが難しい分野であった。しかしながら，現状の措置の少なさが消費者の安心・安全に与える影響を考えると，このままにしておくわけにはいかないだろう。このままでは消費者庁設立の基礎となった消費者行政推進基本計画の原則である前述①「消費者にとって便利でわかりやすい（消費者問題全般にわたり強力な権限と責任を持つとともに，全ての消費者が迷わず何でも相談できるよう一元的窓口を持ち，情報収集と発信の一元化を実現する）」（下線は筆者），前述②「消費者・生活者のメリットを十分実感できる（消費者被害の実態を踏まえ，被害防止や救済に結び付けられる仕組みを構築する。）」（下線は筆者）を実現できない可能性があり，国民が期待した消費者行政の司令塔としての役割は果たせないままになってしまうおそれがある。消費者庁設立当初から現在に至るまで，消費者庁に対する国民の期待はとても大きい。その期待に応えるべく，消費者安全法に基づく措置が円滑に行われるよう早急に対策を練る必要がある。

（2）消費者事故情報の収集体制に関する問題

　第3節第1項で見たように消費者庁が権限を持って措置を行ったり，消費者の安全確保のために企画立案，法制度の制定・改正を行うためには，消費者の安全を脅かす事故や事態に係る情報を幅広く収集し，分析することが必要となる。そのために，消費者安全法は国や地方の行政機関が了知した消費者事故等の情報を消費者庁に通知することを定めている（同法第12条，第29条）。加えて，消費生活用製品安全法に基づく重大製品事故情報が消費者庁に報告されている。さらに，法律に基づくものではないが医療機関ネットワークを通じて一

部の医療機関からも消費者事故情報が収集されている。これらの情報は事故情報データバンクに登録され，消費者庁のホームページから誰でも見ることができる状態になっている。2013年度に事故情報データバンクに登録された事故情報は2万9801件であり，2014年3月31日時点の累積件数は11万2314件である。

　事故情報データバンクに登録された事故情報は2万9801件だが，このうち消費者安全法に基づく生命身体事故等の通知は3511件と少なく，量的に一番多くの情報量を持つPIO-NET情報は2万226件である。ただし，PIO-NET情報は元々消費生活相談情報なので，その内容は必ずしも消費者安全法でいう消費者事故と呼べるものではないものも含まれる。消費者安全法に基づく生命身体事故等の中でも，重大事故等の通知はさらに少なく1317件で，消費者庁はこれをもとに週に一度の定期公表を行っている。注意喚起等を行う事案も3500件程のものの中から抽出されているので，大部分の消費者事故情報は上手く活用されていないことになる。

　消費者安全法でいう消費者事故等に該当するか否かは，一義的には消費者庁に通知をする通知義務者において判断することとされている[16]。ところが，火災現場や，救急搬送された病院等では，当該死亡や疾病が消費者事故の対象となるか否か，通知の必要性が高い情報か否かまでは判断できないことが多い。このような場合，判断できないので一律に通知をしてしまうか，全く通知をしないかのどちらかになってしまう可能性が高い。消費者の事故情報へのアクセシビリティという点でいえば，全く通知をされないよりは一律に通知をされた方がよりベターであるが，消費者に提供すべき情報とは，消費者が自主的かつ合理的に行動するために必要な情報といえるような情報でなければならない。そのためには，消費者庁が通知元に対して，消費者事故等の概念や通知の必要性の高い情報等について説明をしたり，ガイドラインを作成したりすると同時に，消費者庁自身も，担当職員を増強したり消費者事故に関する知識の蓄積に努め，消費者が自主的かつ合理的に行動するために役立つ情報をより多く提供していく必要がある。

（3）消費者庁を構成する職員の問題

　消費者庁設立時の2009年度の職員定員数は202名であったが，2014年度には301名[17]となり，小さく生んで大きく育てるという当初の構想どおり，定員数は順調に増員してきている。消費者庁発足時の職員の出身官庁内訳は，内閣府81名，公正取引委員会44名，経済産業省31名，農林水産省21名，厚生労働省10名，国土交通省3名，総務省3名，警察庁1名，金融庁1名，法務省1名となっている。他省庁からの出向者以外には，地方公共団体からの出向者や，任期付き職員として，弁護士，研究者，公認会計士，事業者社員等がいる。消費者庁職員301名のうち，消費者事故等の収集，分析，措置を行う消費者安全課は，事故調査室職員を除くと25名程度であり，消費者事故等の収集に関わる職員は3名程度で，政策調査員や窓口業務の非常勤職員を合わせても10名以下の人数である。これに消費者事故等の分析・抽出をする職員・非常勤職員を合わせても20名以下の人数にしかならず，これでは年間3万件近い情報を精査できず，消費者安全法に基づく生命身体事故等の通知3511件を，整理・分析・抽出するに止まってしまい，法執行に結びつけられないのも無理はない。職員・非常勤職員数の一層の増強が望まれるところである。

　さらに職員数の少なさ以上に問題となるのは，職員が他省庁の出向者によって構成されている点である。消費者庁設立当初は，例えば不当景品類及び不当表示防止法に関しては公正取引委員会出身の職員が担当し，特定商取引に関する法律や消費生活用製品安全法に関しては経済産業省出身の職員が担当するというように，法律の移管・共管とともに担当部局のノウハウのある職員も出向してくることは，消費者庁を効率的に設立させる[18]という点では理に適うものであった。しかしながら，各省庁から出向してきた職員はおおよそ2，3年程で出身省庁に戻っていき[19]，消費者庁が設立されてから6年目を迎えた今もなおその状態は変わっていない。職員が2，3年ごとに変わるということは，いくら引継ぎを上手く行ったとしても，新しく出向してきた者が担当業務に慣れるまで時間がかかり，消費者行政の知識も蓄積されにくいという弊害が出てくる。

　いうまでもないが，消費者庁の職員が出身官庁・管轄事業者の利益を優先することがあってはならない。同時に，事業者に対して適切な規制を行うには，

事業者の有する専門的な情報や知識に太刀打ちできる力量を持つことが必要となる。そのためには，消費者庁固有の職員を採用・育成していくことが必要である。2015 年度採用の総合職試験府省等別採用予定数を見ると，採用予定数2 名で，いずれも事務系区分での採用予定となっている。消費者事故等の判断の際には，製品起因であるか否かなど，製品，食品，医薬品等に関する理工学的な知識も必要であり，今後は採用予定数の増加とともに，技術系の知識を持つ職員の採用も望まれるところである。

4　消費者安全調査委員会による消費者事故等の調査

　消費者庁が権限を持って措置を行ったり，消費者の安全確保のために企画立案，法制度の制定，改正を行うためには，必要に応じて消費者事故等の原因を究明し，事故や被害の発生・拡大を防止するための科学的な教訓を得ることが重要である。

　消費者安全法制定により消費者事故情報収集の一元化は整備されたものの，消費者事故の原因究明および再発・拡大防止のための事故調査を行う仕組みは不十分であった。このことは，「消費者庁設置法案，消費者庁設置法の施行に伴う関係法律の整備に関する法律案及び消費者安全法案に対する附帯決議（参議院）」（2009 年 5 月 28 日）の中で「消費者事故等についての独立した調査機関の在り方について法制化を含めた検討を行う」とされ，その後の検討課題となっていた。これを具体化するため，被害者遺族や消費者団体を含む有識者からなる「事故調査機関の在り方に関する検討会」が 2010 年 8 月に立ち上げられた。同検討会は，関係省庁・機関の協力を得て，2011 年 5 月に事故調査機関の新設が必要とする取りまとめを行った。消費者庁はこれを踏まえて「消費者安全法の一部を改正する法律案」を 2012 年 2 月に国会に提出し，同年 8 月に可決された。そして，同年 10 月 1 日に消費者事故等の原因を究明し，再発・拡大防止の知見を得るための調査を行い，調査結果に基づき内閣総理大臣に対する勧告・意見具申等を行う組織として，消費者庁に「消費者安全調査委員会」（以下，「調査委員会」という）が設置された。

調査委員会は，内閣府設置法第54条に基づく合議制の機関（審議会等）であり，7名の委員から成る。調査委員会には，事故調査部会と製品事故情報専門調査会が置かれている。事故調査部会は，工学等事故調査部会と，食品・科学・医学等事故調査部会の2系統に分かれている。これら全ての会合の事務局機能を，消費者庁消費者安全課事故調査室が担っている。調査委員会が消費者庁の審議会等として設置されたのは，消費者安全法の確保に関する事務は消費者庁の存在意義の根幹に関わる重要な事務であることから，生命身体事故等の調査機関は消費者庁に置くものとされた。これにより，消費者庁に蓄積された生命身体事故等の情報を，事案の選定や調査の遂行に効率的に活用できることが期待された。また，事故の原因究明のための調査には，中立性と専門的知識が必要とされることから，調査委員会を合議制の機関である審議会等として設置することにより，組織の独立性を高め，公正・中立な立場で専門的な判断に基づく調査が行われることを制度的に担保するとされている。

　調査委員会は，運輸安全委員会が調査対象とする運輸事故等以外の生命・身体の被害に関する消費者事故等を対象とし，その中から，事故等の発生・拡大の防止および被害の軽減を図るために，原因を究明する必要がある事故を選定し，調査を行う。その際，調査委員会は，調査権限を行使するなどして自ら調査を行う他，他の行政機関等により調査が行われている場合には，その調査を評価（活用）して原因を究明する。また，必要に応じて，被害の発生・拡大防止のために講ずべき施策・措置について，内閣総理大臣や関係行政機関の長に勧告や意見具申を行うこともできる。

　調査委員会がこれまで選定した事案は，①エスカレーターからの転落事故，②エレベーターの戸開走行事故，③ガス湯沸器による一酸化炭素中毒事故（いわゆるパロマ事故），④幼稚園で発生した園児のプール死亡事故，⑤家庭用ヒートポンプ給湯器から生じる運転音等による健康被害，⑥機械式立体駐車場事故，⑦子どもによる医薬品の誤飲事故，の7件である。このうち，①のエスカレーターからの転落事故については，国土交通省の行った調査結果の評価を行い，2013年6月にその結果を取りまとめた評価書を決定・公表し，それを踏まえてこの評価書に示された論点について，自ら調査を行っている。同様に，②の

エレベーター戸開走行事故についても，同年8月に，国土交通省の行った調査結果の評価を取りまとめて決定・公表し，その後，自ら調査に着手している。また，③のガス湯沸器による一酸化炭素中毒事故については，経済産業省の行った調査等の結果の評価を行い，2014年1月に，その結果を取りまとめた評価書を決定・公表し，調査委員会委員長から経済産業大臣に対して，消費者安全法第33条に基づき，消費者安全の確保の見地から意見を述べて調査等を終了している。

　このように，調査委員会は生命身体分野の消費者事故等の原因を究明し，事故の再発・拡大防止に資する知見を得るための機関として設置されたのだが，その後2年が過ぎて，運用上様々な問題点が認識され始めてきた。質的な問題点に関しては，第一に，運輸安全委員会が調査対象とする運輸事故等以外の「生命身体事故等を全て扱う」反面，複雑で長期に渡る調査を要する案件が選定される傾向にあること，第二に，「再発防止のための原因究明」である反面，調査の視点が限定されないため作業が拡大し，科学的証拠を明確にしなければならないので，調査報告書の公表まで非常に時間もかかること，そして第三に，再発防止策の提言について，どの範囲の，どの程度具体的なものを提言するべきなのか，他機関，団体等と，どの様に役割分担するべきなのか明確になっていないために，調査委員会が真剣に事故調査に取り組もうとすればするほど作業が無限に拡大してしまう，といった諸点が指摘されている。他方で，量的な問題点に関しては，調査委員会に対する申出件数は累積で141件になるが，前述のように実際に選定したのはわずか7件であることから，外部からは，調査委員会の取扱い案件が少ないことや，再発防止策等に関して十分なものが提案されていないとの批判も出始めている。

　こうした批判を受けざるをえない最も大きな要因は，調査委員会のマンパワー不足にあるといわざるをえない。すなわち，7名の委員全員，その下に置かれている実働部隊である臨時委員17名および専門委員42名の全員が非常勤で，調査委員会を支える事故調査室職員は16人にすぎない（2014年8月末時点）。同じ常設の運輸安全委員会の場合（2014年10月時点），8名の常勤委員に加えて5名の非常勤委員の13名で委員会が編成され，その下に105名の事故調査

官が配置されていることと比較してみると，調査対象件数に大きな隔たりがあるとはいえ，その差は歴然としている。[26]

5 消費生活における安全の向上と消費者庁に求められる役割

　消費者庁による消費者安全行政の中心は，消費者事故情報を一元的に収集し，そこで得た情報を元に，同種・類似の消費者被害の発生又は拡大を防止するために，消費者事故情報の公表を含めた様々な措置を行うことにある。ところがこれまで検討してきたように，法執行数の少ないこと，収集された事故情報の多くの部分が同種・類似の消費者被害の発生又は拡大を防止するために活用されていない可能性があること，体制が脆弱であることなどが課題として浮かび上がってきた。

　法執行数の少なさに関しては，通知されてくる情報の真実相当性の確認が非常に困難であることが原因であると考えられた。運用上通知元には確認できるが通知元以外に確認をすることが難しく，法律上も内容確認手段を担保する規定がないため，法執行に係る要件を満たす情報を得ることが困難となっており，法執行に結び付けることができずにいた。この問題に対しては，従来どおり運用上の対策として，通知内容を統一化し，通知元に対する項目記入の徹底を図ることが挙げられる。ただし，運用上の対策には限界があるので，事業者からの情報収集能力強化のために，立法上の対策も検討し，法執行力の強化を図ることが早急に必要であろう。

　収集された事故情報の多くの部分が同種・類似の消費者被害の発生又は拡大を防止するために活用されていないことに関しては，事故情報の多さに対して担当職員数の少なさや，職員が数年で交代してしまう出向者により構成されていることにより消費者安全行政に関する知識の蓄積が難しいことが原因であると考えられた。消費者庁専属の職員の増加と，事務系区分の募集のみならず，技術系の知識を持つ職員の採用も望まれるところである。この問題は，消費者庁および消費者安全調査委員会の体制が脆弱であることにも関連する問題であり，マンパワー不足が，本来法が持っている機能を上手く発揮できない足枷に

もなっている。消費者庁が消費者行政の司令塔としての役割を果たすために，消費者庁の抜本的な体制強化と，法執行力の強化が今後ますます必要となろう。

注
(1) 正田彬『消費者の権利 新版』岩波新書，2010 年，155-157 頁。
(2) 消費者行政推進会議「消費者行政推進基本計画 消費者・生活者の視点に立つ行政への転換」2008 年 6 月，3-5 頁。
(3) 消費者庁『平成 26 年版 消費者白書』2013 年，152 頁。
(4) 同上。
(5) PIO-NET (Practical Living Information Online System：全国消費生活情報ネットワーク・システム) とは，消費者被害に迅速に対処するため，国民生活センターおよび地方公共団体が，オンライン処理の方法により，消費生活に関する情報を蓄積し，活用するシステムであって，国民生活センターが管理運営するものをいう。
(6) 「事故情報データバンク」は，生命・身体に関する事故情報を広く収集し，事故防止に役立てるためのデータ収集・提供システムであり，消費者庁と国民生活センターが連携し，関係機関の協力を得て，2010 年 4 月から運用しているもの。
(7) 2013 年度末時点の参画機関は以下のとおり。消費者庁，国民生活センター，消費生活センター，日本司法支援センター，厚生労働省，農林水産省，経済産業省，独立行政法人製品評価技術基盤機構，国土交通省，独立行政法人日本スポーツ振興センター。
(8) 消費者庁『平成 26 年版 消費者白書』2013 年，161 頁。
(9) 医療機関ネットワークは，消費生活において生命・身体に被害を生ずる事故に遭い医療機関を利用した被害者からの事故の詳細情報を収集し，同種・類似事故の再発を防止するため，2010 年 12 月より消費者庁と国民生活センターの共同事業として実施しているもの。
(10) 消費者庁『平成 26 年版 消費者白書』2013 年，162 頁。
(11) 同上，337 頁。
(12) 消費者庁『平成 25 年版 消費者白書』2012 年，249 頁。
(13) 消費者庁『平成 26 年版 消費者白書』2013 年，338 頁。
(14) 公表後も追跡調査を依頼し，より正確な情報を消費者白書の形で国会報告している。
(15) 消費者庁『逐条解説 消費者安全法（第 2 版）』商事法務，2013 年，129 頁。
(16) 同上，108 頁。
(17) 消費者庁「消費者庁の組織」(http://www.caa.go.jp/soshiki/pdf/soshiki.pdf 2014 年 8 月 31 日閲覧)。
(18) 消費者行政推進会議「消費者行政推進基本計画 消費者・生活者の視点に立つ行政への転換」の「原則 6 効率性の確保」2008 年 6 月，5 頁。

第Ⅰ部　生活に潜むリスクとその防止

(19)　辞令には消費者庁から出身省庁へ「出向」という形をとっているが、出身省庁に「出向」して消費者庁に戻ってきた職員はほとんどいない。まれにいても、消費者庁にいた時に担当していた職務とは別の職務に付いている。

(20)　人事院「採用予定」(http://www.jinji.go.jp/saiyo/26sougousyokufusyoubetusaiyouyoteisuu.pdf　2014年8月31日閲覧)。

(21)　一般職に関しては文系、理系の区分はわからないが、採用予定数は4名となっている。
(http://www.jinji.go.jp/saiyo/G1-26gyouseihonfusyo_saiyoyotei.pdf　2014年8月31日閲覧)。

(22)　調査委員会はいわゆる8条委員会(国家行政組織法第8条に基づく委員会をいい、調査審議、不服審査、その他学識経験を有する者等の合議により処理することが適当な事務をつかさどる合議制の機関であり、同様の権限を持つ内閣府設置法に基づき設置された委員会を含む)であるが、国会の審議の過程では独立性の高いいわゆる3条委員会(国家行政組織法第3条に基づく委員会をいう。それ自体として、国家意思を決定し、外部に表示する行政機関であり、具体的には、紛争に係る裁定やあっせん、民間団体に対する規制を行う権限等を付与されている。同様の権限を持つ内閣府設置法に基づき設置された委員会を含む)にしなかったのはなぜかという議論もあった。これに関して、消費者庁は消費者行政を所掌するものでありいわゆる事業所管省庁でないために独立性は保たれるため、いわゆる3条委員会にはしなかったこと、調査委員会は事故調査を行い、提言するという機関であるので、事故調査やその結果に基づく勧告等の権限はいわゆる8条委員会で十分に対応できること、と答弁されていた(第180回国会「消費者問題に関する特別委員会」第6号、2012年8月1日)。

(23)　中川丈久「消費者事故原因の究明と課題」『ジュリスト』第1461号、2013年12月、37頁。

(24)　2014年8月29日時点での累積件数。消費者庁消費者安全調査委員会「事故等原因調査等の申出件数・分野別内訳」(http://www.caa.go.jp/csic/action/pdf/20140829uchiwake_1.pdf　2014年8月31日閲覧)。

(25)　全国消費者団体連絡会・PLオンブズ会議「消費者安全調査委員会に関する意見書」2013年9月26日。

(26)　運輸安全委員会は常勤委員8名、非常勤委員5名で構成されている。事務局は、事務局長、審議官、航空事故調査官21名、鉄道事故調査官18名、船舶事故調査官23名、地方事故調査官43名、参事官、総務課で構成されている。運輸安全調査委員会による調査取扱件数は、2012年度は航空については事故39件、重大インシデント23件、鉄道については事故36件、重大インシデント7件、船舶については東京・事故74件、地方・事故1693件、地方・重大インシデント267件となっている。2013年度は、航空については事故35件、重大インシデント24件、鉄道については事故38件、重大インシデント8件、船舶については、東京・事故58件、地方・事故1676件、東京・インシデント2件、地方・インシデント257件となっている。

第2章

情報危機管理とビッグデータ
――わが国の個人情報保護法制への提言と企業コンプライアンス――

髙野一彦

1　個人情報とプライバシー保護における問題の所在

　政府は2013年6月14日「日本再興戦略―JAPAN is BACK―」を公表し，わが国の成長戦略の骨子を示した。同書において政府は，ビッグデータによるイノベーションなどを通じた次世代産業の創出を成長戦略の主要施策として示し，そのためには，①データの利活用と個人情報・プライバシー保護を両立するルールの策定，②監督機関の設置を含む新たな法制度の定立，が必要であるとしている。

　政府が「個人情報・プライバシー保護」を成長戦略の主要施策に据えた理由は二つ考えられる。

　第一は，個人情報・プライバシー保護の国際的調和の問題である。EU（欧州連合）の「個人データ処理に係る個人の保護及び当該データの自由な移動に関する1995年10月24日の欧州議会及び理事会の95/46/EC指令」（以下「EUデータ保護指令」という。）において，わが国は「十分なレベルの保護」（adequate level of protection）を施している第三国として評価されておらず，同指令の適用を受けるEU加盟28か国および欧州経済領域（European Economic Area, EEA）構成国であるノルウェー，リヒテンシュタイン，アイスランドのみならず，EUによりプライバシー保護の十分性を承認された国・地域から，わが国への個人データの移転が原則として禁止されている。世界からデータが集まらない状態で，わが国は国際的に展開するビックデータビジネスを創出することは困難である。したがって国際水準の個人情報・プライバシー保護法制を定立し，データ移転制限を排することが，わが国の成長戦略に欠かせない。

第Ⅰ部　生活に潜むリスクとその防止

　第二は，情報通信技術の発展に伴って顕在化した諸課題への対応の問題である。例えば2013年7月，映画等レンタル事業C社は，顧客が薬局などで医薬品を購入する際に同社が運営するポイントカードを提示することで医薬品購入履歴情報を取得し，これをマーケティングデータとして利用していることについて社会的な批判を浴びた。また2014年7月には鉄道会社J社が運営する交通系ICカードによって取得した乗降履歴について，個人識別情報を削除し他社に販売したことが社会的非難を浴びた。このように「挑戦的」な個人情報の利用を行う企業も散見される一方，多くの企業は適法性判断が難しいため，保有する個人情報をビッグデータとして利活用することに躊躇している。ビッグデータビジネスを次世代産業として創出するためには，企業がデータ利用時に適法性を判断できる基準，およびこれを担保する制度の定立が欠かせない要件である。

　本章は，このような問題意識を端緒として，国際的整合の観点からEUデータ保護指令，およびその改正提案である「個人データの取扱に係る個人の保護及び当該データの自由な移動に関する欧州議会及び理事会の規則の提案」（2012年1月25日公表，以下「EU一般データ保護規則提案」という。[4]）との比較研究を行い，わが国の個人情報保護法の将来像を提言するとともに，企業の情報法コンプライアンス・危機管理のあるべき姿を探究する。紙面の関係上，広い分野の全てを詳細に論じることは不可能であるため，概括的に論じることをご容赦いただきたい。

2　国際的整合：EUデータ保護指令との比較を中心として

（1）EUデータ保護指令の規範としての効果

　EUデータ保護指令は，プライバシーの保護と個人データの自由な流通の確保を目的とし，公共部門と民間部門の双方における個人データの処理（自動処理および一部のマニュアル処理）に対して適用される。指令（directive）は，加盟国が指令に基づき国内法として立法義務を有する。[5]したがってEUデータ保護指令は，EU加盟国およびEEA構成国に対して，同指令の規定に従った国

内法の整備を求めている。

　EUデータ保護指令は「アジア・パシフィックにおいても多くの地域の立法の根拠として採用されている⁽⁶⁾」と評価されており，わが国において2013年5月24日に成立した「行政手続における特定の個人を識別するための番号の利用等に関する法律」（以下「行政手続番号法」という。）においても個人情報保護の仕組みを検討する際の根拠となった⁽⁷⁾。

　「多くの地域の立法の根拠として採用」されている理由は，EUデータ保護指令における個人データの国際移転の制限規定による。同指令第25条第1項において，第三国が「十分なレベルの保護」を確保している場合に限ってデータの移転を行うことができることを規定し，十分でない第三国に移転する場合は同指令第26条の規定により本人の同意を得るか，拘束的企業準則（Binding Corporate Rules, BCR）または標準契約（Standard Contractual Clauses, SCC）により，各国のデータ保護機関による事前の権限付与（authorization）を受ける必要がある。BCRの承認には三つのデータ保護機関のレビューが必要である。さらに原則としてデータ処理内容をデータ保護機関に通知する義務もある。

　EUデータ保護指令第25条第1項に規定された「十分性」（adequacy）の認定は，第三国の代表による公式な要請が欧州委員会（European Commission, EC）に提出された場合，EUデータ保護指令第29条作業部会（Article 29 Data Protection Working Party）が評価を行い欧州委員会が最終判断を行う。わが国は「十分性」の認定手続きを申請していないため，EUにとってわが国は保護水準が十分な第三国とは認められていない。したがって，EU加盟国またはEEA構成国に所在する企業が日本に個人データを移転する場合は，同指令第26条規定の例外的措置を利用することになるが，煩雑な手続きと多大な対応費用から，そもそも個人データを日本に移転せず，EU域内で完結する場合も少なくない⁽⁸⁾。

　グローバルに事業を展開する企業にとって，個人データの国際間の流通を規制されることは，事業の発展に多大な影響を及ぼすこととなる。例えば，日本企業がEU構成国の企業を買収した場合，原則として買収先企業の従業員の人事データを日本本社に送ることができず，また消費者等のデータを送ることが

できない。そうなれば，買収した企業の管理を行うことはできず，単に財務諸表に売上利益を連結するにとどまるのである。これはEU加盟国およびEEA構成国に限らず，EUによってデータ保護の十分性を評価された国・地域も国内法規に第三国へのデータ移転禁止条項を規定しているため，わが国のように十分性を認定されていない第三国にとって，いわば「包囲網」として機能することとなる。

このように個人データの移転に関する制限が第三国の経済や企業活動に及ぼす影響は大きく，これがわが国が立法の根拠として国際的整合を検討している理由である。

（2）EUデータ保護指令とわが国の個人情報保護法の相違

わが国では2003年5月23日，民間部門を対象とする「個人情報の保護に関する法律」（以下「個人情報保護法」という。），行政機関を対象とする「行政機関の保有する個人情報の保護に関する法律」，「独立行政法人等の保有する個人情報の保護に関する法律」の，いわゆる個人情報保護3法が成立し，同年5月30日に施行している。わが国は，これら個人情報保護3法を核とする個人情報保護法制について，欧州委員会に「十分性」評価を申請した場合，どのような評価を得るのであろうか[9]。

EUデータ保護指令の「十分性」判断の基準として，「個人データの第三国への移転：EUデータ保護指令第25条及び第26条の適用の実務文書」（以下「実務文書」という。）[10]が存在する。また，オーストラリアが欧州委員会に対して2000年プライバシー修正（民間部門）法（Privacy Amendment (Private Sector) Act 2000）の十分性の認定を申請し，これに対してEUデータ保護指令第29条作業部会は2001年1月26日に保護が不十分とする意見を，その理由とともに公表している（以下「オーストラリア意見書」という。）[11]。これらの文書を参考に，EUデータ保護指令の条文との突合せを行い，わが国の現行個人情報保護法の「十分性」の検討を行った。その相違は次のとおりである。

第一は，開示請求の権利性である。わが国の個人情報保護法において，本人の開示請求に関する規定は，同法第25条「開示」に規定されているが，本人

等による開示の求めに対し、当該情報を開示することを事業者の義務としているに留まり、開示の求めを本人の出訴可能権として規定していない。一方、EU データ保護指令においては、アクセス権（right of access）としてデータ主体の権利を規定している（第 12 条）。これは、データ主体が保存されているデータに関する情報を取得し、修正、消去することを「権利」（right）としており、「加盟各国は各データ主体に管理者から得る権利を保障しなくてはならない」ものとしている。またデータ主体に対し、与えられる権利として、異議申立権（第 14 条）、自動処理された個人決定に服さない権利（第 15 条）がある。さらに一部の例外を除いては、各国の監督機関に対し、データ処理の適法性に関する捜査請求をすることができる（第 28 条第 4 項）。このように EU データ保護指令は、開示請求などを本人の「権利」として規定している。

　第二は、独立した監督機関の存在である。EU データ保護指令においては、監督機関の設置を規定している（第 28 条）。この監督機関は公的部門および民間部門の双方を監督の対象としており、厳格な独立性が求められている。わが国の個人情報保護法では個人情報取扱事業者に対し、主務大臣が報告、助言、勧告、命令等により関与することになっているが、公的機関を監督する機関は存在しない。また独立性要件を充足しないため「個人情報保護法における主務大臣とは基本的に異なる」機関である。

　第三は、特別カテゴリーのデータの処理の規定である。EU データ保護指令では「人種、民族、政治的意見、宗教又は思想における信条、労働組合への加盟、健康又は性生活に関するデータの処理」を、原則として禁止している（第 8 条第 1 項）。しかし、わが国の個人情報保護法における定義規定では、情報の内容や性格による取扱の違いはない。

　その他にも、十分性を認められないであろうと懸念されるいくつかの相違がある。例えば 5000 件未満の個人データを保有する小規模事業者が個人情報保護法の適用を受けないこと、「十分なレベルの保護」でない第三国への情報の移転を制限していないこと、情報の不正取得者への刑事罰を規定していないことなどが考えられる。国際的に自由な情報流通を行うためには、わが国における新しい個人情報保護法の定立が必要であり、それは EU が求めるデータ保護

の「十分性(adequacy)」の要件を充足するものでなければならないであろう。

3 企業から見たわが国の個人情報保護法の「有効性」の課題

(1) EC プライバシー研究報告における論点

　2010年1月20日に欧州委員会が公表した「特に技術発展に焦点を当てた，新たなプライバシーの課題への異なるアプローチの比較研究」(以下「EC プライバシー研究報告」という。[15])において，オーストラリアのニューサウスウェールズ大学のグレアム・グリーンリーフ (Graham Greenleaf) 教授がわが国のデータ保護の十分性に関する調査を行っており，その調査結果は「Country Studies B. 5-Japan」に記載されている。[16]同報告においてわが国は，個人情報保護法がインターネットにおいて適用されない場合があること，越境データ移転が制限されていないこと，開示請求などのデータ主体の権利行使が困難であること，独立した監督機関が存在せずデータ流出に関する通知や事業者の登録制度がないこと，などを主な理由として「日本の企業のデータ・コンプラインスが他の国の企業よりもより良いとする証拠はない」[17]と指摘し，これを根拠としてEU データ保護指令におけるデータ保護の「十分性 (adequacy)」を充足していると判断することは困難であると結論付けている。[18]

　注目すべき点は，「私企業にとっては，法律違反による多額の罰金や集団訴訟よりも，風評リスクによる損害 (risk of reputational damage) のほうが重要」であり，わが国の法律が有効であるとの根拠を見いだせないと指摘していることであろう。同調査結果を拝読して感じることは，データ保護の「十分性 (adequacy)」は法律や制度の外形的要件と執行 (enforcement) の状況も然ることながら，有効性 (effectiveness)，すなわち企業においてルールがデータ処理の規範として有効に機能しているかどうかが要件として評価されていることである。

　これは，前掲「実務文書」の第1章「何が"十分な保護"を構成するか？(What constitutes "adequate protection"?)」において，「手続／執行の仕組」(Procedural/Enforcement Mechanisms) の中で「ルールへの優れたレベルのコ

ンプライアンス（good level of compliance with the rules）」を要件としていることを根拠とした指摘だと思われる。しかし，前掲「オーストラリア意見書」においては，主に法律や制度の外形的要件と執行の状況に対する指摘であり，有効性についての指摘がほとんど見当たらなかった。

　しかしグリーンリーフ教授によるわが国の調査結果からすると，わが国の新たなデータ保護法制を研究する場合，情報法分野の比較法研究による立法提案だけでは十分とはいえず，これらの法律を遵守する側の企業のコンプライアンスに関する研究と一体になり，どのような法や制度を設計すれば有効に機能するのかを探求する必要があるのではないだろうか。

（2）コンプライアンスへの取組の現状
　企業がわが国の情報法をデータ処理の規範として尊重し，遵守するかどうかは，それぞれの企業が置かれている状況により違いがある。
　第一は，企業法務におけるリスク評価の問題である。企業には様々なリスクがあるが，限られた資源で対策を講じるためリスクに優先順位をつける。優先順位は一般に発生頻度と損失により評価する。したがって法的リスクは，当該分野の訴訟や行政行為などが，この二つの点で脅威かどうかにより企業の取組に違いが出る。
　第二は，経営者にかかる義務と責任の違いである。大会社や委員会設置会社は，会社法により内部統制システムの整備に関する事項の決定を義務付けられており，有価証券報告書提出会社は金融商品取引法により内部統制報告制度が義務付けられている。このような法律上の義務や株主のプレッシャーから解放され，経営上の選択肢を広げることが企業の発展に寄与するとの判断から上場を廃止する企業もある。
　第三は，事業形態による違いである。法人顧客相手の事業と個人顧客相手の事業では，取組に違いが出る。例えば消費者に対して商品・サービスを提供する企業は，消費者の不信を招く情報の利用などが商品・サービスの不買運動につながることを恐れるが，インターネット広告のように法人顧客からの収入で成り立っている企業は消費者の信用低下を重要なリスクと捉える必要がないた

め，現行法制度の間隙をつく挑戦的なデータ利用を行う傾向がある。
　①企業法務におけるリスク評価の問題
　企業法務の視点から，データ保護に関するリスク評価で考慮すべき事項は次の二つであろう。
　第一は，主務大臣による行政行為である。個人情報保護法において，個人情報取扱事業者の義務違反に対する罰則は第32条から第35条に規定されており，主務大臣に対して行政上の義務の履行のために，「報告の聴取」「助言」「勧告」「命令及び中止命令」の権限を定めている。また主務大臣の命令に違反した場合における罰則も定めており，行為者のほか法人等をその対象とする両罰規定となっている。
　消費者庁が公表した「平成24年度個人情報の保護に関する法律施行状況の概要」によると，2012年4月1日から翌年3月31日（平成24年度）の間に，地方公共団体および国民生活センターに寄せられた個人情報に関する苦情相談は合計5623件，事業者が公表した個人情報の漏えい事案件数は319件であったが，主務大臣等が行った勧告，命令および緊急の命令は0件であった。またその前年度は，苦情相談5267件，漏えい事案件数420件に対して主務大臣等が行った勧告，命令および緊急の命令は同様に0件であった。平成17年度の苦情相談の件数は1万4028件，漏えい事案件数は5267件であり，これと比較すると減少しているとはいえ，主務大臣による勧告，命令および緊急の命令に至る可能性は極めて低い。
　第二は，本人からのプライバシーの侵害を根拠とした訴訟である。京都府宇治市から住民基本台帳データ約22万人分が流出した事件で，宇治市民らが宇治市に対して起こした損害賠償請求訴訟において，大阪高等裁判所は2001年12月25日，プライバシーの侵害を認め1人当たり慰謝料1万円と弁護士費用5000円の支払いを命じた。また，1998年11月28日に早稲田大学が中国の江沢民主席の講演会を開催した際，参加希望学生の氏名，学籍番号等を記載した名簿を本人の同意なく警視庁に提出したことにつき，同大学の学生3人がプライバシーの権利の侵害を根拠に慰謝料を請求した事件の上告審において，最高裁判所は2003年9月12日，上告人らのプライバシーの権利を侵害し，不法行

為を構成するとして控訴審判決を破棄し差戻した。2004年3月23日，差戻し後の東京高等裁判所判決では慰謝料として1人当たり各5000円の支払いを命じたものの弁護士費用は認めなかった。

　この他にも数多くのプライバシーの権利の侵害に関する判例が存在するが，おおむね賠償額は数千円から数万円の間である。近年，名誉毀損事件の慰謝料が高額になる傾向があり，名誉毀損行為への抑止力としての効果を期待されているが，これと比較するとプライバシーの権利の侵害に関する損害賠償額は極めて低い。

　企業には様々なリスクがあり，限られた資源で全てのリスクに対応することは不可能である。したがってリスク評価を行い，優先順位の高いリスクを中心に対応を行う。このリスク評価は一般に発生頻度と損失規模によって行う。個人情報保護法における主務大臣の権限行使の頻度の低さ，またプライバシー侵害訴訟における損害賠償額の低さは，企業における当該リスクの優先順位を低くしているのではないかと憂慮する。

　②経営者にかかる義務と責任の違い

　2005年6月29日に成立した会社法では，取締役会設置会社の場合，内部統制システムの内容は，取締役会の権限等（第362条）として，「取締役の職務の執行が法令及び定款に適合することを確保するための体制その他株式会社の業務の適性を確保するために必要なものとして法務省令で定める体制の整備（いわゆる「内部統制システム」）」（第362条第4項第6号）につき，「大会社である取締役会設置会社においては，取締役会は，前項第6号に掲げる事項を決定しなければならない」（第362条第5項）としている。

　体制整備の内容は法務省令に委任されており，2006年2月7日に公布された会社法施行規則第100条第1項「業務の適正を確保するための体制」の各号に，①情報の保存管理体制，②リスク管理体制，③効率性確保の体制，④使用人のコンプライアンス体制，⑤企業集団のコンプライアンス体制，の5項目が内部統制システムの具体的内容として規定されている。

　特に，「使用人の職務の執行が法令及び定款に適合することを確保するための体制」（第4号），および「当該株式会社並びにその親会社及び子会社から成

る企業集団における業務の適正を確保するための体制」(第5号)は，自社のみならず企業グループのコンプライアンス体制の整備を親会社等の取締役の義務とした規定である。これは1993年の商法改正以降，増加傾向にあった株主代表訴訟を一層増加させ，また取締役の任務懈怠と損害との因果関係の要件を充足すれば，第三者に対する責任が問われる可能性もある。つまり会社に対する任務懈怠責任(第423条)や，第三者に対する責任(第429条)を根拠として株主または第三者による違法行為の摘発を促し，これを抑止力として企業活動の適法性を確保するという法の目的の実現を意図していると解される。特に大会社および委員会設置会社は「内部統制の基本方針」を取締役会で決議する必要がある。

一方，2006年6月7日に成立した金融商品取引法において，有価証券報告書提出会社に「内部統制報告制度」が義務付けられた。同法における「内部統制」は，財務報告の信頼性の確保および公正な情報開示を目的としている。同法における内部統制報告制度のプロセスは次のとおりである。まず有価証券報告書提出会社は，その記載内容が金融商品取引法に基づき適正であることを確認した旨を記載した「確認書」を内閣総理大臣に提出する(第24条の4の2第1項)。次に事業年度ごとに，財務報告の適正性を確保するための体制を評価した「内部統制報告書」を，公認会計士または監査法人の監査証明を受けた上で，内閣総理大臣に提出する(第24条の4の4第1項)。

その具体的な運用は，金融庁企業会計審議会内部統制部会が2005年12月8日に公表した「財務報告に係る内部統制の評価及び監査の基準」および2007年2月15日に公表した「財務報告に係る内部統制の評価及び監査に関する実施基準」による。同実施基準において「事業活動に関わる法令等の遵守」の対象は，不正会計や有価証券報告書虚偽記載など財務報告に係る法規に限定されておらず，事業活動を行っていく上で，遵守することが求められる国内外の法律，命令，条令，規則等，並びに組織の外部からの強制力を持って遵守が求められる規範，および組織が遵守することを求められ，または自主的に遵守することを決定したもの，と規定している。

したがって，金融商品取引法の「財務報告に係る内部統制」において遵守す

べき対象の法令は、結果として会社法における内部統制システムが遵守の対象とする法令の範囲と大きな相違はないと考えられる。つまり企業における内部統制システムの構築は、会社法と金融商品取引法が「入口と出口」の関係にある。大会社および委員会設置会社は会社法に基づき取締役会において内部統制の基本方針を決定し、この方針に基づき内部統制システムを構築・運用する。ここで構築した内部統制システムは、有価証券報告書提出会社であれば金融商品取引法に基づき決算期に作成する内部統制報告書の「全社的な内部統制」として、監査人の評価を受けることとなる。なお会社法および金融商品取引法は、海外に事業を展開するにあたっては、わが国のみならずその国の法令や規範への遵守も求めている[26]。

このように、大会社および委員会設置会社には会社法における内部統制システム構築義務が、また有価証券報告書提出会社には金融商品取引法における内部統制報告制度の義務がかかっており、これが経営者に対してコンプライアンス経営を促すモチベーションになっている。その一方で、非大会社、非公開会社の経営者にはこのようなモチベーションがほとんどかかっていない。これは、いわゆる「中小企業」を中心とするカテゴリーであり、わが国においては約177万5000社、全会社数の99.3％を占めている[27]。

③事業形態による違い

事業形態が法人顧客相手なのか、または個人顧客相手なのかにより、企業のコンプライアンスへの取組に違いが出る。家電製品や教育教材など、消費者に対して商品・サービスを提供する企業が消費者の不信を招く行為を行った場合、商品・サービスの不買運動につながる可能性がある。不買運動は事業の根幹を揺るがす重要なリスクである。したがって顧客の個人情報が蓄積し、膨大なデータベースを構築しても、社会受容性が低く顧客の不審を招く利用は避ける傾向がある。その一方でインターネット広告のように法人顧客からの収入で成り立っている企業は消費者の信用低下を重要なリスクと捉える必要がない。

このような事業形態の違いは、社内の運用ルールを法律の規定よりも厳しく設定するか、現行法制度の間隙をつく挑戦的な設定をするかの違いとして現れる。例えば、個人情報保護法における第三者提供などの「同意」を約款の条項

として記載する方法について，法的な有効性と社会受容性に乖離があるとの指摘がある。社会受容性を考慮するかは，事業形態の違いが少なからず影響を及ぼすものと考えられる。

(3) 企業から見た「有効性」の課題

　前述のように企業から見た「有効性」は，法律上の義務の有無，執行状況，消費者の影響により違いがある。検討結果を概括すると，わが国の個人情報保護法は主務大臣による権限行使の可能性が低く，また本人からのプライバシーの権利侵害を根拠とする訴訟も優先順位が高いリスクとして考慮する必要がない状況にある。加えて，非大会社または非公開会社であり，法人顧客対象の事業を行っている企業は「有効性」を担保するプレッシャーが全くかかっていないことになる。これは小規模事業者や，小資本で起業できて多額の設備投資が不要なため株式公開による資金調達の需要が少ないインターネットビジネスのような業態が該当することになる。しかしこれらの事業者は，国際的に見ればデータ保護に関するルールが最も有効に機能して欲しい分野である。これが，グリーンリーフ報告におけるデータ保護の「有効性」に関するわが国の課題ではないかと思料する。

4　EU一般データ保護規則提案への企業の対応

　EUは欧州委員会によって2012年1月25日にEU一般データ保護規則提案を公表し，2013年10月21日に市民の自由・司法・内務委員会（Committee on Civil Liberties, Justice and Home Affairs，以下「LIBE委員会」という。）において修正案を可決した[28]。これはクラウドコンピューティングなどの情報通信技術の発展とグローバル化により顕在化した新たな問題への対応，多国籍企業への過度な負担の軽減などを目的とした改正である[29]。
　EU一般データ保護規則提案は本稿執筆時点で採択はされていないが，前述のEUデータ保護指令と同様にデータ保護の十分性認証に関するフレームワークが個人データの国際流通に影響を与えることから，グローバル企業の情報法

コンプライアンス体制構築の際に考慮する必要があると思われるため，本節ではその論点に焦点を当てて検討する。

　EU 一般データ保護規則提案は，第 1 条「対象事項及び目的」において，個人の保護と個人データの自由な移転の双方を目的とする旨の規定を定めている。現行の EU データ保護指令（Directive）は，加盟国の国内法の制定により実施されるため，加盟国間の法制度に違いが生じた。それに対して，規則（Regulation）は全ての加盟国において直接法的拘束力を有するため，EU 加盟国および EEA 構成国におけるデータ保護の基準が統一されることとなる。また「オンライン環境での信頼の構築は経済発展のカギである」として，急速な技術発展により顕在化した新たな個人データ保護の課題に対応している。

　企業における情報法コンプライアンスの視点で留意すべき点は，第 3 条「地域的な範囲」（Territorial scope）における域外適用（同条第 2 項）および第 25 条「EU 域内に設立していない管理者の代理人」（Representatives of controllers not established in the Union），第 7 条「同意の条件」（Conditions for consent），第 17 条「忘れられる権利及び消去権」（Right to be forgotten and to erasure），第 23 条「データ保護・バイ・デザイン，バイ・デフォルト」（Data protection by design and by default），第 31 条「監督機関への報告」（Notification of a personal data breach to the supervisory authority），第 79 条「行政制裁」（Administrative sanctions）における監督機関による課徴金であろう。これらのうち，発効後の企業の情報法コンプライアンス体制への影響が大きいと思われる条項について検討を行う。

　第一は，明確な同意取得のスキームの確立である。データ主体の同意に関して，規約やポリシーなどの文書の中で示される場合は，その他の内容と区別して明示される必要がある（第 7 条第 2 項）。またデータ主体による同意の撤回の権利（第 7 条第 3 項），データ主体と管理者の重要な立場のアンバランスがある場合に同意は法的な根拠を有しない事（第 7 条第 4 項）が規定されている。現在，わが国の企業は商品・サービスの申込の際に契約や約款の一部として同意を取得する場合があるが，EU 一般データ保護規則提案においては明確な同意を求めており，このような取得方法では要件を充足しないと思われる。

第二は，忘れられる権利および消去権への対応体制の確立である。これは目的に照らして個人データが必要でなくなった場合，データ主体が同意を取り下げた場合など，自らの個人データを管理者に削除させる権利（第17条第1項）と規定している。管理者は，当該データが公表されていた場合，そのデータを取扱う第三者に対して，そのリンクや複製などを削除するための合理的な措置を講ずることを義務付けている（第17条第2項）。本条への故意または過失による違反は，最大50万ユーロまたは年間世界売上高の1％までの課徴金が科される（第79条第5項(c)）ことから，企業は個人データの削除依頼の受付，削除対応および第三者への削除要請の通知などの一連のプロセスを遂行する体制を構築する必要がある。

　第三は，クライシス対応の組織およびルールの確立である。個人データ違反（personal data breach）を発見した場合，不当に遅れることなく可能な範囲で24時間以内に監督機関に報告する義務があり，24時間を超えて報告を行う場合は正当な理由が求められる（第31条第1項）。また個人データ違反が，データ主体のプライバシー保護等への有害な影響が予測される場合に，不当に遅れることなくデータ主体に個人データ侵害の通知を行う（第32条）ことを規定している。したがって，企業は漏えいや不正使用などのネガティブ情報の収集と管理，経営者への報告，監督機関への報告，および本人への連絡などの一連の対応を行う組織を確立し，手続きに関するルールを定立する必要がある。

　第四は，罰則と域外適用である。本規則に違反した管理者や処理者に対して，最大1億ユーロまたは年間世界売上高の5％のいずれか大きい額の課徴金が科される（第79条）。またEU域内に設立されていなくとも域内のデータ主体の個人データを取扱う管理者が，EU域内のデータ主体に商品やサービスを提供する場合，または彼らの行動をモニタリングする場合に適用される（第3条第2項）。したがって，EU域内に所在し事業を行う企業が対象になることは然ることながら，EU域外からインターネットを介して商品・サービスを提供する事業やクラウドなどの事業を行う企業も対象になる。

5 新たな個人情報保護法への提言：監督機関と法的制裁を中心として

(1) 監督機関に関するカナダ・オンタリオ州のプライバシー・コミッショナーからの示唆

EU 一般データ保護規則提案において，欧州委員会が第三国または国際機関の「保護レベルの十分性」（adequacy of the level of protection）を認定する場合，「独立した監視機関であり，データ保護ルールの遵守を確実にする責任を有し，EU および加盟国の監督機関が協力してデータ主体の権利行使を支援し，又は助言を行う」存在が要件となることが明記された（第41条第2項(b)）。これは「独立監視機関の設置を第三国にも求める」ものとして注目されている。

筆者は2011年8月，カナダ・オンタリオ州トロントを訪問し，プライバシー・コミッショナー制度の設計と運用に関する調査を行った。カナダでは，プライバシー保護に関する監視と紛争処理の機関として，プライバシー・コミッショナー（Privacy Commissioner）を，また情報公開における同様の機関として情報コミッショナー（Information Commissioner）を置いている。カナダにおけるコミッショナーはオンブズマンであり，政府から独立した公務員として議会に対して責任を負って官民双方を監視する。所掌事務は，法の遵守監視と執行，国民への情報提供と教育啓発，事業者の相談，およびプライバシー影響評価と検査などである。

オンタリオ州においては，「プライバシー・バイ・デザイン（Privacy by Design）」の提案者であるアン・カブキアン博士（Dr. Ann Cavoukian）が，情報とプライバシーの双方のコミッショナー（Information and Privacy Commissioner, IPC）を務めている。コミッショナーは強制調査権を有しており，市民からの不服申立に関する調査を行い，勧告により紛争解決を図るが，市民からの不服申立がなくとも自己付託（incidents）として調査を行い，勧告により解決しない場合は自ら提訴し，または訴訟参加者（Intervener）として第三者の訴訟に参加する権限がある。

オンタリオ州IPC事務局は約140名の職員のうち約70名は情報公開，残り70名はプライバシーを担当している。年間の予算は14億円程度であり，その

ほとんどは職員の人件費である（2010～2011年度）。⁽³⁵⁾

　運用事例として東オンタリオ小児病院（The Children's Hospital of East Ontario, CHEO）のエルイーマム博士（Dr. Khaled El Emam）にヒアリングを行った。CHEOはオンタリオ州の新生児の登録情報データベースを新薬や治療技術の開発などに利用している。このデータベースのシステム構築，患者からの情報取得と研究者や製薬会社等への情報提供の一連のスキームに関して，初期段階からIPC事務局と相談を行いプライバシー保護の仕組を導入し，プライバシー影響評価と複数回の検査を経てデータベースの運用を行っている。

　エルイーマム博士は「システム構築と情報提供スキームの設計段階でのIPCとの相談は，事業者側にとっても時間と経費の低減につながり有益であった」，「コミッショナーによる監視と執行は事業者の意識を高め，オンタリオ州のプライバシー保護レベルを維持するために有効に働いている」旨の感想を語ってくれた。

　監督機関による監視と執行，および事業者へのコンサルテーション並びに市民への教育活動が，カナダ・オンタリオ州全体のコンプライアンス意識を高めている点は，小規模事業者やインターネットビジネスにコンプライアンス経営を促すプレッシャーが極めて低いわが国において，個人情報保護法の「有効性」を高めるための示唆を含んでいると思われる。

（2）情報の不正取得者への法的制裁

　EUデータ保護指令では，第24条「制裁」（Sanctions）に「加盟国は本指令の条文の完全な実行を確実にするために適切な措置を採択し，指令に従って採用された国内法規の条項の違反に対する制裁を規定する」と規定している。またEU一般データ保護規則提案では，第78条「刑罰」（penalties）が新たに付加され，「加盟国は本規則の条項への違反に適用する刑罰をルールとして規定」し，「刑罰は効果的（effective）で均衡が取れ（proportionate），そして抑止的（dissuasive）でなくてはならない」と規定している。

　わが国においては，2013年5月24日に成立した行政手続番号法の立法過程で，個人情報保護ワーキンググループにおいて国際的整合の観点から議論がな

された上で罰則規定が設けられており，不正取得行為等に対する抑止力として期待されている。その一方で，行政手続番号法の一般法としての個人情報保護法は個人情報の不正取得者への法的制裁を規定していない。これは主務大臣の関与の少なさと相俟って抑止力としての効果が期待できない上，EU 一般データ保護規則提案から見ると「十分性」（adequency）の要件を充足しないこととなる。

わが国の刑法は有体物を中心とする体系を採ってきたため，無形の情報の不正取得行為等への刑事罰による対応が難しく，不正競争防止法第21条第1項第1号から第7号に規定する営業秘密侵害罪による法的制裁を検討することが多い。その場合，客体となる情報が同法における営業秘密の要件を充足する必要がある。個人情報は「顧客リスト」などのかたちで多くの従業者が頻度高く利用しており，技術情報のように秘密管理性要件としてのアクセス制限や客観的認識可能性を充足する管理は適さない。したがって，秘密管理性要件が厳格に問われる営業秘密侵害罪の適用は限定的である。そもそも経済法に個人情報保護の役割を期待することの是非も考えられる。

一方，個人情報保護法の立法過程で罰則に関する議論がなされている。1999年10月20日に開催された高度情報通信社会推進本部個人情報保護検討部会（座長：堀部政男中央大学教授，当時）の第7回部会において，「個人情報の保護について（骨子・座長私案）」が示され，個人情報の不正取得者への罰則の加入を検討したが，分野横断的な罰則の創設は構成要件の明確化の観点から実現性に乏しいこと，広く薄く適用する罰則は抑止効果には限界があること，自由な事業活動の阻害要因となるおそれがあること，などの理由から見送られた経緯がある。

罰則が抑止効果を発揮するためには，監督機関による監視と執行が不可欠である。カナダ・オンタリオ州IPCの事例では，監督機関は確実な執行を担保している。大会社・公開会社とそれ以外の会社，すなわち小規模事業者やインターネットビジネス事業者との間で情報法コンプライアンス意識の差がますます拡大するわが国において，監督機関の設置と罰則の加入は，わが国のデータ保護の「有効性」を全体的に高める結果になるのではないかと思料する。

(3) 匿名化情報の利用に関する判断基準

　個人情報をビッグデータとして利用する際，個人情報保護法における個人情報または個人データの要件を充足しないように，匿名化（非識別化）処理を施すことで適法に利用できることとなる。しかし，多くの企業は膨大な個人情報を保有しているにもかかわらず，適法性判断が難しいためこれらの情報をビッグデータとして利活用することに躊躇している。わが国は，匿名化（非識別化）情報の判断基準を示さなければ，ビッグデータビジネスによる次世代産業の創出は困難であろう。

　欧米諸国では，匿名化（非識別化）情報について，どのような基準を示しているのであろうか。

　EU一般データ保護規則提案では，前文第23条に「匿名情報」(anonymous data) の定義を置き，「データ主体が識別できないような方法で匿名化されたデータ」について，データ保護の原則を適用せず利用が可能であるとしている。

　米国においては公的部門と民間部門を統一的に規制する法律は存在せず，民間部門においては一部の分野に個別法が制定され，その他は自主規制による「セグメント方式」を採用している。民間部門に法執行を行っている連邦取引委員会（Federal Trade Commission, FTC）は，2012年3月に「急激に変化する時代の消費者プライバシー保護—企業と政策決定者への推奨」（以下「FTCレポート」という。）を公表し，匿名化情報の取扱に関する指針を示している。同レポートによると事業者が，①非識別化（de-identify）のための合理的な措置 (reasonable measures) を施し，②再識別化（re-identify）しないことの約束を公表し，③データの受領者が再識別することを契約上禁止，している場合に「合理的に連結（reasonably linkable）できないデータ」であり，利用が可能であるとしている。

　わが国では，高度情報通信ネットワーク社会推進戦略本部パーソナルデータに関する検討会において，FTC3要件をもとにわが国の匿名化情報の利用・管理ルールを策定してはどうかとの議論がなされたが，①合理的な措置 (reasonable measures) が不明確，②「公的な約束」に反した場合，米国はFTC法第5条「不公正・欺瞞的な行為」として提訴可能だが，わが国に同様

の法がない，③契約が履行される担保がない，などの課題が指摘されている[42]。

FTCレポートが示した3要件は，事業者が自ら公表した約束に反する行為があった場合，FTC法第5条における欺瞞的行為として法執行を行うことが制度上の担保となっている。

わが国においては，2004年4月2日に閣議決定を行った「個人情報の保護に関する基本方針」の中で，「事業者が個人情報保護を推進する上での考え方や方針」（以下「プライバシーポリシー等」という。）の策定・公表を求めている[43]。会社法における「内部統制の基本方針」は，大会社・委員会設置会社においては取締役会で決議を行うことを求めているが，プライバシーポリシー等は企業における法的な手続きを経ず公表されることとなり，約束違反行為があった場合の法執行の根拠が明確ではない。

2014年6月24日に公表された「パーソナルデータの利活用に関する制度改正大綱」では，「個人特定性低減データ」概念を採用し，「特定の個人が識別される可能性を低減したデータに加工したもの」について，本人の同意を得ずに第三者提供や目的外利用を行うことができるようにすると規定されている[44]。しかし情報通信技術の発展は目覚ましく，技術的基準をもって匿名化（非識別化）情報の基準を示すことは困難であると考えられる。

FTC3要件のわが国への導入は，前述のように制度的担保の課題が指摘されたが，新たな個人情報保護法では，プライバシーポリシー等について取締役会の決議を経て公表することを事業者の義務とするとともに，公表内容への違反行為への行政的措置および司法的措置を規定し，新設する監督機関にその執行権限を付与することを提言したい。またデータを受け取るものの再識別は，契約上の債務不履行責任のみならず，監督機関に執行権限を付与することで一貫した制度的担保が可能であろう。

欧米諸国においても，匿名化情報の利用に関する判断基準が明確に示されているとはいい難い現在，わが国においてその判断基準および法執行の仕組みを先駆的に導入することは，ビッグデータにおける匿名化情報利用に関する標準化を先導することとなり，有益な取組であると考えられる。

(4) 監督機関と法的制裁の必要性

わが国では，2013年9月2日から翌年6月19日までの間，12回にわたり高度情報通信ネットワーク社会推進戦略本部パーソナルデータに関する検討会が開催された。その結果，2014年6月24日に「パーソナルデータの利活用に関する制度改正大綱」が公表され，2015年の通常国会に改正個人情報保護法案が提出される予定である。

本章においては，同法案における最も重要な論点はデータ保護の国際的水準との整合であり，そのためには独立性の高い監督機関の新設と，違反者への罰則の明確化が必要であることを主張した。これは一見「規制強化」であり，利活用の促進に寄与しない印象があるが，国際的水準のルール定立と執行により世界中からわが国に個人データが集積し，また監督機関による事業者とのコンサルテーションはファジーな分野に一貫した判断基準を提供できることから，わが国の成長戦略が求める「次世代産業の創出」に必要不可欠であると考えられる。

6 企業の情報法コンプライアンス・危機管理

本章では，データ保護の国際水準との整合が政府の成長戦略としての次世代産業の育成の根幹であること，ビッグデータへの情報の利用に際して顕在化した様々な課題への対応が必要であることから，わが国の個人情報保護法制が大きく変革していくであろうことを示し，その具体的な提言を行った。このような過渡期において，グローバル企業はどのような判断基準で経営を行い，また情報法コンプライアンス・危機管理体制を構築すれば良いのであろうか。

第一は，適法性判断を慎重に行うことである。現行法において法律の専門家でも判断が難しい事案が散見されるが，個々の経営判断について，法律家のみならず技術者，顧客などから広く意見を聴取し，様々な側面から適法性および社会受容性を検討する必要がある。また，企業グループ内にチーフ・インフォメーション・オフィサー（Chief Information Officer, CIO）などの責任者と専任管轄部署を設置し，情報法の専門家を養成するとともに，個々の事案に対して

グループ内で統一的な判断を行う必要がある。

　第二は，新たな情報取扱規程の定立と運用である。わが国の現行個人情報保護法は，適法性と本人の納得感が乖離し，また国際的な基準とも乖離しており，現行法への「コンプライアンス」ではもはや不十分である。国際的視点から今後の法改正動向を把握し，国際的水準と本人の納得感を判断基準として情報の取扱に関する新たな企業グループ規程を定立し，前掲の責任者を中心にグループ横断的に運用を行う必要がある。

　第三は，従業員等のモチベーションを高める経営である。情報通信技術の発展に伴って，内部者による情報の不正取得等の事案が散見されるようになった。企業は不正行為について，監督機関（現行法では主務大臣）への報告や本人等への通知を行う必要があるため，内部者の監視を強化する必要に迫られる。しかし監視は企業秩序定立権と従業者のプライバシー権の利益衡量の問題があり，また監視から受ける精神的苦痛は従業者の忠誠心を低減させることとなる。企業は万が一の場合に即時に対応を行えるように適正な監視を行うとともに，従業員等が働き続けたいと思う「モチベーション」を高めるための経営努力を行う必要がある。

　このような「過渡期」において定立する情報管理に関する新たな仕組が，企業の継続的成長の基盤となることを祈念している。

[謝辞]　本章は科学研究費助成事業（学術研究助成基金助成金）基盤研究(C)，および関西大学教育研究高度化促進費の研究成果として執筆した。紙面を借りて謝意を表したい。

注
(1)　首相官邸「日本再興戦略―JAPAN is BACK―」2013年6月14日（http://www.kantei.go.jp/jp/headline/seicho_senryaku2013.html　2014年9月17日閲覧）。
(2)　European Commission, Directive 95/46/EC of the European Parliament and of the Council of 24 October 1995 on the protection of individuals with regard to the processing of personal data and on the free movement of such data, 31995L0046, Official Journal L281, 23/11/1995 31-50．EUデータ保護指令は，欧州委員会によって1995年10月24日に採択され，1998年10月24日に発効した。
(3)　石井夏生利『個人情報保護法の現在と未来―世界的潮流と日本の将来像』勁草書房，

2014 年，89-90 頁。2014 年 5 月 30 日現在，スイス，米国セーフハーバー・スキーム，カナダ，アルゼンチン，ガーンジー（Guernsey），マン島（Isle of Man），ジャージー（Jersey），フェロー諸島（Faeroe Islands），アンドラ，イスラエル，ウルグアイ，ニュージーランドが十分性の認定を受けたと紹介している。

(4) European Commission, *Proposal for a Regulation of the European Parliament and of the Council on the protection of individuals with regard to the processing of personal data and on the free movement of such data* (General Data Protection Regulation), COM (2012) 11 final (Jan. 25, 2012).

(5) 「規則（regulation）」は自動的に全加盟国の国内法の一部となり，「指令（directive）」は拘束力を持つものの加盟国が指令に基づき国内法として立法義務を有し，「決定（decision）」は特定の加盟国を拘束し，そして「勧告（recommendation）」「意見（opinion）」は加盟国に拘束力を有しない。

(6) Graham Greenleaf, Twenty-one years of Asia-Pacific data protection, *Privacy Laws & Business International*, Issue 101, Oct. 2009, pp. 21-24.

(7) 行政手続番号法は立法過程で，内閣官房・社会保障・税に関わる番号制度に関する実務検討会およびIT戦略本部企画委員会の下に設置された「個人情報保護ワーキンググループ」（座長・堀部政男一橋大学名誉教授）において，EUデータ保護指令や「プライバシー・バイ・デザイン」等の国際的なプライバシー保護の考え方に配慮した制度を検討し，導入した。

(8) 「国際移転における企業の個人データ保護措置調査 報告書」2010 年 3 月，25-29 頁。

(9) 堀部政男「プライバシー・個人情報保護の国際的整合」堀部政男編著『プライバシー・個人情報保護の新課題』商事法務，2010 年，52 頁。2009 年 4 月 23 日に開催したブリュッセルのデータ保護会議において，欧州委員会・司法自由安全総局（European Commission Directorate-General-Justice, Freedom and Security）法務政策部（Legal Affairs and Policy）ユニット D5・データ保護（Unit D5-Data Protection）事務官（Desk Officer）ハナ・パチャコバ氏（Ms. Hana Pachackova）による「十分性認定手続（Adequacy finding procedure）」のプレゼンテーションにおいて，「日本は，個人の私生活にかかわる個人データ及び基本権に関して十分なレベルの保護を提供している国であるとは，EUによってまだ考えられていない」と述べたと紹介されている。

(10) European Commission, *Working Document: Transfers of personal data to third countries: Applying Articles 25 and 26 of the EU data protection directive*, 24 July 1998. 本実務文書第1章では十分性審査の要件として，内容の原則（Content Principles）と手続／執行の仕組み（Procedural/Enforcement Mechanisms）が記載されている。前者は①目的限定の原則，②データの内容と比例の原則，③透明性の原則，④セキュリティの原則，⑤アクセス，訂正と異議申立の権利，⑥受領者の再移転制限，そして追加的な原則として①センシティブ・データ，②ダイレクト・マーケティング，③自動的な個人に

関する決定が，そして後者は①ルールへの優れたレベルのコンプライアンスがあること（deliver a good level of compliance with the rules），②データ主体の支援と援助を提供すること（provide support and help to individual data subjects），③ルールが遵守されなかった際に被害者に適切な救済が提供されること（provide appropriate redress）が示されている。

(11) Article 29 Data Protection Working Party, *Article 29 Data Protection Working Party Opinion 3/2001 on the level of protection of the Australian Privacy Amendment (Private Sector) Act 2000*, (5095/00/EN WP40 final) Adopted on 26th Jan. 2001. 本意見書における指摘は，①小規模ビジネス（年間の売上高が 300 万豪ドル以下），被用者データが適用除外であること，②法により要求または授権される場合には，二次的目的の利用・開示を認めていること，③データが一般に利用可能な公刊物として編集された場合はプライバシー原則が適用されないこと，④データの収集後に組織が個人に通知することを認めていること，⑤ダイレクト・マーケティング用に個人データを利用する場合は個人の同意が不要であること，⑥センシティブ・データの収集のみに制限があり利用・開示に制限がないこと，⑦永住権を持たない EU 市民はアクセス権・訂正権を行使できないこと，⑧オーストラリアから第三国への再移転を禁止していないこと，などである。

(12) ただし学説上，わが国の個人情報保護法第 25 条第 1 項の解釈は，開示等の求めに関する具体的権利性の肯定説と否定説がある。否定説としては，「個人情報取扱事業者の法律上の義務である」（園部逸夫『個人情報保護法の解説』ぎょうせい，2003 年，156 頁および 159 頁），「裁判上の請求権を付与したものと解することはできない」（鈴木正朝「個人情報保護法とプライバシーの権利─「開示の求め」の法的性格」堀部政男編著『プライバシー・個人情報保護の新課題』商事法務，2010 年，89 頁）とする説などがあり，また肯定説としては，法案審議において細田国務大臣が立法者意思として権利を付与した旨を答弁していることなどを根拠として「立法者意思に照らして具体的権利性を肯定すべきである」（岡村道久『個人情報保護法』商事法務，2009 年，270 頁）とする説などがある。なお，東京地方裁判所平成 19 年 6 月 27 日判決（判時 1978 号 29 頁）では開示の求めについて権利性を否定している。

(13) わが国においても，行政機関個人情報保護法，および独立行政法人個人情報保護法は本人の開示請求権として権利構成しており，本人等が情報開示を請求し，適切な開示が行われなかった場合には，行政不服審査法に基づく不服申立てを行うことができる。

(14) 堀部・前掲注(9)，44 頁。

(15) European Commission, *Comparative Study on Different Approaches to New Privacy Challenges, In Particular in the Light of Technological Developments, Final Report*, 20 Jan. 2010.

(16) Graham Greenleaf, *Comparative Study on Different Approaches to New Privacy Challenges, In Particular in the Light of Technological Developments, Country Studies,*

第 I 部　生活に潜むリスクとその防止

　　　B. 5-JAPAN, 13（European Commission）May 2010.
(17)　Graham Greenleaf id., at 16.
(18)　ただし同報告では，わが国のデータ保護法制は OECD ガイドラインや APEC プライバシー・フレームワークの基準を満たしていると言及している。
(19)　消費者庁「平成 24 年度個人情報の保護に関する法律施行状況の概要」2013 年 9 月，5 - 6 頁。なお平成 24 年度は主務大臣による報告の徴収 8 件，平成 23 年度は報告の徴収 16 件，助言 1 件であった。
(20)　大阪高判平成 13 年 12 月 25 日判例自治 265 号 11 頁。
(21)　最二小判平成 15 年 9 月 12 日判タ 1134 号 98 頁。
(22)　東京高判平成 16 年 3 月 23 日判時 1855 号 104 頁。
(23)　会社法では，取締役会設置会社を除く株式会社については，第 348 条第 3 項第 4 号に取締役の職務執行の適法性・適正性を確保する体制の整備等の規定を設け，整備すべき体制は会社法施行規則第 98 条に委任している。また委員会設置会社の取締役の権限として，第 416 条第 1 項第 1 号ホに執行役に関する同様の規定を設け，整備すべき体制は会社法施行規則第 112 条第 2 項に委任している。本章では取締役会設置会社について，その体制の整備に関する論を進めることとする。
(24)　2011 年 3 月 30 日，金融庁企業会計審議会は「財務報告に係る内部統制の評価及び監査に関する基準並びに財務報告に係る内部統制の評価及び監査に関する実施基準の改訂に関する意見書」を公表し，「財務報告に係る内部統制の評価及び監査の基準」と「財務報告に係る内部統制の評価及び監査に関する実施基準」の一部を改訂している。
(25)　金融庁企業会計審議会「財務報告に係る内部統制の評価及び監査に関する実施基準」2011 年 3 月 30 日，3 頁。
(26)　大阪地判平成 12 年 9 月 20 日判時 1721 号 3 頁。大和銀行株主代表訴訟乙事件の大阪地方裁判所判決では「（商法は）事業を海外に展開するにあたっては，その国の法令に違うこともまた求めている」と判示している。また金融庁企業会計審議会・前掲注(25)，3 頁では遵守の対象を「事業活動を行っていく上で，遵守することが求められる国内外の法律・規範」と規定している。
(27)　総務省「平成 21 年経済センサス―基礎調査」2011 年 6 月 3 日による，2009 年 7 月 1 日時点の結果。
(28)　European Commission, *LIBE Committee vote backs new EU data protection rules,* 2012.（http://europa.eu/rapid/press-release_MEMO-13-923_en.htm　2014 年 9 月 20 日閲覧）。
(29)　米国においては 2012 年 2 月 23 日，オバマ大統領が署名した政策大綱「ネットワーク社会における消費者データプライバシー――国際的デジタル経済におけるプライバシー保護とイノベーションを促進する枠組み」の中で，「消費者プライバシー権利章典」（Consumer Privacy Bill of Rights）が提言されている。

White House, Consumer Data Privacy in a Networked World: A Framework for Protecting Privacy and Promoting Innovation in the Global Digital Economy（Feb. 23, 2012）.

(30) European Commission *supra* note 4, at 2.

(31) 欧州委員会による当初の規則提案では，最大 100 万ユーロ，または年間世界売上高の 2％の課徴金が科される旨が規定されていたが「2013 年 6 月の PRISM 問題により風向きが変わ」ったと指摘されている（石井・前掲注(3), 46 頁）。

(32) EU 一般データ保護規則提案第 25 条において，EU 域内に設立していない管理者（企業等）は，EU 域内に「代理人」を設立することを義務付けている。

(33) 石井夏生利「EU データ保護規則提案と消費者プライバシー権利章典」Nextcom, Vol. 10, 2012 Summer, 38 頁。

(34) プライバシー・コミッショナー制度の設計と運用，そしてプライバシー・バイ・デザイン（Privacy by Design, PbD）の具体的な運用の実態に関してヒアリング調査を行った。本調査では，オンタリオ州の情報・プライバシー・コミッショナー（Information and Privacy Commissioner, IPC）のアン・カブキアン博士（Dr. Ann Cavoukian），プライバシー担当のケン・アンダーソン副コミッショナー（Ken Anderson, Assistant Commissioner [Privacy]），アクセス担当のブライアン・ビーミス副コミッショナー（Brian Beamish, Assistant Commissioner [Access]）をはじめ，事務局の多くの方々と議論を行った。

(35) イギリスは ICO（Information Commissioner's Office）であり，独立した法執行機関として 344 名，予算は約 30 億円（2017 万ポンド）（2009〜2010 年）であったと紹介されている。石井夏生利「英国におけるインフォメーション・コミッショナーの組織と権限」2010 年 8 月 21 日，17 頁。

(36) 佐久間修『刑法における無形的財産の保護』成文堂，1991 年，1 頁，山口厚「企業秘密の保護」ジュリスト 852 号，1986 年，48 頁。わが国では 1974 年に刑法に企業秘密漏示罪の加入が検討されたが，草案の段階から賛否両論が激しく対立した。消極論としては，刑法の謙抑性の観点から安易に刑法上の処罰規定を新設すべきでないこと，退職者に対する規定は職業選択の自由を害するおそれがあること，企業における内部告発を妨げる効果があることなどの意見があり，逆に積極論は，秘密が化体した媒体自体を侵害せず，情報のみを侵害する行為について，窃盗，業務上横領の成立を肯定することは困難であることなどの意見があったが，結果として同条は継続検討となった。

(37) 経済産業省「営業秘密管理指針」2010 年 4 月 9 日改定版，28 頁。わが国の営業秘密に関する裁判例のうち，秘密管理性について判断した 81 件の中で，秘密管理性を肯定したものは 23 件にとどまっている。

(38) 高度情報通信社会推進本部個人情報保護検討部会「個人情報の保護について（骨子・座長私案）」1999 年 10 月 20 日。

⑶⑼　例えば，Health Insurance Portability and Accountability Act において医療情報を，また Children's Online Privacy Protection Act においてオンライン上での児童またはその児童の親に関する情報について規制を行っている。

⑷⓪　Federal Trade Commission, *Protecting Consumer Privacy in an Era of Rapid Change-Recommendations for Businesses and Policymakers* (March 2012), iv.

⑷⑴　Federal Trade Commission Act of 1914, 15 U.S.C. § 45(a)(2). FTC は商業活動に関する不公正な競争手段，不公正または欺瞞的な行為もしくは慣行について権限を行使することができる。

⑷⑵　森亮二「「FTC 3要件」を参考にした匿名化について」パーソナルデータに関する検討会技術検討ワーキンググループ，2013年11月，14-16頁。

⑷⑶　「個人情報の保護に関する基本方針」2004年4月2日閣議決定，2008年4月25日および2009年9月1日一部変更，6頁。

⑷⑷　高度情報通信ネットワーク社会推進戦略本部「パーソナルデータの利活用に関する制度改正大綱」2014年6月24日，10頁。

第3章
企業の社会的責任と消費者の安全
――パロマ湯沸器事故とその教訓――

小澤　守・安部誠治

1　パロマ湯沸器による連続事故

　今日，わが国の家庭で使われている主なエネルギーは電気，ガス（都市ガスおよびLPガス），灯油の三つで，その他，一部で太陽熱等も利用されている。その構成は2012年度現在，電気50.5％，ガス31.2％（都市ガス20.8％，LPガス10.4％），灯油17.5％，太陽熱0.8％などとなっている。[1]近年，IH調理器や電気給湯器が普及を見せるなど，これまでガスの独壇場であった分野まで電気が侵食してきているが，それでもなお，大半の家庭では給湯や厨房用にはガスが使用されている。ガスは，依然として市民生活を支える，最も重要なエネルギーの一つである。

　しかし，市民生活に不可欠のガスも，一方で使い方を誤ると凶器に転じてしまうことがある。ガス機器の使用中に何らかの不具合で不完全燃焼が起こった場合，発生した一酸化炭素（CO）によって消費者は中毒などの深刻なダメージを被ってしまったり，漏えい着火によって火災や爆発事故が起こってしまったりするからである。

　2006年7月14日，経済産業省はパロマ工業株式会社（以下，「パロマ社」という）が製造・販売した半密閉式ガス瞬間湯沸器に関わって，1985年1月から2005年11月までの間に一連の連続事故が発生し，CO中毒によって多数の死亡・重軽症者が発生したことを公表した。その日から数か月間にわたって，この問題は連日のようにマスメディア等で大きく報道され，広く国民的な関心を呼ぶこととなった。同省が，同年8月23日に公表した「製品安全対策に係る総点検結果とりまとめ」（以下，「とりまとめ」と呼ぶ）によれば，一連の事故

のうち湯沸器の安全装置が不適切に改造されたことに起因して発生したものが15件で，それにより18名が死亡したとされている。以下，これら15件を含む一連の事故のことを本稿ではパロマ湯沸器事故，または単にパロマ事故と呼ぶ。また，経済産業省は，湯沸器の安全装置が働かないように不適切に改造されたことを「不正改造」と称していることから，本稿でもそれにしたがい，不正改造という用語を使用する。[2]

　ところで，湯沸器という日常生活に密着した生活用製品に関わる事故であっただけに，パロマ事故が日本社会に与えた影響は極めて大きかった。その影響の大きさを示すのが，2006年11月末の製品事故情報の報告・公表制度の導入などを新たに規定した消費生活用製品安全法の改正である。一般に法律の制定や改正には一定の時間がかかる。しかし，同法改正の場合，改正案の準備から国会通過までわずか数か月しか要しなかった。このように短期間での法律改正を促したのがパロマ事故だった。また，2009年9月に「消費者行政の司令塔」としての役割を期待されて消費者庁が設置されたが，同庁設置の契機の一つとなったのもパロマ事故であった。

　パロマ社は，1911年に名古屋市で設立された小林瓦斯電気器具製作所（1931年に小林製作所と改称）を母体としたメーカーである。小林製作所は，戦後になってガスストーブ，ガスレンジ，ガス湯沸器などの生産にも着手し，1952年には「パロマ」のブランド名を採用した。1964年に小林製作所から製造部門をパロマ工業，また販売部門を株式会社パロマとして分離独立させ，湯沸器の製造では業界第1位の企業に成長していった。しかし，業界有数の企業でありながら，同社の株式は非上場で，現在でもその過半数は創業家である小林一族が所有しており，典型的な同族経営会社でもある。[3]

　さて，先述の経済産業省の「とりまとめ」によれば，表3-1のとおり，約21年間にわたって，28件のCO中毒事故が発生していた。それら28件の事故原因を見てみると，いわゆる不正改造によるものが15件，機器の劣化によるものが11件，原因が特定できないものが2件となっていた。これらの事故による人的被害を見てみると，21名の死者が発生し，そのうち18名が不正改造に起因した事故によるものであった。

第3章　企業の社会的責任と消費者の安全

表3-1　パロマ事故総括表

事故の内容	件数	被害状況
安全装置不正改造による事故	15	死亡　　　　18名 重体・重症　2名 軽症　　　　13名
部品の劣化（水流スイッチの故障等）による事故	11	重体・重症　1名 軽症　　　　22名
事故の原因を特定できないもの	2	死亡　　　　3名 軽症　　　　1名
合　計	28	死亡　　　　21名 重体・重症　3名 軽症　　　　36名

（出所）　経済産業省「製品安全対策に係る総点検結果とりまとめ」2006年8月28日，11頁。

　ところで，この場合の不正改造とは次のような事象をいう。すなわち，当該機器には，燃焼後の排気ガスを強制的に送り出すための電気によって作動するファンが取り付けられていた。ところが，その安全装置を制御するコントロールボックス内の基盤に「はんだ割れ」が生じ，その結果，コントロールボックスが故障し，これにより安全装置が働いて湯沸器が使用できなくなった。そのため，修理に当たった者がコントロールボックスの改造（端子台の追加配線による短絡ないし直結）を行い，ガスが点火・燃焼するように処置した。これが不正改造である。修理に当たった者がこのような改造を行ったのは，一時的な応急措置を施すことで，消費者が故障した湯沸器を使用できるようにするためであった。

　18名もの死者の出た死亡事故は，犠牲者自らが使用している湯沸器が不適切に改造され，安全装置が作動しない状態になっていることを認識していなかったことによって発生した。すなわち，犠牲者は湯沸器の安全装置が改造されていたなどとは全く知らず，またファンが回っていない状態で燃焼した場合の危険性についても充分な知識を持ち合わせていなかったことによって起きてしまった。つまり，特に問題のある湯沸器だとは思わずに使用したことが，悲劇につながったのである。

そこで，問題となってくるのが，以下の諸点である。

①不正改造を招いた湯沸器は，「はんだ割れ」を起こしやすい欠陥製品ではなかったのか。また，その安全装置には構造的な欠陥があったのではないか。

②最も事故の発生を知り得る立場にあったパロマ社は，なぜ抜本的な対策を講じることなく，21年もの長きにわたって連続事故の発生を事実上放置していたのか。

③ガス機器の安全確保を規制し，かつ事故発生の報告を受けていた通商産業省（2001年から経済産業省）の対応に問題はなかったのか。

④ガスの利用者・消費者に湯沸器が改造されていたとのリスク情報が伝わらなかったのはなぜか。

以下，かかる論点を検討・検証することで，国民生活に日常不可欠なガス湯沸器事故の再発防止に資する教訓を明らかにする。また，その作業を通じて，企業の社会的責任と消費者の安全に関する考察の一助とする。

2　ガス湯沸器開発の歴史

ここで，ガス湯沸器の製品開発および商品化の歴史を概観しておく。

わが国におけるガスレンジなど厨房用ガス器具の導入は1900年代初めに遡る。当初は英国などからの輸入品が中心であったが，次第に国産化が進んだ[4]。一方，ガス湯沸器は1920年代半ばにユンケルス式，ヴィラント式，ハンフレー式といった輸入品として導入され[5]，1930年に国産機の第1号が発売されている。この頃のガス湯沸器は上流側で水栓を開閉する元止式が多く，その形状も円筒型が主流であった。

戦後復興も著しい1950年代終盤になると，全国各地で住宅団地が多数建設された。各家庭には炊事用の小型元止湯沸器とガス風呂釜が据えられ，内風呂の普及率も1960年代初めには約60％に達した。1960年代半ばにはシャワーの設置が求められるようになり，水栓の開閉が手元でできる先止式の8号，10号と呼ばれるガス湯沸器が相次いで発売された[6]。なお号数は容量を表すもので，給水を1分間に1リットルの水を25K昇温できる能力を1号とし，8号では

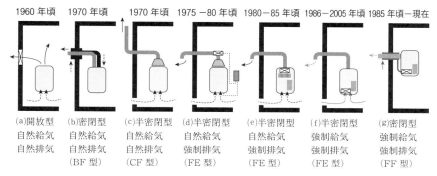

図3-1 屋内設置型ガス湯沸器開発の経緯

(注) 図中の年号は概略値。
(出所) 日本ガス協会編『都市ガス工業概要（消費機器編）』1999年，日本ガス機器検査協会『ガス機器の設置基準及び実務指針（前篇）』2005年，パロマ工業株式会社「半密閉燃焼式商品——商品仕様及び構造」2006年に基づいて作成。

8リットル，10号では10リットルとなる。1970年代に入ると，ガス湯沸器の能力はさらに上昇し，12号，13号の大型器が市場に投入され，それに伴ってガス風呂釜が不要となり，いわゆるセントラル給湯時代に入っていく。

図3-1はガス湯沸器の発展の過程を，年代を追って模式的に示したものである。図3-1(a)の開放型は台所用の給湯器として商用化されたもので，容量は5号までであった。開放型とは屋内空気を取り込み，燃焼排ガスを屋内に放出するもので，湯沸器内部の高温のガスの流れで起こる煙突効果，すなわちドラフトによって自然に給気が行われるようになっている。この自然給気の仕組みは，1980年代半ば以降の押込みファンの登場まで継続する。1970年頃に開発された図3-1(b)に示す密閉型（BF型）は燃焼排ガスによるドラフト効果によってダクトを通じて屋外から空気を取り込む仕組みであり，給排気ともに自然に行うもので，1975年には13号という大型給湯器も発売された。しかし，大型化の流れの中で自然給排気にはおのずと限界があり，技術開発の方向は，開放型と同様に屋内給気とするも排気ができるだけ確実に行える図3-1(c)に示す半密閉型（CF型）へと移っていった。

図3-1(c)のCF型も燃焼ガスによって誘起されるドラフトにより屋内から

第Ⅰ部　生活に潜むリスクとその防止

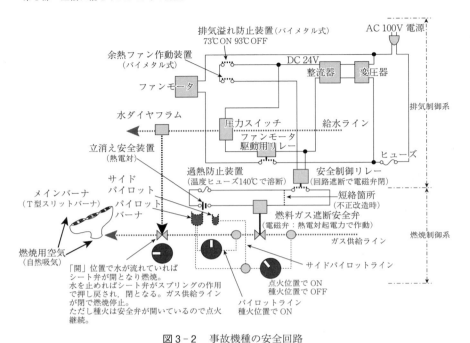

図3-2　事故機種の安全回路
(出所)　日本ガス協会編『都市ガス工業概要（消費機器編）』1999年，パロマ工業株式会社「半密閉燃焼式商品
　　　　――商品仕様及び構造」2006年に基づいて作成。

自然に給気するが，排気には湯沸器上部に後付けした笠状のフードからダクトを通じて屋外に導く形式を採用している。またこの頃，ガス湯沸器には立消え安全装置（大型瞬間湯沸器1963年，小型先止式湯沸器1970年）と過熱防止装置（1972年）が導入された。立消え安全装置は，図3-2に示すようにパイロットバーナ付近に設置されたK型熱電対によって逆風などによる火炎の立消えを温度変化から検出し，燃料ガス遮断弁を閉じるもので，異常事態において機器を安全側に倒す仕組みである。なお，熱電対は温度差に比例する熱起電力を生じるもので，K型の場合には600〜700℃の状態で24〜28mV，回路の電気抵抗にも依存するが100mA程度の電流となり，燃料ガス遮断弁駆動用の電磁リレーの電源となっている。また温度ヒューズである過熱防止装置は，湯沸器内

部の燃焼室を囲む胴に取り付けられ，熱電対と直列に配置されている。したがって，湯沸器の過度な温度上昇や立消えのいずれが生じてもガスは遮断されるのである。

　1977年頃になると，図3-2に示す安全回路を組み込んだ半密閉式（FE型）湯沸器が開発された。その特徴は燃焼排ガスを屋外に確実に放出するための湯沸器本体上部ダクトの途中に置かれた100Vの交流電源によって駆動されるシロッコファン，屋内に燃焼排ガスが漏れるのを検知するためのバイメタル式センサー（異常な温度上昇を検出して安全回路を遮断し，燃料ガス遮断弁用リレーを稼働させる）や，温度ヒューズの存在である。これらセンサーに接続されたリレーは，整流器や先に導入された燃料ガス遮断弁用リレーなどとともに制御箱に収納され，湯沸器の外側に後付された（図3-1(d)）。

　交流モータ回転数制御のためのインバータは，1990年頃になって漸く家庭用機器に導入されるようになった。これより10年以上前の図3-1(d)に示すFE型が開発された当時では，ファンの回転数すなわち排気流量は一定であった。しかし，燃焼に必要な空気流量はガス流量に応じて理論的に必要とされる値の1.3倍から1.4倍程度が適切で，多すぎても少なすぎても不完全燃焼につながる，つまりCOの発生量が安全限界を超えて多量に発生する事態を招くのである。したがって，燃焼負荷が小さい場合には，燃焼ガスのみならず本体とフードの隙間から屋内空気を吸い込んでともに排気することになる。ファンが起動していないと，ダクトの通気抵抗が大きくて自然のドラフトだけでは燃焼排ガスの排出ができず，本体とフードの隙間から室内に燃焼ガスが漏れ出てきてしまう。バイメタル式センサーなどの安全回路は，それを検知して燃焼を遮断する目的で取り付けられた。この仕組みによって大容量機器も安全に利用できるようになったのである。この安全回路とファンの導入は，ガス器具に初めて交流電源が用いられた画期的な技術開発の成果であった。[8]

　一連のパロマ事故を引き起こしたのは，1980年初めに開発されたFE型である。図3-1(e)に示すようにファンや制御回路を湯沸器本体内に収納したコンパクト型で，これによって湯沸器設置が容易になったが，ファン回転数が一定であるという技術上の課題は解決されていなかった。そのため，湯沸器に空

気取り入れ用の窓を開け，燃焼室を囲む胴には排気溢れ孔（本来的には排気が屋内に溢れてはいけないのでこの命名はおかしい）が設けられた。

1980年代終盤には，半密閉式ではあるが排気側の送風機を廃して給気側に押込み送風機を導入するとともに，排気溢れ孔を廃止したFE型湯沸器（図3-1(f)）が登場した。この湯沸器以降，立消え安全装置として，従来の熱電対を廃し，その代わりに電源の投入がなければ機能しない，したがってガス供給ができない仕組みを有するフレームロッドが採用されている。さらに1995年から2005年頃にはファン回転数検知機能や不完全燃焼防止装置が導入され，現在ではFF式と呼ばれる密閉式強制給排気型の湯沸器（図3-1(g)）が販売されている。[9]

このような一連の湯沸器開発の流れを概観すると，FE式は完全開放型の小型湯沸器から完全密閉型の大型湯沸器に至る過渡期の機器と位置付けることができる。

3　当該湯沸器は欠陥製品だったのか

前掲図3-2は，連続事故を起こした半密閉型（FE型）（図3-1(e)）の安全回路の概略を示したものである。図中の上半分がすでに述べた排気制御系であり，燃焼ガス供給や燃焼状態監視の燃焼制御系とは安全制御リレー，そして温水の利用時にスリットバーナにガスを供給するためのシート弁で接続されている。

なお，湯沸器上部の排気用ファン出口には逆風などによって種火が吹き消えるのを防止するためのダンパが取り付けられているが，このダンパはファンの運転とともに開となり，ファンの運転が止まれば閉となる。何らかの原因で排気制御系が機能しない場合にも，機器が100Vの電源に接続されている限りファンは停止しないし，ダンパも開いたままである。フェールセーフの機能が健全にもかかわらず例えば機械的原因によってファンが停止した場合には，燃焼ガスはダンパが閉じているために排気ダクトには流入せず，排気溢れ孔から屋内に流出することになる。この場合には既述のように排気溢れ防止装置などが

作動して燃料ガスが遮断される。いうまでもなく機器が100V電源に接続されていなければ，ファンは稼働しないし，燃焼ガス遮断弁も開かない構造となっている。

　この機種では発売当初，コントロールボックスのはんだ割れが多発した。前機種も同様の状況であったと推測されるが，コントロールボックスを機器内部に収納した当該機種においてこうした事態が多発したのはなぜだろうか。著者らは10号の容量を有する当該湯沸器の燃焼試験を行った際に，コントロールボックス内に熱電対を挿入して30K程度の温度上昇を計測した。温度上昇ははんだに熱応力を発生させるが，はんだが適切に接合されていない場合には3倍程度の温度振幅に相当する応力集中的な大きな値となる。著者らはこのような大振幅の熱疲労によってはんだが割れたのではないかと推測している。

　はんだ割れが生じると，フェールセーフは機能しなくなる。燃料ガス遮断弁を開放することができず，種火はついてもメインバーナに点火ができない。このコントロールボックスは，はんだ割れなどを含めて修理の対象外であり，使用者はサービスマン（修理業者）を通じてパロマの営業所から有料で入手することになっていた。しかし，それには2〜3日の猶予が必要であったため，ガスサービスショップのスタッフやサービスマンは緊急処置としてコントロールボックス端子部分で配線を短絡（図3-2の燃焼制御系の破線で示した箇所）することで対応した。この短絡によってフェールセーフ機能の不全を回避し，メインバーナでの燃焼が可能になったのである。この対応は，機能不全の回避というよりむしろ「フェールセーフ機能の無効化」というべき不正改造であった。

　かかる不正改造を行ったとしても，ファンが回っていれば立消え安全装置以外のフェールセーフ機構はないものの，通常の給湯が可能になる。一方，ファンが停止していればファン出口のダンパも開かないことになり，燃焼排ガスの流れから見れば，半密閉式の湯沸器を初期の小型湯沸器と同様に開放型として作動することになる。10号程度のガス湯沸器を換気のない6畳程度の密閉した部屋において開放型状態で使用したとすれば，10分間程度で室内空気中の酸素濃度が18％程度にまで低下する。市販されているガス器具は酸素濃度21％を前提に設計されており，この点だけでも不完全燃焼のおそれが非常に高い。

また，燃焼ガスが排気溢れ孔から屋内に流出するような事態では，湯沸器燃焼胴内のバーナ周辺に燃焼ガスが充満するのは当然で，不完全燃焼によって簡単に高濃度の CO が発生することになる。[10]

　製造物責任法では「欠陥」とは，「当該製造物を引き渡した時期」において「当該製造物が通常有すべき安全性を欠いていること」[11]としている。つまり，機器の設計・製造・品質管理などがなされた時点での最新の知見を取り入れた安全性の確保が要求されているのである。特に新規技術に対しては，技術者，メーカーは様々な性能試験や耐久試験を行い，発生するトラブルを解決した上で商品として市場に出す。しかし，実際に使用してみないと発生しない問題，例えば非専門家である使用者の利用頻度や利用状況など，完全には把握できない因子に依存した部分がどうしても残る。特に耐久性に関わる疲労，摩耗などについては加速試験など行っても調べきれない未知の部分は残り，さらには交流モータ回転数制御のためのインバータのように，当該商品が製造された時点では利用できなかった技術もある。したがって製造物責任法ではその商品の設計上，製造上の問題点を考える時，製造時にまで遡って State-of-the-Art の視点で検討することを基本としているのである。

　当該湯沸器では，大型化した機器の燃焼ガスを屋外に放出するという安全上の課題に，排気ファンとして排出機構を導入することで対応していた。排気溢れ孔の設置などは，家庭用機器に導入されるレベルの交流モータの回転数制御ができなかった当時の技術的制約の下での措置であり，またファンの稼働が損なわれる場合を想定して複数のフェールセーフ機構を導入し，異常事態において燃料ガス遮断という安全側に倒れる仕掛けを組み込んでいたのである。その異常事態がたとえ安全回路自身の機能不全であったとしても，燃料ガスの遮断という安全側に倒れる設計となっており，事実そのとおりに機能したのである。事故原因は，限られた空間にできるだけコンパクトな安全回路を組み込んだために結果的にはんだ接合部分が不十分な面積となり，さらにこれによって，大[12]きな温度振幅を伴う環境の中で熱疲労が加速されたことにある。しかしこうした事象は，当該湯沸器が製造販売され，実用に供されるまで明らかではなかった。以上の点から見れば，CO 中毒事故に関連したガス湯沸器を欠陥商品とい

うには当たらない。

　ボイラ技術の専門家であった石谷清幹[13]は，State-of-the-Art な商品開発・製造することを技術者の第一の責任であるとし，さらに第二の責任として，その製造物によって一般人が危険に曝されるおそれが明らかになった場合に社会に対して警告することを挙げた。これはなにも製造企業に所属する技術者だけでなく，ガス会社，機器の製造企業，サービスショップの経営者を含む全ての構成員にわたる専門家としての責任である。本稿で扱った CO 中毒事故の多発は，機器の故障をめぐっての製造会社，ガス会社，サービスショップ，そして使用者という各セクター間の知識，認識の離齬が基本的な要因であり，各セクターの専門家が上記の第二の責任を十分に果たさなかった結果である。

4　事故の態様とパロマ社の問題点

（1）事故の発生概況

　連続死亡事故を引き起こした湯沸器は，1980 年から 1989 年までに製造された半密閉式瞬間湯沸器 7 機種（型番：PH-81F，PH-82F，PH-101F，PH-102F，PH-131F，PH-132F，PH-161F）で，累積生産台数は 26 万 3672 台であった。パロマ社は，連続事故が公になった 2006 年 7 月から，経済産業省の指示を受けて当該 7 機種の点検・回収作業に乗り出した。

　筆者が委員長を務めた「パロマ工業第三者委員会」[14]の調査によれば，点検・回収作業が大詰めを迎えていた 2006 年 12 月 5 日の時点で，当該機器 1 万 9288 台の点検が完了し，229 件の不正改造が発見された。換言すれば，当該機器に占める不正改造機器の割合は 1.19％であった。不正改造機器の所在を地域別に見てみると，全国 36 の都道府県で認められ，特に東京都（28 件），和歌山県（17 件），沖縄県（16 件），新潟県（16 件）の 4 都県が際立っていた。一方で，秋田，山形，京都，鳥取，島根，岡山，徳島，香川，愛媛，高知，長崎の 11 府県では，その時点では不正改造された機器は発見されなかった。

　ここで，不正改造によるものを含めた全体の事故発生状況について見ておくと，まず，住宅の種別では，28 件中 23 件が集合住宅で起きている。そのうち

死亡事故は13件（死者数21名）である。このように，事故の大半は集合住宅で発生していた。次に，ガスの供給種別で見ると，都市ガス用が12件，LPガス用が16件となっている。ただし，この発生分布には時期的な偏りがある。すなわち，1985年から1992年までは11件中の10件がLPガス用と，圧倒的にLPガス用の割合が多かったが，その後は都市ガス用での事故が目立っている。

さらに，地域別の発生件数では，北海道での事故が28件中16件と圧倒的に多く，次いで東京都の4件であった。このように，寒冷地で，湯沸器が頻繁に使用されている北海道に事故は集中していた。一方，沖縄県や和歌山県は，不正改造件数は多かったもののCO中毒事故は発生していない。両県は温暖な地域にあり，特に沖縄県は冬期でも平均気温が17℃前後である。そのため，湯沸器の使用頻度も東日本エリアに比較して少なく，家屋も開放的であることから，不正改造された機器が使用されたとしても事故の発生に至らなかったと考えられる。

前述したとおり，パロマ事故の大半は，その犠牲者が不適切に改造されていた事実を知らずに，特段の注意もせずに湯沸器を使用したことによって発生した。パロマ社が，不正改造された自社製の湯沸器でCO中毒事故が発生し，犠牲者が出たことを最初に認識したのは，1985年に1月に札幌市で起こった事故（2名死亡）の際である。一方，最も直近に起こった事故は2005年11月の東京都港区の事故（1名死亡，1名重体）である（表3-2参照）。最初に認識された事故から2005年の事故に至るまで，約21年間にわたって断続的に事故が発生し続けたことになる。

（2）連続事故に対するパロマ社の対応

不正改造が引き金となって発生したパロマ事故の一覧は，表3-2のとおりである。こうした連続事故の発生に対して，パロマ社は全く手をこまねいていたわけではない。1985年1月（札幌市）と1987年1月（苫小牧市）の死亡事故を受けて，同社は1988年5月に「ガス機器の安全点検に関する注意」と題する指示文書を全国の営業社員とパロマサービスショップに配布し，機器の改造

第3章　企業の社会的責任と消費者の安全

表3-2　不正改造に起因するパロマ湯沸器事故の一覧

事象発生日	事故発生場所	住居形態	ガス種別	型式機種	人的被害
1985年1月6日	北海道札幌市	集合住宅	LPガス用	PH-101F	2名死亡
1987年1月9日	北海道苫小牧市	集合住宅	LPガス用	PH-101F	2名死亡，3名軽症
1990年12月11日	北海道帯広市	集合住宅	都市ガス用	PH-101F	2名死亡
1991年9月7日	長野県軽井沢町	保養施設	LPガス用	PH-131F	1名死亡，1名軽症
1992年1月3日	奈良県王寺町	集合住宅	LPガス用	PH-81F	2名死亡，2名軽症
1月7日	神奈川県横須賀市	集合住宅	LPガス用	PH-101F	2名軽症
3月22日	北海道羽幌町	不明	LPガス用	PH-101F	3名軽症
4月4日	北海道札幌市	集合住宅	LPガス用	PH-101F	2名死亡
1994年2月2日	秋田県秋田市	業務用建物	都市ガス用	PH-131F	2名死亡
1995年1月12日	北海道恵庭市	集合住宅	LPガス用	PH-81F	1名重症
11月19日	長野県上田市	不明	LPガス用	PH-81F	2名軽症
1996年3月18日	東京都港区	集合住宅	都市ガス用	PH-101F	1名死亡
1997年8月30日	大阪府大阪市	集合住宅	都市ガス用	PH-101F	1名死亡
2001年1月4日	東京都新宿区	業務用建物	都市ガス用	PH-131F	2名死亡
2005年11月28日	東京都港区	集合住宅	都市ガス用	PH-81F	1名死亡，1名重症

（出所）　経済産業省「製品安全対策に係る総点検結果とりまとめ」2006年8月28日，参考資料1，消費者安全調査委員会「消費者安全法第24条第1項に基づく評価　平成17(2005)年11月28日に東京都内で発生したガス湯沸器事故」2014年1月24日に基づいて作成。

を行わないよう注意喚起している。また，1990年12月の帯広市の事故を受けて同年12月に，再び上記文書を営業社員およびサービスショップに配布している。しかし，1991年9月に長野県軽井沢町で，また1992年1月には奈良県王寺町と神奈川県横須賀市で連続して2件の事故が再発した。そのため，パロマ社は同年1月22日に，サービスショップに対して新たに「強制排気型湯沸器の点検確認のお願い」という文書を発出するとともに，同年，サービスショップ社員を対象とした不正改造防止のための技術講習会を連続開催した。

　こうした取り組みにもかかわらず，1992年3月（北海道羽幌町）と4月（札幌市）にまたしても連続事故が発生した。このため，パロマ社は1992年5月15日付けで通商産業省・液化石油ガス保安対策室宛に報告書を提出し，その中で①今後，市場で同様の改造が行われないような対処をする，②すでに同様

の改造が行われているものがあれば，事前に発見し，正規の状態に戻す，との再発防止策を打ち出した。これら二つの再発防止策は，極めて適切なものであった。しかし，問題はこのとおりに実行されたかどうかである。

　確かに，前者については，パロマ社は努力を続けている。例えば，前述した不正改造防止のための技術講習会の開催である。これには延べ4000人が参加したとされている。一方，問題なのは後者である。「事前に発見し，正規の状態に戻す」とは，文字どおり読めば，該当機種を一斉点検し，不正改造されていないかどうかを確認した上で，改造が発見されたならば正規の状態に戻すことである。つまり，2006年7月から取り組まれた点検・回収作業のような取り組みを行うことである。ところが同社は，こうした作業を徹底して行わなかった。また，消費者に対してマスメディアなどを活用した注意喚起も一切行わなかった。同社が行ったのは，ガス事業者に対して3年に1度の法定点検の際に機器の点検を促すという取り組みのみであった。これでは，不正改造された機器を発見することは不可能で，市場においては依然として不正改造された湯沸器の放置状態が続いたのである。このような再発防止策の不徹底が，後にさらなる事故の続発を呼ぶことになる。すなわち，それ以降も7件の連続事故が発生し，7名の犠牲者を生んだのである。

　以上のように1988年以降，パロマ社は数度にわたって不正改造を防止するための施策を講じてきたが，事故の再発を防ぐことはできなかった。同社がとった対策は，以後の不正改造を抑止することには有効であったかもしれないが，すでに改造された湯沸器を「正規の状態に戻す」ものではなかったからである。

（3）パロマ社のガバナンスの欠陥

　なぜ，かくも長きにわたって事故が断続的に発生し続け，不正改造されたリスクの高い機器が市場に放置され続けたのか。事故発生の事実をメーカーとして最も知りうる立場にあったパロマ社は，何故，徹底した再発防止対策を講じることができなかったのか。

　パロマ社の問題点は，不正改造に対する対応措置だけに止まらない。同社は，死亡事故には至っていないが，製品の劣化，劣悪な設置環境による事故発生の

第3章　企業の社会的責任と消費者の安全

情報を得ていたにもかかわらず，それらに対してこれといった対策をほとんど講じていない。1980年代から1990年代にかけて，TVコマーシャルや大型看板など販売促進のための自社ブランドの宣伝は行っていながら，一方で，「不正改造機器の存在」や「その危険性」について広く消費者には告知していなかった。

　その最も大きな要因は，株式会社でありながらパロマ社は，そのガバナンスに著しい欠陥があったという点にあると考えられる。すなわち，ある経営上の重要な政策判断がなされる場合も，取締役会において集団的に検討されるのではなく，同族経営会社にありがちなトップの判断によって全てが決定されていた。つまり，取締役会という形式は整えられているが，それが機能している状態にはなかった。

　事故情報を蓄積し，それらを体系的，系統的に分析する体制も何ら構築されていなかった。発生した死亡事故の事故情報は，その都度，担当者を通じて経営トップに上げられていたが，その評価と分析に大きな弱点があった。"セーフティパロマ"と標榜し，消費者の安全をうたっておきながら，市場の情報を開発や安全対策にフィードバックする仕組みも確立されていなかった。同社が，サービスショップなどに不正改造の危険性と防止を訴える文書を発布したり，修理業者を集めた講習会を開催したりする他には，これといった有効な事故再発防止策を講じてこなかったのはこのためである。

　パロマ社のトップは，不正改造が行われて消費者の安全が脅かされたという事実に対して，不適切な改造ができないような次世代製品の開発は指向していた。ところが，すでに被害を受けている，あるいは被害を受ける可能性のある自社製品を使用している一人ひとりの消費者への配慮が十分にあったとは思えない。もし，こうした配慮があれば，1990年代の適当な時期に，報告された事故事例の他に，不正改造された機器が消費者のもとに残存していることのリスクを評価し，一斉点検を実施する必要性があるとの経営判断が下せたはずである。しかし，現実にはそうした判断は下されなかった。かかる消費者の安全についての"認識の歪み"が，安全に対する強い信念を持ちながらも，事故の原因は自社製品の問題にあるのではなく，不正改造した修理業者の問題である

という意識を生んでいったものと考えられる。2006年7月にパロマ事故が社会問題化した直後の記者会見で，経営トップがあたかも自社には責任がないかのような発言に終始したのはこうした事情によるものと思われる。[15]

5　湯沸器の安全確保への教訓

　近年，規制緩和が行われたとはいえ，ガス事業はなお，政府の厳しい監督下に置かれた被規制産業である。パロマ事故が社会問題化した2006年7月当時，ガス事業関連法令に基づき，ガス機器の管理はガス事業者（ガス供給会社）が行っており，消費者が使用しているガス機器に関するデータはガス事業者が管理していた。また，ガス機器の法定点検も，修理業者やパロマ社などの機器メーカーではなくガス事業者が行っていた。

　こうした構造の下で，特定の機器に関わって21年にわたって断続的にCO中毒事故が発生し続けた責任の一端は，監督官庁である経済産業省（2000年以前は通商産業省）にもあった。すなわち，それまで重大な事故が発生した場合，その情報は，その都度，ガス事業者や機器メーカーなどによって同省に報告されていた。事実，パロマ事故に関しても，同省は過去に17件の事故情報を得ていた。しかし，同省は2006年7月に至るまで，事故の再発防止のための能動的なアクションを起こさなかった。特に，1992年3月末に，担当セクションの一つが1991年から1992年にかけて起こった連続事故に共通する事象として，不正改造が行われていたこと，およびコンセントに電源プラグが入っていなかったことなどを把握していながら，効果的な再発防止対策を講じなかった。このように，パロマ問題に対する同省の対応が的確さを欠いてしまった背景には，当時，省内にガス湯沸器を所管するセクションが複数存在していたため，それぞれのセクションに報告された事故情報が省内で共有されず，省として問題の全体像を把握できなかったという事情があった。つまり，縦割り行政の欠陥が露呈したともいえるのがパロマ問題であった。

　パロマ事故が社会問題化したのを受けて，経済産業省は短期間のうちに，事故リスク情報の処理体制の改善に着手し，消費者用製品安全法の改正を主導し

第3章 企業の社会的責任と消費者の安全

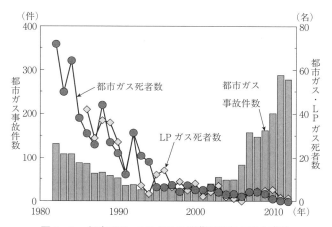

図3-3 都市ガス・LPガスの消費段階における事故
（出所）経済産業省「ガス事業法及び高圧ガス保安法に基づくガス事業者及び液化石油ガス販売事業者からのガス消費機器に関する事故報告の概要（1986年～2006, 2007年）」および経済産業省「都市ガスの安全・LPガスの安全, 事故発生状況等（消費段階）, 各年度」(http://www.meti.go.jp/policy/safety_security/industrial_safety/sangyo/citygas/detail/jiko.html 2014年7月22日閲覧)。

た。また, ガス消費機器製造時の技術上の基準の見直し, 安全装置の機能の変更を伴う工事に係る規定の見直し, 重大製品事故情報報告・公表制度の創設, 長期使用製品安全点検制度の施行といったガス機器の安全性向上のための施策を導入・実施した。こうした一連の施策ついては評価できるが, かかる積極的な行政対応が1990年代の初めに行われていたら, パロマ湯沸器に関わるその後の死亡事故は発生していなかった可能性が高い。そういう点で, 被害者などによる同省の怠慢ともいえる対応への強い批判は首肯できる。

　ガスの利用は, 消費者の生活を便利で豊かなものにしてきた。しかし, 他方で, その使い方を誤ると消費者の生命をも奪う事故を発生させてしまう。2007年以降, 規制の仕組みや制度が見直され, ガス機器の安全性は確かに顕著に向上した。それに伴い図3-3が示すように, 1990年頃までには都市ガス, LPガス合わせて40人を超えていたガス機器による死者数は, 2009～2010年には6～7人程度まで激減している。ただし, その一方で全体の事故件数は, 2011

年と2012年のデータには東日本大震災の影響も含むため除外するとしても，2000年頃までは減少傾向にあったが，2000年以降急増が認められ，2010年には200件にも達している。

　こうした事故増加の原因の一つとして，都市ガスの利用者の拡大が挙げられるが(16)，しかし，それだけでは説明できないほどの増加ぶりである。これには，多重にフェールセーフ機構を搭載した新しい機器ばかりではなく，かなり老朽化した機器もいまだ多数使用されていること，企業の考える機器寿命がせいぜい8年程度であるのに対して利用者にその認識がないこと，燃焼機器に対する危険性認識の欠如，世代間ギャップなども関係していると思われる。このような問題を補完するためには，ガス燃焼機器に対する管理・検査・改修を適切な社会制度として定着させることが必要であろう。監督官庁はじめガス事業者，機器メーカー，サービス提供者，そして最も肝心な使用者（消費者）の各主体間で，ガス機器の安全使用についての情報共有と連携関係を創り上げていくことが求められているのである。

　パロマ事故を引き起こした半密閉式瞬間湯沸器7機種は，市場に投入されてから相当の期間が経過していることから，そのうちの多くはすでに廃棄され，使用されていない。しかし，いったん，消費者の手元に渡ったガス機器の所在を最後の1台まで確認することは至難の業である。点検・回収が始まった2006年7月から8年が経過した現在でも，パロマ社による再点検活動は継続されている。その最新の結果（2014年8月31日現在）によれば，当該機種5万2933台の所在が確認されている(17)。当該機種が最後に製造されたのは1989年である。そこから25年が経過しても，なお累積生産台数の5台に1台が使用され続けている，というのが湯沸器をめぐる現実である。

　最後に，パロマ事故の教訓の一つに，湯沸器の現況についての情報の欠落という問題がある。発生した28件の事故のうち23件が集合住宅で起きており，そのうち死亡事故は13件であった。つまり，死亡事故の圧倒的部分は賃貸の集合住宅で起きていた。これは，転出，転入があった際に，修理履歴など湯沸器にかかる情報が新しい居住者に継承されなかったことに原因がある。集合住宅のオーナーないし管理者には，単に部屋を賃貸するというだけでなく，入居

者の安全にも留意した住宅管理を求めたい。[18]

注
(1) 経済産業省『エネルギー白書　2014年版』2014年，149頁。
(2) 経済産業省「製品安全対策に係る総点検結果とりまとめ——パロマ工業株式会社製ガス瞬間湯沸器による一酸化炭素中毒事故への対応を踏まえて」2006年8月28日。
(3) パロマ社は，1988年に米国のRheem Manufacturing Companyを買収し，完全子会社化した。これを契機に，米国を中心とした海外への資本進出を本格化した。一方で，国内では湯沸器市場におけるシェアを減少させはじめ，現在は業界第1位のリンナイの後塵を拝している。なお，パロマ工業と株式会社パロマは2011年に合併し，株式会社パロマが発足している（Rheem Manufacturing Company, About Rheem, http://www.rheem.com/about/,「株式会社パロマホームページ」http://www.paloma.co.jp/company/group/index.html　2014年9月10日閲覧）。
(4) キッチン・バス工業会編「ガスコンロ製品開発の歴史」（www.kitchen-bath.jp/public/nandemosoudan/gasconro.pdf　2014年7月22日閲覧）。
(5) 「大阪時事新報」1929年9月1日〜10月2日，神戸大学図書館新聞記事文庫，瓦斯工業（02-152）による。
(6) 山口憲一「給湯器ものがたり」『40年のあゆみ——サステナブル社会に貢献する工業会活動　1965-2005』キッチン・バス工業会，2005年，71-79頁。
(7) 同上。
(8) パロマ工業株式会社「半密閉燃焼式商品——商品仕様及び構造」2006年。
(9) 日本ガス協会編『都市ガス工業概要（消費機器編）』1999年，日本ガス機器検査協会『ガス機器の設置基準及び実務指針（前篇）』2005年，135-136頁。
(10) 消費者安全調査委員会「消費者安全法第24条第1項に基づく評価　平成17（2005）年11月28日に東京都内で発生したガス湯沸器事故——経済産業省が行った『総点検結果』とその後の状況についての消費者安全の視点からの検証」2014年1月24日，9-10頁（http://www.caa.go.jp/csic/action/pdf/140124_honbun.pdf　2014年7月25日閲覧）。
(11) 製造物責任法第2条第2項（「法令データ提供システム」http://law.e-gov.go.jp/htmldata/H06/H06HO085.html　2014年7月22日閲覧）。
(12) 消費者安全調査委員会・前掲注(10)，6頁。
(13) 石谷清幹「技術者の責任——石谷研卒業生への送別の辞にかえて」1969年3月19日。
(14) 本稿筆者の安部は，2006年8月24日にパロマ社によって設置された「パロマ工業第三者委員会」（同年12月21日に任務を終えて解散）の委員長を務めた。この委員会は，第三者の目から事故の原因調査を行い，事故の再発防止策をパロマ社に提言するために設置された委員会で，パロマ工業が社内に設置した事故調査委員会とは別組織である。また，小澤は安部の依頼に基づき，湯沸器の技術的・工学的な鑑定を行い，委員会の報

⒂　告書作成に協力した。なお，本稿の事故状況やパロマ社の問題点に関する記述は，主として安部が作成・執筆した，次の委員会報告書に依拠している。パロマ工業第三者委員会「事故の再発防止と経営改革に関する提言」2006 年 12 月 21 日。
⒂　パロマ連続事故については，そのうち時効が成立していないものについて，当時の経営トップの刑事責任が問われたケースがある。すなわち，2005 年 11 月に東京都港区で発生した事故に関連して，パロマ社長並びに同社元品質管理部長の 2 人が業務上過失致死傷罪に問われ，いずれも 2010 年 5 月の東京地方裁判所の一審で有罪判決となり，両名は控訴しなかったため，有罪が確定している（元社長は禁固 1 年 6 か月執行猶予 3 年，元品質管理部長は禁固 1 年執行猶予 3 年）。
⒃　須山照子「エネルギー政策の動向と都市ガス事業への期待」資源エネルギー庁・講演資料，2013 年 6 月 13 日（www.safety-kyushu.meti.go.jp/toshigas/shiryou/25ippan_3_kouen.pdf　2014 年 7 月 22 日閲覧）。
⒄　パロマ「再点検活動の実施状況について（2014 年 8 月 31 日時点）」（http://www.paloma.co.jp/news/image/up/201396VL.pdf　2014 年 9 月 25 日閲覧）。
⒅　なお，パロマ事故は，2005 年 11 月 28 日に東京都港区で発生した死亡事故の遺族の「申出」により，2012 年 11 月 6 日に消費者安全調査委員会の「事故等原因調査を行う事故」として選定され，同調査委員会が調査に着手した。すでにその調査は終わっており，注⑽の報告書として公表されている。消費者安全調査委員会は，消費者生活に関連して発生した事故について検証・調査を行い，その再発防止のための「勧告」および「意見」を発出することを任務としている。パロマ事故に関しては，2014 年 1 月 24 日付けで経済産業大臣宛に，事業者が作成するサービスマニュアルに改造禁止に関する警告を見やすく表示することや，ガス湯沸器本体への安全装置の改造禁止に関する警告表示を徹底することなどを関係工業会等に指導するよう求めた「意見」が発出されている。

第4章
保険制度による減災効果の検証

桑名謹三

1 減災のための政策について

　現代社会には，自動車の運転のように社会にとって極めて有益であるものの，社会に損害をもたらす行為（以下，「危険な行為」という）が多く存在する。自動車の運転がもたらす損害とは，交通事故による損害や自動車の排気ガスによる大気汚染に起因する損害⁽¹⁾などである。交通事故の状況について見ておくと，2012年中に発生した交通事故の件数は66万5138件で，それによる死者数は4411人，負傷者数は82万5396人である⁽²⁾。また，2012年度に交通事故の損害に対する補償として支払われた保険金は約3兆円である⁽³⁾。この保険金の額だけで十分巨額であるが，この額は交通事故による損害額の一部にすぎないことに注意する必要がある。このように，交通事故による損害は依然として深刻であるといえる。有益な行為の有益な部分をできるだけ阻害することなく，その行為による損害を抑制することが減災政策に求められる。

　交通事故の減災政策に目を向けてみる。一般に，交通事故に対する減災政策としては，速度規制等の規制基準を自動車の運転者に強制するという手法が第一に考えられる。この手法は，道路交通法等の公法⁽⁴⁾により危険な行為を行う者を管理する手法であることから，以下においては，「公法的手法」と呼ぶこととする。この公法的手法による減災政策は，日本においては必要かつ不可欠であると考えられており，誰もが思いつく常識的な政策であり，筆者もそのことを否定するものではない。しかし，ここでは，ほとんど全ての政府による規制を否定している点において今の日本とは異なる世界観を持つ政治思想であるリバタリアニズム⁽⁵⁾における減災政策を見ておくこととしたい。なぜなら，リバタ

リアニズムにおける減災政策は，保険制度が減災効果を有しうることを示唆しているからである。以下は，リバタリアニズムを提示した数ある著書のうち，影響力が大きい Nozick（1974）の考え方をサマライズしたものである。

①国家の活動は，国防，治安，司法に限定するべきである

【解説】国家は，個人の権利を害してはならないので，その活動は最小限度とされるべきである。リバタリアニズムの国家・政府像は，いわゆる「小さな政府」や「安価な政府」よりも，はるかに限定されている。

②危険な行為を行う者は，その行為によって自分以外の者に損害を与えた時は，その損害につき，それを受けた者に対して賠償しなければならない

【解説】国家は損害賠償制度の運営を行わなければならない。つまり，国家は司法制度を用いて，損害賠償法を国民が遵守するようにしなければならない。損害賠償法とは，今の日本でいえば民法第709条の不法行為法や，自動車損害賠償保障法（自賠法）や原子力損害の賠償に関する法律（原賠法）などの不法行為特別法のことである。

③国家は，補助金等を用いて危険な行為を行う者が責任保険を購入できるようにしなければならない

【解説】責任保険とは，危険な行為を行う者が，保険会社に保険料を支払うことを条件として，その危険な行為によって，他の者に損害が生じた時は，その損害を保険会社が補償するという保険商品である。したがって，危険な行為を行う者の全てが責任保険を購入することができれば，その危険な行為によって生じた全ての損害は，保険会社によって補償されるということを意味する。危険な行為を行う者のうち，責任保険を購入できない者に対して，その行為を禁止すると，その行為によって得られる有益なことを喪失してしまう。そのような状況を避けるために，国家は禁止をせずに危険な行為を行う者に補助金を与えることによって，危険な行為を行う者が責任保険を購入できるような状況を作り出さなければならない。つまり，責任保険の強制付保化政策を行うことは国家の役目の一つである。

このリバタリアニズムにおける減災政策は，私法の一つである損害賠償法に責任保険をセットしたものであるので，以下においては，この減災政策を「私

第4章　保険制度による減災効果の検証

法的手法」と呼ぶこととする。リバタリアニズムが理想とする社会，つまり，規制緩和を徹底的に行った社会においては，危険な行為を管理する政策，換言すれば，減災政策は私法的手法に限定される。公法的手法に減災効果があるのは直感的に明らかであるが，果たして，私法的手法にそれがあるのだろうか。そして，その私法的手法において，責任保険のどのような機能が必要とされているのであろうか。これらの疑問を解きほぐすことによって，責任保険だけではなく全ての保険に関する減災効果について解説することが本稿の目的である。また，保険が減災ではなく，逆に損害を増幅させる，「増災」効果をも持ちうることも併せて解説する。

　なお，私法的手法はリバタリアニズムの世界の専売特許ではなく，今の日本でも実施されている。例えば，自賠責保険の手配をドライバーに強制化した自賠法や，原子力事業者に原子力保険の手配を強制化した原賠法，船主に油濁賠償責任保険の手配を強制化した船舶油濁保障法[13]による減災政策がそれである。そこで，本稿においては，リバタリアニズムの世界の私法的手法と今の日本の私法的手法の持つ意味合いの違いについても解説を行う[14]。

2　保険料による減災インセンティブ

　ここでは，直接的には私法的手法から離れるが生命保険の例を挙げて保険料が減災インセンティブを持つことを示しておきたい。このことは，私法的手法における責任保険の保険料についてもいえることである。

　表4-1は，2014年4月30日の『日本経済新聞』に掲載されたもので，保険金額[15]1000万円の生命保険の月額保険料を示したものである。具体的に説明すると，保険契約者が死亡した場合に，保険会社より1000万円の保険金が所定の保険金受取人に支払われる生命保険である。大手生命保険A社とは，特定できないものの，日本生命，第一生命，住友生命，明治安田生命などのいわゆる伝統的な生命保険会社の一つを指しているものと考えられる。ライフネット生命保険は，インターネットのみで販売を行っている生命保険会社である。大手生命保険A社は，営業職員による販売を行っているから，インターネット販

第Ⅰ部　生活に潜むリスクとその防止

表4-1　生命保険の保険料

生命保険会社	月額保険料（円）			特徴・条件
	30歳	40歳	50歳	
大手生命保険A社	2,700	3,990	7,280	配当が出ることがある
ライフネット生命保険	1,230	2,374	5,393	インターネットで申し込み
チューリッヒ生命保険	1,050	1,720	3,940	非喫煙者で血圧が基準を満たす場合

（注）　男性が保険金額1000万円，期間10年の定期保険に加入する場合。
（出所）　2014年4月30日の『日本経済新聞』の「節約の春　生保も定期点検」という記事に出ていた表に基づき筆者が作成。

売のみを行うライフネット生命保険とは販売に要するコストが異なる。したがって，大手生命保険A社の生命保険よりもライフネット生命保険の保険の方が安いのは当たり前である。保険料が保険契約者の減災インセンティブに影響することはない。大手生命保険A社では，保険の収支が良好，つまり，当初見込んでいたよりも保険金支払が少なかった等の理由により保険会社が想定以上の利益が発生した場合には，保険契約者に対して配当が支払われることがある。換言すれば，大手生命保険A社の全ての保険契約者が，減災努力，この場合は健康に配慮した行動をすれば，その見返りである配当が保険契約者に対して支払われることがあるということである。個々の保険契約者の減災努力が，配当の支払の可否に影響を与える可能性は極めて小さいので，この契約者配当という仕組みは，保険契約者の減災インセンティブに影響を与えるとはいえない。

　次に，チューリッヒ生命保険の保険料を見てみる。チューリッヒ生命保険は，ライフネット生命保険と同じように，インターネットで保険を販売している会社である。チューリッヒ生命保険の保険料は，大手生命保険A社に比べて，30歳で61％引き，40歳で57％引き，50歳で46％引きとなっており，10年間支払う総保険料を考えると，30歳で約19万8000円，40歳で約27万2000円，50歳で約40万1000円の節約ができる。同様の比較をライフネット生命保険について行ってみると，30歳で14.6％引きの約2万2000円の節約，40歳で27.5％引きの約7万8000円の節約，50歳で26.9％引きの17万4000円の節約となる。チューリッヒ生命保険のこの保険料は，保険契約者が喫煙をしておらず，かつ血圧が所定の値よりも低い場合に適用されるものである。ここで注

目しなければならないのは，保険契約者ががんばって努力すれば禁煙することができ，そうすることによって安い保険料で生命保険の契約ができることである。このことは，チューリッヒ生命保険が禁煙を試みるための動機付けとなりうるということを示している。つまり，チューリッヒ生命保険の保険料は，減災のインセンティブとなりうるのである。減災努力をしている人に対する保険料を安く設定することによって，保険契約者の減災を誘導することができる。

ところで，生命保険のように民間の保険会社が販売する保険（以下，「私保険」という）の保険料は，保険金の支払いに充当する部分である純保険料と，保険会社の経費に充当する部分である付加保険料の和となる。さらに，純保険料は保険会社の支払保険金の期待値にできるだけ等しくなるように設定されなければ金融庁の認可を得ることはできない。支払保険金の期待値は信頼のおける統計データから算出されなければならない。したがって，ある減災努力が実際に有効であって，それが統計データで裏付けられるのであれば，その減災努力をしている人に対する保険料は，そうでない人に対する保険料よりも安くなるはずである。つまり，私保険においては，減災インセンティブを持たせるような保険の設計をすることが，常に可能といえる。

問題となるのは，私保険は民間保険会社によって営利目的で販売されていることである。[18]減災インセンティブを保険に持たせることが，その保険を販売する保険会社の利益を増加させると予想されないと，そのような保険を販売することはできない。保険会社の経営は慈善事業ではないのである。社会全体の減災努力が促進されても，会社が破綻してしまっては困るのである。なぜ，大手生命保険A社は，喫煙をしない人に対する保険料割引を設定しないのであろうか。それは，同社の既存契約者の中に，多くの非喫煙者が存在していて，もし，非喫煙者に対する割引を新たに設けると，それらの既存非喫煙契約者に対して非喫煙者に対する割引を適用しなければならなくなるからである。つまり，新たに非喫煙者に対する割引を設けることによって，既存契約の保険料が大幅に減少してしまう可能性が大きいのである。もちろん，新たな割引を導入することによって新規契約者が増えるかもしれない。しかし，新規契約者の増加に伴う増収よりも，既存契約者の保険料減収が大きければ，当然，そのような割引

を新設することはない。したがって，膨大な数の既存契約者をかかえる大手生命保険A社が，非喫煙者に対する割引を新設しないのは合理的な行動である。他方，チューリッヒ生命保険は，大手生命保険A社に比べれば，日本のマーケットでの活動期間が短く，保有している既存契約者の数が多くはないことから，非喫煙者に対する割引の新設という行動が可能になったと推測できる。

　保険料に減災インセンティブを持たせる際の問題をもう一つ示しておきたい。前述のとおり，保険料に減災インセンティブを持たせるには，減災努力をしている人に対する保険料を，そうでない人に対する保険料よりも安く設定すればいいのだが，減災努力をしているか否かを保険会社が明確に判別できなければならない。例えば，自動車保険において速度規制を守る人に対する保険料割引を新設することを考えてみる。交通事故では事故原因が警察等により特定されている場合が多いので，速度規制を守る人とそうでない人についての事故統計データを作ることは可能かもしれない。もし，それができたとしても，実際に保険契約者が速度規制を守っているかどうかを，保険会社が確認することが極めて困難である。保険契約者であるドライバー1人について，監視者1人を保険会社が雇い，常に保険契約者に同行させ，保険契約者を監視させれば，保険契約者の速度規制の遵守状況を把握することができるかもしれないが，それは極めて高価であり，非現実的である。もちろん，そのことは，チューリッヒ生命保険の非喫煙者に対する割引についてもいえる。どのようにして非喫煙者と喫煙者を確実かつ安価に判別するかは，保険を設計する段階で重要なファクターとなる。この減災努力をしている人とそうでない人を判別するための費用は，最終的には，付加保険料として保険料に上乗せされるので，保険料の持つ減災インセンティブの度合いを殺いでしまうことになる。

　ここまでは，民間の保険会社が販売する保険である生命保険について見てきたが，保険契約者の喫煙の状況が保険金支払に大きな影響を与えるのは，民間保険会社ではなく公的機関が提供している保険の一つである，医療保険も同じである。医療保険は，日本の国民皆保険制度の根幹をなす保険であり，全ての日本国民に加入が強制されている強制保険である。医療保険については，保険料が保険金支払いの期待値になることは求められておらず，保険料は所得の再

分配機能を有するように設定されている。つまり，保険契約者の健康状態とは関係なく，所得の高い人ほど高い保険料を負担するようになっている。したがって，保険契約者の減災努力を一切反映しない保険料となっている。そのため，保険の存在によって，減災努力がほとんどなくなる可能性があるのである。このように，保険によって減災努力が低くなり，結果として社会全体の災害が増えてしまうこと，医療保険の場合であれば保険の存在によって社会全体の医療費が増加してしまうという保険の増災効果のことを，モラルハザードと呼んでいる。なぜ，医療保険の保険料が減災努力を反映しないかといえば，国民の全てが加入する強制保険では，その加入を容易にしておく必要があり，減災努力の有無を判別するためのコストをかけるべきではないという考え方があるだろうし，また，減災努力をすること自体コストがかかることから，それを所得レベルの低い人たちに求めることは酷であるという考えもあると推察される。

　では，このチューリッヒ生命保険の保険料設定の方法，つまり非喫煙者に対する保険料割引が，どのような数値を変える可能性があるのかを見ておきたい。少し古くなるが，伊佐山（1999）の第7章に，たばこによる社会的損失の算出例がいくつか示されている。それによると，日本におけるたばこによる社会的損失は，3.7〜7.3兆円程度とされており，その値は，たばこ税の税収をはるかに上回るとのことである。非喫煙者に対する割引は，このたばこによる社会的損失の額を低減させることができると考えられる。喫煙による損害は，喫煙からかなりのタイムラグを持ってから発生するので，たとえ喫煙者がいなくなっても，すぐに上記の社会的損失がゼロになるわけではないが，保険料の持つ減災インセンティブによって，喫煙者の数を減らしていくことは可能である。さらに，所得レベルが低い人たちに過度の負担をさせないという医療保険の主旨に反することなく，医療保険にも非喫煙者に対する割引を導入することは検討の余地があると考えられる。そうすることは，たばこによる社会的損失を低減させるための有効な政策手段となると思われる。民間保険会社が販売するものだけではなく，医療保険のように公的機関が提供する保険も考慮すると，日本人で保険に加入しない者はいないのである。つまり，全ての人が支払う可能性のある保険料に減災インセンティブを内包させれば，大きな効果が得られる

のである.

　以上, 本節の考察をまとめると次のようになる.

① 以下の条件が満たされれば, 民間保険会社が販売する保険料に減災インセンティブを持たせることは常に可能である.

- 減災インセンティブを持たせることが保険会社の営利目的に合致していること
- 減災努力をしている人とそうでない人を安価に保険会社が判別できる手法が存在すること

② 公的機関が提供する保険で保険料に所得の再分配機能を持たせているものでは, 保険制度によって社会全体の災害が増加してしまうモラルハザードという現象が生じる.

3　資力不足の問題の解消[23]

　それでは話を私法的手法にもどす. 前述のとおり, 私法的手法は損害賠償法に, 責任保険をセットしたものであるが, まず, 責任保険を除いて考えてみる. 危険な行為を行う者は, その行為によって他の者に損害を与えたら, 損害賠償法にしたがって, 被害者に損害賠償金を支払わなければならない. つまり, 危険な行為を行う者は損害賠償責任を負う可能性を考慮して行動することとなる. その結果, 減災努力をすることになるのである. 減災努力をしなければ, 多大な損害賠償金を支払う可能性が高まるからである. このようにして, 損害賠償法による減災インセンティブによって, 危険な行為を行う者は社会的に望ましい減災努力をするようになる, というのが公的手法による減災政策を不要とする根拠である. ひらたくいえば, 減災について, いろいろとお上が口出しをしなくても, 損害賠償制度の運用を適切に行いつつ, 必要に応じて損害賠償法を変化させれば, 危険な行為を行う者が自発的に減災努力をして社会的に望ましい減災レベルが達成されるということである.

　それでは私法的手法では, なぜ責任保険をセットするのであろうか. 損害賠償法だけで十分ではないだろうか. 問題となるのは, 危険な行為を行う者の資

産は有限であるということである。交通事故について考えてみる。この場合，危険な行為をする者とはドライバーである。近時，交通事故について高額な賠償命令が裁判所より出されている。2013年12月9日の『保険毎日新聞』によると，交通事故の被害者の損害に関する裁判所の認定額のトップ30のうち，5億円台が1件，3億円台が17件で，30位でも約2億7000万円と高額であるとのことである。このような額を一般庶民が支払えるだろうか。高額判決が日常的になって，さらに責任保険を手配することができなければ，一般庶民であるドライバーは減災をしようという気持ちが萎えてしまうのではないだろうか。なぜなら，車に一切乗らないというような，極端な減災をしない限り，事故を起こしてしまえば，自分が破産してしまうことが明らかであるからである。諦めの境地に陥ってしまうだろう。その結果，多くのドライバーが減災努力をしないようになってしまうと，社会全体の交通事故による損害が増えてしまう。つまり，損害賠償法による減災インセンティブがあったとしても，それは，資産レベルが低い人たちにとっては大きくないのである。しかも，飲酒運転による交通事故のように社会的に大きな問題とされているものは，所得レベルが低いドライバーほど起こしやすいことが指摘されている。飲酒運転という局面において，損害賠償法は本来であれば減災インセンティブを与えなければならない人たちに，減災インセンティブを与えることができないのである。また，このことは，損害賠償法という被害者を救済するための制度があっても，それが有効に機能しないことを意味している。資産レベルが低い人たちは，損害の全てを賠償することはできない上に，損害賠償法によって，資産レベルの低い人たちが生じさせる損害が，資産レベルが高い人たちが生じさせる損害に比べて，相対的に大きくなるからである。

　以上から，損害賠償法のみだと，①資産レベルの低い人たちに減災インセンティブを適切に与えることができない，②被害者の救済が不十分になる，という問題があることが明らかになった。

　それで，損害賠償法に責任保険をセットした場合に，このような状況がどのように変わるのかを見てみよう。ドライバーが交通事故を引き起こし，他人に損害を与えた時に，その損害について保険金を支払う責任保険の一つが自動車

保険である。自動車保険は無制限の保険金額が選択できるので，それを選択する場合を考える。そして，その保険の手配をドライバーに強制した場合を考える。保険金額が無制限であるので，深刻な事故を引き起こして，裁判所から極めて高額な賠償命令を受けたとしてもドライバーは破産することはない。自動車保険は，民間保険会社が販売する保険であり，その保険料はドライバーの減災努力を反映することになっている。そのためドライバーが保険料を払える程度の資産レベルにあれば，ドライバーが減災のための努力をしなくなることはない。なぜなら，自分の減災努力が，自分が負担する保険料に影響を及ぼすからである。したがって，責任保険によって上記①の問題が改善することがわかった。当然のことだが，責任保険の保険金によって被害者が救済されることはいうまでもないことである。つまり，上記②の問題も責任保険によって改善するのである。

　問題となるのは，私法的手法において，強制化される責任保険の保険料が，危険な行為をする者の減災努力を適切に反映しない場合である。上記においては，ドライバーに対して自動車保険の手配を強制化することを考えたが，現実には，日本では自動車保険ではなく自賠責保険の手配が強制化されている。自賠責保険は，ドライバーが運転する自動車の種類によってのみ保険料が決まってしまうので，ドライバーの減災努力は保険料を算出する際には無視されてしまう。その結果，モラルハザードが懸念されるのである。

　さらに，上記の例では，自動車保険の保険金額が無制限であったが，現実はそうではない場合が多いのである。例えば，日本の自賠責保険の保険金額は，3000万円程度と小さい。このように限定的な保険金額の責任保険しか活用できないと，私法的手法の効果は限定的となると考えられる。

　次に私法的手法に対する欧米と日本の考え方の違いについて述べておきたい。欧米における私法的手法に対する考え方は，リバタリアニズムの世界におけるそれと同じである。前述のとおり日本でも私法的手法と思われる政策が実施されている。海外においては，私法的手法は，減災政策の一つと考えられているが，日本ではそうではないのである。日本では，損害賠償法の目的は損害填補にあるとされており，損害賠償法によって危険な行為をする人に減災のインセ

第4章　保険制度による減災効果の検証

ンティブを与えること，換言すれば，損害の抑止機能は副次的なものと考えられているからである(32)。つまり，日本における私法的手法は，被害者救済策であって減災政策とは考えられていないのである。

以上，本節の考察をまとめると次のようになる。

①損害賠償法のみだと資産レベルの低い者に対して適切な減災インセンティブを与えることができない。

②減災努力を反映した保険料の責任保険の手配を危険な行為をする者に対して強制化すれば，上記①の問題が緩和される。

③減災努力を無視した保険料の責任保険の手配を強制化すれば，上記①の問題は悪化する（増災効果であるモラルハザードが発生する）。

4　減災効果の検証事例と今後の展望

それでは，私法的手法によって生じた減災効果が検証された事例があるだろうか。残念ながら，統計学的な手法において減災効果が明確に把握されたことはない。なぜかといえば，私法的手法が採用される前の状態に関するデータが乏しいため，統計学的な分析ができないからである。

ただし，上記の増災効果であるモラルハザードが生じたかどうかについての研究は存在する。米国では，連邦ベースの交通事故に対する私法的手法は講じられていない。日本の自賠責保険に相当するものがないということである。しかしながら，各州において自賠責保険制度に近いものが運営されている。この州による自賠責保険が増災効果であるモラルハザードを生じさせていて，その結果，交通事故による損害が著しく増加しているとする実証研究が存在する(33)。他方，日本の自動車保険においては，モラルハザードは生じていないとする実証研究(34)が存在する。この二つの研究結果の相違は，両方とも交通事故による損害をカバーする責任保険に関するものの，前者はいわゆる私法的手法による強制保険についてのもので，後者は任意保険についてのものということに起因しているといえるかもしれない。つまり，強制保険よりも任意保険の方が，政策的な制約がないことから，その保険料が，契約者の減災努力をより適切に反映

することができるだろうということである。⁽³⁵⁾

　なお，ドイツでは環境汚染を引き起こす可能性のある企業に対して責任保険の付保を強制化する政策が1991年に施行された。この政策は明示的に減災を目的としており，本章における私法的手法に該当する。しかしながら，強制付保の履行は十分ではなく政策として失敗であったとの評価もあるが，反面この政策によって環境汚染による損害について保険金を支払う責任保険が普及し，環境事故の頻度が減少したとの評価もある。この評価は決して厳密な統計学的な分析に依拠するものでないものの，保険の減災効果を肯定しているといえよう。[36]

　次に期待をこめた今後の展望について述べておきたい。確かに，日本における損害賠償法の主目的は損害の填補であって抑止力ではないと見なされているが，損害の抑止効果をも有することは確かである。政策担当者としては，存在する効果を使えばいいだけである。特に，国とはある程度独立した政策が許される自治体の政策担当者にとっては，保険を用いて減災を行うという手法は検討する余地があると思われる。

　最近は，起こりうる災害が巨大である場合は，公法的手法に加えて，私法的手法をも採用することによって，危険な行為をする企業のリスクの審査を，行政だけでなく，その企業の責任保険を引受けている保険会社やその保険会社を支援している海外の再保険会社等の私的セクターも行う，つまり，公的セクターと私的セクターのリスクのダブルチェックが行われるという点から，私法的手法が減災政策として有用ではないかとの主張がなされている。[37]

　少なくとも日本においては，保険を減災政策のツールとして活用することは，まだなされていないことから，様々な災害に対して検討していく価値があろう。

注
(1) 自動車の排ガスによる損害について参考値を示しておく。2007年8月9日の朝日新聞によると，主な大気汚染訴訟（東京，川崎，名古屋南部，西淀川，尼崎）で，原告に支払われた解決金の合計は約122億円である。もちろん，これらの訴訟における被害の原因が自動車からの排ガスのみではないと考えられること，解決金と損害額が対応するとはいえないことに注意する必要がある。

(2) 内閣府の『平成25年版交通安全白書』による。
(3) 保険研究所の『平成25年版インシュアランス損害保険統計号』による。自賠責保険と自動車保険の保険金の合計値である。
(4) ここにいう公法とは，ひらたくいえば，お上（行政）と民（私人）との支配服従の関係を規定した法律のことである。
(5) 「自由至上主義」，「自由尊重主義」などと訳される。リバタリアニズムについては，森村（2005）を参照されたい。日本では，あまり知られていないが，『朝日新聞』の2014年9月10日の記事は，米国においてリバタリアニズムに傾倒する若者が増加していると指摘している。
(6) 森村（2005）は，リバタリアニズムが現在のように無視できない地位を思想界で占めるに至った過程でNozick（1974）が果たした役割は，いくら高く評価しても評価しすぎることはないとしている。
(7) 詳細については，邦訳の「第4章　禁止・賠償・リスク」を参照されたい。
(8) 交通事故におけるドライバーの責任を明確にすることによって，損害賠償制度を用いて被害者救済を行いやすくした法律である。詳細は，北河（2011）を参照されたい。
(9) 原子炉の運転等に伴う損害について，原子力事業者の責任を明確化するとともに，賠償の窓口を一本化することによって，損害賠償制度を用いて被害者救済を行いやすくした法律である。詳細は，大羽（2012）を参照されたい。
(10) 保険料とは，保険を購入するための代金である。
(11) Nozick（1974）は責任保険の強制付保化について一切言及していない。しかし，その文脈からは責任保険の強制付保化政策を政府が行うべきだと主張していると解釈できる。
(12) ここにいう私法とは，ひらたくいえば，自由かつ平等である民（私人）と民（私人）の間の関係を規定した法律である。
(13) 船舶から流出した油による損害について，船主の責任を明確化するとともに，賠償の窓口を一本化することによって，損害賠償制度を用いて被害者救済を行いやすくした法律である。詳細は，藤沢・小林・横山（2010）の第22章を参照されたい。
(14) 本章の第2，3節で解説したことは，数学的モデルをもちいて解析的に証明できる。本稿では，あやふやな表現をしたところもあるかもしれないので，厳密な説明が必要と思われる場合は，桑名（2014）を参照されたい。
(15) 保険金支払の対象となる事故が発生した場合の，保険会社の保険金支払いの限度額を保険金額という。
(16) インターネット販売専門の保険会社で保険を購入する場合と，営業職員を有する伝統的な保険会社の営業職員を介して保険を購入する場合とでは，購入しているサービスの内容が異なることに注意する必要がある。事故発生時の対応等において，営業職員を介在させておくことが，保険契約者にとって極めて有利に働くことがある。
(17) 生命保険における契約者配当の詳細つについては，ニッセイ基礎研究所（2011）の第5章

を参照されたい。

⑱　このことは，保険会社が株式会社の場合には明白である。もっとも，日本においては，一部の保険会社は相互会社であり，営利も公益も目的としない中間法人である。しかしながら，出口（2009）の第5章によれば，相互会社も株式会社も，同じマーケットで競争していることから，両者の間に実質的な差異はないとされている。つまり，相互会社である保険会社も保険を営利目的で販売していると考えても問題ないということである。

⑲　保険料に減災インセンティブを持たせようとすると，そのために必要な統計データの作成に多大な労力が必要になるかもしれないということである。

⑳　医療保険は職域保険と地域保険に大別できる。職域保険には，主に中小企業の被用者を対象とした協会けんぽ，主に大企業の被用者を対象とした組合健保などがある。地域保険には，市町村が提供する国民健康保険などが含まれる。

㉑　保険料による所得の再分配の考え方については，河野・中島・西田（2011）の終章を参照されたい。なお，筆者が2010年前後に負担した国民健康保険の保険料は，収入無しの時約1万5000円，年収約300万円の時，約21万6000円であった。このことからも，医療保険の保険料が所得の再分配機能を有していることがわかる。

㉒　モラルハザードとは，契約締結後に，その契約条項にしたがって，合理的に契約の当事者が行動することによって社会的損失が生じることをいう。したがって，道徳的に悪いとか良いとかという意味合いを持たない。また，マスメディアや政治家が扇情的に使うモラルハザードとは異なり，明確な定義を有する学術用語であることにも注意する必要がある。

㉓　この節で解説することは，Shavell（1986）によって債務免責者問題として定式化されたことである。ただし，日本において債務免責者問題を責任保険に言及しながら分析した研究は，筆者のもの以外には存在しない。

㉔　過失相殺が適用される前の段階の損害認定額である。

㉕　横浜地裁の2011年11月1日の判決において，道路を横断中にタクシーにひかれて死亡した眼科開業医について，5億843万円の人身総損害額が認定されている。ただし，賠償命令においては，被害者の過失60％が認定されている。

㉖　『保険毎日新聞』によると，交通事故で他人の物を壊してしまったことによる損害賠償額についても，人の損害ほどではないものの，1億円を超す高額判決が散見されるようになってきている。

㉗　真殿（2003）による。この文献では所得レベルが低いと飲酒運転が起こりやすくなることを統計学的に実証している。本稿においては，所得レベルが低いと資産レベルも低いと考えることとする。

㉘　正確には，自動車保険の中の，対人賠償保険と対物賠償保険である。

㉙　例えば，自動車保険にはメリット・デメリット制という保険料の算出方式が採用されている。これは，事故を起こして保険契約者であるドライバーが保険金をもらうと，次

の年の更改契約の保険料が高くなるという仕組みである。
(30) 日本の自賠責保険は，交通事故の被害者の最低限度の救済の確保を目指していると考えられることから，その保険料に減災インセンティブを持たせるという発想がない。
(31) 例えば，Faure（2003）の"Ⅱ. Principles of Liability : Theoretical Framework"では，34頁を使って，私法的手法と公法的手法の長所・短所を比較検討している。
(32) 例えば，加藤（2002）の第9章を参照されたい。もちろん，損害賠償法の抑止機能を活用すべきと論じる者も少なからず存在する。例えば，田中（1999）は，初版が1974年に刊行され，今でも新品を購入することができる名著であるが，その51-56頁で，損害賠償法の損害抑止機能の利用を検討すべきと論じている。
(33) Cohen and Rajeev (2004).
(34) Saito (2006).
(35) もちろん，これは推測の域を出ないことである。二つの研究が対象とした保険の内容を詳細に把握しても，このような結論を明確に導き出すことはできないと思われる。
(36) 詳細については，吉村（2002）の第3章を参照されたい。
(37) 黒川（2002）は，環境汚染を引起こす企業に対して私法的手法が有効と説いている。さらに，2011年7月16日に開かれた法と経済学会の第9回全国大会におけるパネルディスカッション「日本の電力産業とエネルギー政策の将来――法と経済学からの視点」では，原発に対して私法的手法を適用することが主張されている。このパネルディスカッションの詳細については，『法と経済学研究』第7巻第1号を参照されたい。

参考文献
伊佐山芳郎『現代たばこ戦争』岩波書店，1999年。
大羽宏一「被害者救済に関する原子力損害賠償責任保険の課題」『保険学雑誌』第619号，2012年，23-42頁。
加藤雅信『事務管理・不当利得・不法行為』有斐閣，2002年。
北河隆之『交通事故損害賠償法』弘文堂，2011年。
黒川哲志「環境保険を利用した規制手法」『帝塚山法学』第6号，2002年，161-201頁。
桑名謹三「債務免責者問題の解決策としての責任保険の効果――保険の経済学的分析を通じて」『保険学雑誌』第626号，2014年，71-91頁。
河野正輝・中島誠・西田和弘編『社会保障論 第2版』法律文化社，2011年。
田中英夫『実定法学入門 第3版』東京大学出版会，1999年。
出口治明『生命保険入門』岩波書店，2009年。
ニッセイ基礎研究所編『概説 日本の生命保険』日本経済新聞出版社，2011年。
藤沢順・小林卓視・横山健一『海上リスクマネジメント（改訂版）』成山堂書店，2010年。
法と経済学会「日本の電力産業とエネルギー政策の将来――法と経済学からの視点」『法と経済学研究』第7巻第1号，2012年，7-24頁。

真殿誠志「飲酒運転関連事故運転者供給関数の推計と都道府県別差異の考察」『専修経済学論集』第 37 巻第 3 号, 2003 年, 65-86 頁。

森村進編著『リバタリアニズム読本』勁草書房, 2005 年。

吉村良一『公害・環境私法の展開と今日的課題』法律文化社, 2002 年。

Cohen, Alma and Dehejia, Rajeev, "The Effect of Automobile Insurance and Accident Liability Laws on Traffic Fatalities," *Journal of Law & Economics*, 47, 2004, pp. 357-393.

Faure, Michael ed., *Deterrence, Insurability and Compensation in Environmental Liability*, Springer, 2003.

Nozick, Robert, *Anarchy, State, Utopia*, Basic Books, 1974.(嶋津格訳『アナーキー・国家・ユートピア』目鐸社, 2010 年)。

Saito, Kuniyoshi "Testing For Asymmetric Information in the Automobile Insurance Market Under Rate Regulation," *Journal of Risk & Insurance*, 73, 2006, pp. 335-356.

Shavell, Steven "The Judgement Proof Problem," *International Review of Law and Economics*, 6, 1986, pp. 45-58.

第Ⅱ部

災害予防のためのリスク管理

第5章
予防への災害リスク評価手法

河田惠昭

1 なぜ災害リスクの評価が必要なのか

　現在，首都直下地震や南海トラフ沿いの地震発生が大変憂慮されている。しかし，わかっている想定被害は，正確に被害全貌を反映したものではない。だから，どの程度の投資額が必要であるのか，皆目わからない。そのような状況が長い間続いてきた。

　具体的な被害額がわかれば，それぞれの項目の被害額を効果的に少なくする方法を開発すればよいのである。それについても，防災・減災の哲学が関係者間で認められるようになってきた。それは，将来の"国難"と呼ばれるこれらの災害の発生に備えて，減災レジリエンスという考え方を基本としなければならないということである。そこでは，防災・減災力（Resilience Initiative）の向上を目指すことになる。これは，災害が起こった瞬間の被害を減らすと同時に，被害からの回復を早めなければならないという二つの機能から構成される。後者は，特にわが国のような先進国においては，災害による経済被害額が極端に大きく拡大する傾向があり，有効な防災・減災対策を講じるためにも，必要な基本的考え方であろう。

　しかし，被害評価作業を進めるにあたって，肝心の災害リスク評価手法が未開発という問題があった。筆者はその必要性を1990年代初頭に強く感じ，いくつかの先行研究を実施してきたが，その都度，大きな壁に直面し，挫折するという連続であった。今回，約25年ぶりにその評価方法の開発に成功したので，本章ではその骨子を紹介するものである。

　なぜ，壁が存在したかといえば，理由ははっきりしている。定量的評価のた

めには，自然科学的知識が必要であり，一方でその前提となる定性的評価のためには社会科学的知識が求められるからである。研究者にこれら両者が備わっていないと，この問題は解決できないということである。文理融合型の知識の集約が必須であって，常識的には複数の共同研究者によるアプローチが必要であろう。しかし，筆者の長年の研究経験から，このような研究グループを構成することは至難の業であって，仕方がないから自らの努力で両方の知見を集積・集約するという作業をやらなければならなかった。

その結果，関連する先行研究は多くあるものの，リスク評価に迫る研究成果は皆無という状況である。要は，生半可な自然災害に関する知識では歯が立たないという研究対象なのである。したがって，筆者のこの課題に対する解析は，研究過程そのものを色濃く反映するものとなった。その推進に当たって，科学研究費が連続的な研究プロジェクトの推進に貢献してくれており，感謝の念に堪えない。

2　被害評価の具体的な問題点

2013年5月に南海トラフ巨大地震の被害想定結果が発表され，12月に首都直下地震のそれが公表された[1]。表5-1は，後者の概略をまとめたものである。これらは，最終的には中央防災会議の防災対策実行委員会に設けられた二つのワーキンググループで評価されたものである。前者では，筆者が座長を務め，過去の事例を参考にしてかなり綿密に評価を実施した。しかし，後者では，首都機能という非常に複雑な構造を持った被害を評価しなければならず，それだけ時間が必要となってしまった。

筆者が疑問に思ったのは，前回の政府が行った2010年1月に公表された被害想定では，東京湾北部地震に対して結果が112兆円だったものが，今回は東京南部地震として95兆円となり，被害が減少したことである。これは，住宅の全壊・焼失棟数が減少したことが大きな原因である。しかし，問題はそのような単純なところにあるのではない。そもそも，被害想定で対象となる項目は，図5-1のとおりである。この図で示されているように，11項目は評価され，

第5章　予防への災害リスク評価手法

表5-1　首都直下地震（都心南部直下地震）の被害想定の概略

・M7.3, 30年以内の発生確率：70％, 震度7, 被災地人口（震度6弱以上）：約3000万人, 想定死者数：約2.3万人（火災による死者数：1.6万人）, 震災がれき量：9800万トン, 被害額：95兆円（資産等の被害：47.4兆円, 経済活動への影響：47.9兆円）, 首都機能の喪失を伴うスーパー都市災害
（1923年関東大震災では, 東京都で1.9％死亡：17万人から49万人）

図5-1　首都直下地震の社会経済被害項目

（注）　下線は定性的被害。
（出所）　内閣府による。

25項目は無視された。問題は，被害が小さいから無視されたのではなく，被害の定量化ができないから，無視せざるをえなかったという事実である。これでは，被害の全貌がわかったことにはならないことはすぐにわかる。

首都直下地震を取り上げて，もう少し，詳しく検討することにしよう。内閣府が事務局を務める中央防災会議では，2011年8月に「首都直下地震モデル

検討会」を設置し，これまで首都直下地震対策の対象としてこなかった相模トラフ沿いの大規模地震も含め，最新の科学的知見に基づいた検討を行った。そこでは，人的・物的被害等の定量的な被害想定の他に，防災・減災対策に活かすことを主眼とした，それぞれの被害が発生した場合の被災地の状況についても想定している。そして，時間経過を踏まえ，相互に関連して発生しうる事象に関して，対策実施の困難性も含めた想定が行われている。例として，首都機能に加えて，南部に位置する新幹線や空港等の交通網の被害，さらには木密地帯の火災延焼の観点から，今回の想定で追加された都心南部直下地震が発生した際の，建物の被害について見てみる。対象となる建物棟数は，1都8県の木造・非木造を合わせた約1449万7000棟である。そして想定の結果，揺れによる全壊棟数は約17万5000棟，また，冬の夕方に風速8m／秒の条件でこの地震が発生した場合には，地震火災による焼失は約41万2000棟となっている。このように，定量的な被害想定を行うことによって，自然災害による被害の全体像を事前に把握しておくことが可能となり，さらにはそれぞれの被害への対策に国や各自治体が取り組むことができるようになるのである。

　しかし，実際の災害による被害を形づくるものの中には，定量的なものばかりではなく，金額では表すことのできない定性的な被害も存在する。内閣府による被害想定においても，それらの被害は数字では表すことのできないものとして，文章でまとめられている。私たちの社会が豊かになるにつれて，このような定性的な被害，つまり文化的な被害の割合も増加するようになる。これらを評価しなければ，被害は形あるものの評価で代表され，被害の実態に迫ることは不可能だろう。

3　災害リスク評価手法の開発過程

　評価手法の開発の過程では，次のような四つのブレークスルーが必要であった。

第5章　予防への災害リスク評価手法

（1）大震災では何が課題となるのか

　災害リスクとは何か，いいかえれば，災害が起こった時に何が課題になるかがわからなければならない。その解決のヒントは，1995年阪神・淡路大震災で何が課題になったかということであった。災害研究者らのワークショップの結果，この震災には，被害につながる物理的課題と社会的課題，それといずれにも関係する情報課題のおよそ100からなる被災構造が明らかになった。図5－2がそれである。図中，網かけの課題はその後の災害で追加したものである。大災害では，情報がなければ手も足も出ないのである。

　一方，洪水災害では，およそ130になることがわかった。他の災害でも，専門家や関係者のワークショップによって課題はわかる。そして，課題のそれぞれに最悪の被災シナリオがある。だから，このシナリオごとの被害額を計算しなければならないことになる。2011年東日本大震災が発生した時，すぐに被害情報が把握できず，空白の時間が長く続いたために，災害対応が遅れたことは周知の事実である。"情報"を攻めれば，解決の糸口がわかるかもしれない。それが災害リスク定量化の最初のブレークスルーだった。

（2）私たちが被害と思うものは，被害である

　次に直面したのは，被害をどのように定義するかということである。これまで，被害とは，"形のあるもの"が壊れることによって発生すると考えられてきた。例えば，東日本大震災では，津波で流された住宅や事故を起こした原発の直接被害額は算定できる。しかし，人びとが被った無形の被害とその影響は，被害額を評価する方法がなかった。失業，発病，休校，広域避難，身近な被害としては，スマホが使えない，コンビニがなくなった，お墓が流された，などである。だから，その被害は無視され，復興が長期化せざるをえなかった。そこで，多くの人びとが被害と考えれば，それは被害であると定義すれば，社会的に評価できるのではないかと考えられた。そのように考えれば，集合知が使えるのである。これが第二のブレークスルーであった。

第Ⅱ部　災害予防のためのリスク管理

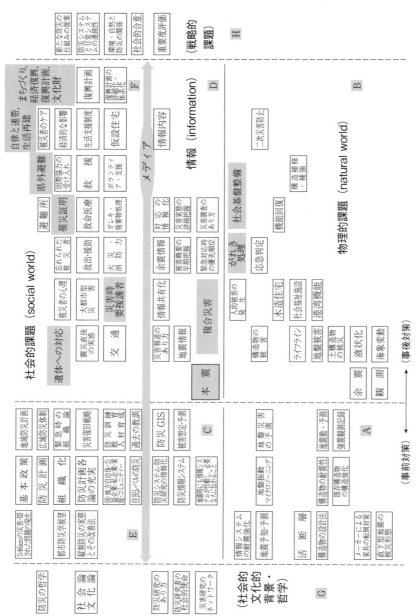

図5-2　1995年阪神・淡路大震災（都市災害）で見出された課題

（出所）「都市大災害」による。

（3） 被害評価に集合知を用いることができる

　次のブレークスルーは，集合知に関する知見の集積である。特に，「ネット集合知」のように，一つの課題に対するネットで集めた大多数の人びとの意見の分布は，正確な評価につながるという考え方であって，西垣通の論考を知ったことは非常に貴重であった。それは，災害が発生したことによって生じたことに対して，多くの人びとが「これは私にとって被害だ」と主張する場合，それは間違いなく被害であるということを意味している。このような被害は，特に被災者の生活再建に関係するものが多く，その対策は極めて重要であるといわねばならない。被害全体を包括的に少なくするような減災対策に取り組めば，人びとは災害による被害を身近なものとして捉えることができる。それがひいては，災害による被害額を減らすことにつなげていけるのではないかと考えることができた。わかりやすくいえば，"社会"経済被害については，1000人の人が被害と思うものは，100人の人が被害と思うものよりも被害額は多いはずである。相対的ではあるが，項目間の被害額の大小はこれで評価できることがわかった。では，被害の絶対額は，どうすればわかるのか。最後の難問であった。

（4） 被害額を評価する

　第四のブレークスルーは，思いがけず実現した。最悪の被災シナリオの中には，被害額が計算できる事象がある。それについても，多くの人びとの意見を聞くのである。そこで得られる集合知と被害額との関係を見出せばよいのである。評価の精度を上げるには，被害額を求めることができる事象に対して集合知との関係を多く見出せばよい。これを含めて今後の精度向上として考えられる努力をまとめてこの章の最後に示すことにした。

4　解析に用いる集合知

　集合知とは，「集団の知恵」と呼ばれるものであり，集団のメンバーの大半があまりものを知らなく，かつ合理的でなくても，集団として賢い判断を下せ

るというものである。ジェームズ・スロウィッキー[3]は，集合知が構成される要件を以下のようにまとめている。①多様性（それが既知の事実のかなり突拍子もない解釈だとしても，各人が独自の私的情報を多少なりとも持っている），②独立性（他者の考えに左右されない），③分散性（身近な情報に特化し，それを利用できる），④集約性（個々人の判断を集計して集団として一つの判断に集約するメカニズムが存在する）の4点である。

　この四つの要件を満たした集合知は，正確な判断が下しやすい。なぜならば，多様で自立した集団や個人の知恵から構成されているからである。このような集合知に対する期待が，東日本大震災以降高まりを見せている。東日本大震災，そして直後の原発事故に関連して，「専門家の権威」に対する人びとの信頼が揺らいだといわれている。その代わりに，一般の人びとの意見を集める集合知が注目されるようになった。とりわけ，「参加型」とも呼ばれるウェブ2.0が2004年頃から登場し，誰でもネットで発言できる時代となったことと相まって，「ネット集合知」への期待が高まっている。ソーシャルメディアを利用し，ごく普通の人びとの主張や意見を，横断的にうまくネットでまとめていけば，従来の専門家まかせのやり方より，もっと効率的に社会の公明正大な判断ができるようになるのではないか，というわけである。

　筆者は，この集合知の可能性を，災害の分野において活かすことについての検討を行っていくことにした。災害の分野に集合知を利用することは，民意を直接受け取ることで，人びとが本当に望んでいる対策を講じることにつながると考えている。図5-3に解析の流れを示す。

　まず，アンケート調査による人びとの意見の集約を行う。過去の経験値の延長線上での評価を基本とせざるをえないが，過去の災害を凌駕する事態を評価するためには，経験値に囚われないような発想も有用ではないかという観点から，有識者とともに，有識者以外の一般人も調査の対象者として含めた。そうすることで，集合知として未曾有の災害による被害を想定する情報を得ることを目的とした。まず，首都直下地震が発生した場合に懸念される被害として，内閣府によって例示された16の最悪の被災シナリオを採用することにした。次に，それぞれのシナリオに対する対象者の意見を記述してもらう。それらの

第5章　予防への災害リスク評価手法

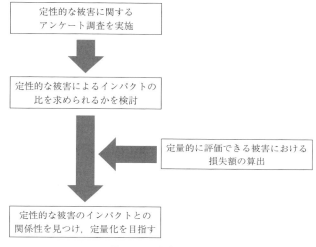

図 5 - 3　解析の流れ

結果を，特徴的に分類できると仮定して，文章でしか表現できない定性的な被害を，記述する特定の単語数の比を求めてみることにする。一方で，定量的に評価できる被害についての同様の検討を行う。そうすることによって，これまで，定性的にしか評価されてこなかった被害を対象に，損失額を算出できる被害に関して，定量的な評価を行い，両者の関係性から定性的な被害を定量化する。

5　アンケート調査

アンケート調査は，次のような内容で実施した。

（1）調査方法
1) 日本災害情報学会等の会員
　　調査票郵送配布・郵送回収および WEB 回答方式を併用した。
2) 一般人 WEB アンケート

インターネット登録モニターによるアンケート調査。

なお，調査のメインとなる被災シナリオについての質問は，両調査とも質問の順番を4パターン作成して質問の並びによる順序効果を排除するよう配慮して行った。

（2）調査対象者

日本災害情報学会の会員アンケート709名および，インターネット調査会社に登録している20歳以上のモニター1291名を対象とした。

（3）調査期間
1) 日本災害情報学会会員
 2013年2月21日から3月19日
2) 一般人WEBアンケート
 2012年2月28日から3月11日

（4）有効回答数
1) 日本災害情報学会会員アンケート
 郵送発送・郵送回収　147件
 郵送発送・WEB回収　127件
 合計　274件　回収率38.7％
2) 一般人WEBアンケート
 合計　1341件

（5）調査項目

主として，以下の内容の設問を両調査とも共通に設定した。
1) 属性：性別，年齢，職業＊，職種＊，居住
 （＊：学会員と一般人で回答選択肢を変えている）
2) 首都直下地震が発生した際の最悪の被災シナリオについて，自由回答形式による質問をした。

①広域長時間停電による通信機能の麻痺
②水，食料，燃料不足による生活不可能
③長期にわたる電力停止・計画停電の発生
④国際社会や市場への影響
⑤サプライチェーンの停止
⑥報道による不安購買の発生
⑦高層・超高層ビルの倒壊・火災
⑧帰宅困難者や渋滞による延焼の拡大
⑨ラジオ・テレビ放送塔の被災
⑩インターネットの停止
⑪東京湾の海上火災・コンビナート延焼
⑫耐震バースの使用不可
⑬職員の参集困難
⑭中長期の鉄道不通
⑮暴動や騒擾の発生
⑯燃料不足による物流支障

6　回答者の属性と回答結果の概要

（1）回答者の基本情報

　図5-4に示すように，学会員の性別構成は，女性が8.8％で，男性が90.9％である。一般では，女性が45.0％で，男性がこれをやや上回る55.0％である。全体としては，女性38.8％，男性61.1％で，ほぼ4：6の構成である。なお，合計100％とならないのは，記述がない場合である。

　年齢構成について学会を見ると，50代が34.3％と全体の3分の1を占め，この年代を挟む40代21.9％，60代25.9％を合わせると，8割以上を占める。70代以上も10.6％と1割を占めている。一般では，20～60代の各年代とも20％前後と，バランスの良い構成となっている。

第Ⅱ部　災害予防のためのリスク管理

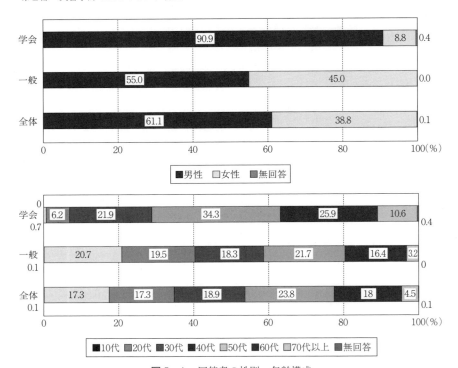

図5-4　回答者の性別，年齢構成

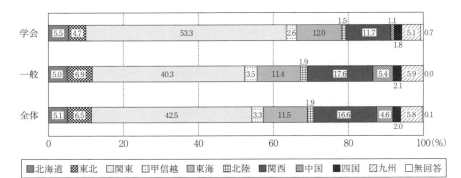

図5-5　回答者の居住地

第5章 予防への災害リスク評価手法

（2）回答者の居住地

学会員の現在の居住地についてみると，図5-5のように，過半数を占める53.3％が東京を中心とした「関東」となっており，一般に比べて「関東」への集中度が顕著である。一方，一般では，「関西」，「中国」の割合がやや多く，これら3地域を除く地域での構成比に大きな差は見られない。

（3）回答者の職業

職業について一般を見ると，図5-6のように，「勤め人」50.9％と過半数を占めて最も多く，次いで「主婦（パートを含む）」が21.8％，以下「無職」（11.2％）と「自営・自由業」（10.5％），「学生」（3.4％）などとなっている。

一方，学会員の職業では，図5-7のように，「行政」が21.5％で最も多く，「大学」（16.8％），「マスコミ」「コンサルタント」（ともに15.7％）がこれに続き，以下「研究所」（8.0％），「一般企業」（7.3％）などとなっている。

学会員の職業についてその専門分野を見ると，図5-8のように，「情報」が24.1％と全体の4分の1を占めて最も多く，次いで「危機管理」（15.3％），「土木」（11.7％），「気象」（9.5％），「地震」（8.0％）などとなっている他，「その他」も10.9％と多い。

（4）集計結果の概要

首都直下地震が発生した場合に想定される16の社会的・経済的被災シナリオにおける，テキストマイニングの集計結果を表5-2と表5-3に示す。①から⑯までの16の最悪の被災シナリオについて，使用された頻度の一番高いものと，全体に占める割合をまとめた。これから，最頻度の単語が全体に占める割合は，14.6％から42.4％まで変化していることがわかる。それぞれの最悪の被災シナリオについて上位30位までの使用割合をグラフ化したところ，ここで示した16のシナリオは，次の五つのグループに分類できることがわかった。第1分類（上位1使用言語で表現可能）：⑩，⑯　第2分類（同上位2使用言語）：⑧，⑨，⑪　第3分類（同上位3使用言語）：①，⑤，⑬　第4分類（同上

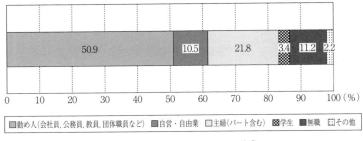

図 5-6　一般人モニターの職業

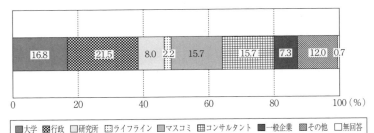

図 5-7　学会員の職業

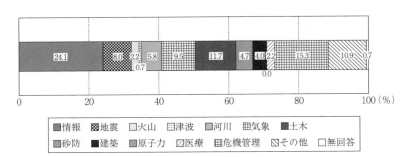

図 5-8　学会員の専門分野

位 4 使用言語）：②，③，⑦，⑭，⑮　第 5 分類（同上位 5 使用言語）：④，⑥，⑫。

　ただし，使用言語の数を変えると，現状では相対的な比較になるおそれがあるので，ここでは，第 1 分類から第 5 分類において，全て五つの使用言語の頻

度を使うことにした。

これらの結果は，次のような特徴を持つと解釈できる。例えば，第1分類に属する「⑩インターネットの停止」において，1位の「情報」という単語は，全テキスト件数のうちの40.5％を占めている。2位は「パニック」で12.9％にすぎない。これは，もし首都直下地震が発生して，インターネットが停止する状況に陥ってしまった場合に，人びとの多くは，情報が自分の手元に入ってこないことを大変懸念しているということである。そして逆に，第5分類に位置する「⑥報道による不安購買の発生」においては，発災した際に「起こる」と心配する人が19.1％に対し，2位の「パニック」は14.6％，3位の「買い占め」は14.0％となっており，人びとの不安が一つに集中することなく多岐にわたるということを表している（表5-3）。このように，被災シナリオによる抽出項目数の頻度分布の違いは，人びとが懸念する想定被害が対象ごとに変化することがわかった。

表5-2 16の最悪の被災シナリオのアンケート結果例

最悪の被災シナリオ	頻度（回）	割合（％）
①	328	20.3
②	324	20.1
③	255	15.8
④	447	27.7
⑤	300	18.6
⑥	308	19.1
⑦	242	15.0
⑧	317	19.6
⑨	684	42.4
⑩	654	40.5
⑪	302	18.7
⑫	301	18.6
⑬	356	22.0
⑭	248	15.4
⑮	485	30.0
⑯	236	14.6

7 新聞記事の使用語数による被害の定量化

集合知による被害の定量化を行うために，災害発生前後における新聞記事に含まれる使用語の増加量を利用した検討を行う。新聞記事は，民意を直接表しているものとは必ずしもいえないが，人びとの意思に影響を与えたり，反映したりすることから，社会的なインパクトを測ることができると考えられる。そこで，東日本大震災前後のそれぞれ1年間で，各最悪の被災シナリオにおける使用語の個数がどのように変化するかを調べ，その増加量を用いて，定量化を試みる。

第Ⅱ部　災害予防のためのリスク管理

表5-3　新聞記事の抽出における検索キーワード一覧

シナリオ番号	シナリオ名に含まれる特徴的な名詞	アンケート調査における上位5項目				
		1	2	3	4	5
①	停電 and 通信	情報	安否確認	困難	連絡	不安
②	水 or 食料 or 燃料 and 生活 and 不足	発生	餓死者	食料品	略奪	暴動
③	電力 and 停電	経済活動	経済	停滞	生活	停止
④	社会 and 市場	経済	株価	日本	暴落	世界
⑤	サプライチェーン	停止	生産	海外	影響	国内
⑥	報道	起こる	パニック	買い占め	暴動	品不足
⑦	高層ビル and 火災	火災	倒壊	発生	都市機能	死者
⑧	帰宅困難者	犠牲者	拡大	救助	発生	被害
⑨	ラジオ and テレビ	情報	パニック	正確	混乱	伝わる
⑩	インターネット and 災害	情報	入手	安否確認	ネット	不安
⑪	東京湾 and 火災	有害物質	拡散	停止	発生	火災
⑫	港湾	物資	海上	困難	輸送	海上輸送
⑬	職員 and 参集	麻痺	行政	機能	行政機能	職員
⑭	鉄道	経済活動	停止	物流	物資	経済
⑮	暴動	治安	悪化	略奪	発生	暴動
⑯	燃料 and 物流	停止	発生	失業者	物資	倒産

　記事検索を行う新聞は，産経，朝日，日経，毎日，読売の5社のデータベースである。これらの新聞社が運営するサイトにおいて，新聞記事の検索機能を用いて，記事を抽出していく。検索する期間は，東日本大震災前後での変化を見るため，2010年3月10日～2011年3月10日の1年間と，2011年3月11日～2012年3月11日の1年間の二つの期間で検索を行った。検索するキーワードは，各シナリオ名に含まれている特徴的な名詞および，第6節で記述したアンケートにおける上位5位までの単語とした。例として，「①広域長時間停電による通信機能の麻痺」における検索キーワードは，「停電，通信，情報」「停電，通信，安否確認」「停電，通信，困難」「停電，通信，連絡」「停電，通信，不安」の5つとなる（図5-9）。ただし，「⑫耐震バースの使用不可」においては，「耐震バース」が専門用語であり，新聞では滅多に使われることのない単語のため，シナリオ名に含まれる特徴的な名詞としては，ここでは「港湾」という単語に置き換えて検索している。表5-3に，全シナリオにおける検索キーワードを示す。これらの単語を検索条件とし，それぞれの期間における新聞記事数の集計を行った。

　そこで，典型的な集計結果例を，表5-4，表5-5，表5-6に示す。

第5章　予防への災害リスク評価手法

①広域長時間停電による通信機能の麻痺

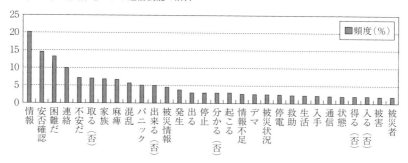

図5-9　30位までの頻度分布のグラフ例

　そして，全被災シナリオにおける東日本大震災前後での新聞記事数の合計と，その差をまとめたものを，表5-7に示す。

　これによると，シナリオごとに新聞記事数に大きな差がある。これは，記事数が多いほど社会的な関心度が高いと考えられ，災害時において各シナリオが発生した際に，社会的に懸念される被害の大きさにつながると考えられる。

　次に，定量的な評価を試みる。幸い，全16シナリオのうち，「⑫耐震バースの使用不可」に関しては，東京湾の各港のバース使用収入の損失といった観点からの定量的な評価が可能である。したがって，耐震バースが1年間使用停止となった場合に，どれほどの損失額となるかを求めてみた。

　算出方法としては，まず，東京湾内にある重要港湾・特定重要港湾を対象に，そこに存在する公共バースおよび，それらのうち耐震バースとなっているものの数を求める。また，対象港湾における1年間の経営収支から年間の利益を求める。これらの情報をもとにして，耐震バースが使用停止した場合の損失額を求めてみた。

　まず，検討対象とする港湾は，首都直下地震が発生した場合に被害を受けるとされる東京湾に存在する港湾のうち，特定重要港湾である東京港，川崎港，横浜港，千葉港と，重要港湾である木更津港，横須賀港の計6港と仮定する。これら6港における公共バース数および，その中に含まれている耐震バース数はそれぞれ表5-8のようになっている。

第Ⅱ部　災害予防のためのリスク管理

表5-4　①広域長時間停電による通信機能の麻痺

検索キーワード	2010/03/10〜2011/03/10					2011/03/11〜2012/03/11				
	産経	朝日	日経	毎日	読売	産経	朝日	日経	毎日	読売
停電 and 通信 情報	3	13	24	17	14	48	134	88	91	115
安否確認	0	2	1	0	4	13	11	20	12	31
困難	0	1	1	1	1	16	23	20	23	20
連絡	1	10	2	6	5	15	68	24	53	69
不安	1	9	2	2	3	8	69	14	29	58
				合計	123				合計	1,072

表5-5　②水，食料，燃料不足による生活不可能

検索キーワード	2010/03/10〜2011/03/10					2011/03/11〜2012/03/11				
	産経	朝日	日経	毎日	読売	産経	朝日	日経	毎日	読売
水 or 食料 or 燃料 and 生活 and 不足 発生	16	40	9	35	42	129	278	113	257	459
餓死者	2	2	0	0	0	1	4	1	0	0
食料品	8	39	0	22	25	51	108	19	66	149
略奪	4	3	0	0	2	0	6	1	3	0
暴動	1	1	0	2	4	1	11	1	10	3
				合計	257				合計	1,671

表5-6　③長期にわたる電力停止・計画停電の発生

検索キーワード	2010/03/10〜2011/03/10					2011/03/11〜2012/03/11				
	産経	朝日	日経	毎日	読売	産経	朝日	日経	毎日	読売
電力 and 停電 経済活動	0	0	0	1	1	39	39	69	44	42
経済	2	14	24	6	8	318	344	465	297	379
停滞	1	4	0	2	5	47	28	77	36	38
生活	2	9	8	14	14	175	334	277	287	382
停止	2	17	10	16	23	354	432	501	431	474
				合計	183				合計	5,909

第5章　予防への災害リスク評価手法

表5-7　新聞記事数および東日本大震災前後での増加量

	シナリオ番号	2010/03/10～2011/03/10	2011/03/11～2012/03/11	差
1項目	⑩	604	3,774	3,170
	⑯	29	386	357
2項目	⑧	55	1,212	1,157
	⑨	570	891	321
	⑪	38	170	132
3項目	①	123	1,072	949
	⑤	291	6,264	5,973
	⑬	51	190	139
4項目	②	257	1,671	1,414
	③	183	5,909	5,726
	⑦	127	170	43
	⑭	4,060	5,681	1,621
	⑮	1,205	1,241	36
5項目	④	7,444	7,645	201
	⑥	343	547	204
	⑫	921	1,311	390

表5-8　東京湾6港における公共バース数および耐震バース数（2012年8月現在）

港湾名	公共バース数	耐震バース数
東京港	123	12
川崎港	37	2
横浜港	80	6
千葉港	89	5
木更津港	18	1
横須賀港	24	3
合　計	371	29

（出所）関東運輸局「首都直下地震発生時における船舶の活用」による。

表5-9 東京湾6港における耐震バースが1年間使用停止した場合の推定損失額

港湾名	経営収支（円）	公共バース数	1バースあたり（円）	耐震バース数	合計（円）
東京港	8,129,234,000	123	66,091,333	12	793,096,000
川崎港	5,156,994,000	37	139,378,216	2	278,756,432
横浜港	16,191,358,000	80	202,391,975	6	1,214,351,850
千葉港	2,779,712,000	89	31,232,719	5	156,163,596
木更津港	556,933,000	18	30,940,722	1	30,940,722
横須賀港	644,845,000	24	26,868,542	3	80,605,625
				合計	2,553,914,225

（出所） 国土交通省「港湾関係統計情報」。

また，2011年度の各港湾の経営収支を求める。そして，各港湾において「経営収支(円)÷公共バース数×耐震バース数」を計算することにより，耐震バースが使用停止した場合の各港湾の損失額が求められる。そこから，全6港における被害額の合計を表5-9のように導くことができる。

表5-9をもとに計算を行った結果，東京湾6港における，耐震バースが1年間使用停止した場合の推定損失額は25億5391万4225円となった。

8　首都直下地震による被害額の推定

ここで示した方法によって，現状では定性的にしかわからない被害を定量化する，すなわち，首都直下地震の災害リスクを評価してみよう。

まず，耐震バースの被害額25.5億円を東京湾全体のバース被害に結びつける。ここでは，東京湾における29の耐震バースがすべて使用停止するという前提のため，首都直下地震の発生により耐震バースが使用不可となれば，371の公共バース全てが使用不可となるという条件のもと，被害額を算出する。

$$(371 \div 29) \times 25.5 = 326.2 \text{億円} \cdots\cdots(1)$$

式(1)より，首都直下地震が発生して，東京湾における全ての公共バースが使用停止となれば，326.2億円の被害額となる。

次に，新聞記事の集計において，「⑫耐震バースの使用不可」のシナリオで

は，東日本大震災前の記事数が921であり，震災後においては1311であった。したがって，震災前後における記事数の差は390となる。これは，東日本大震災が発生して，耐震バースに影響が生じた際の被害の大きさのインパクトを表現していることになると考えられる。また，全16シナリオにおける震災前後の記事数の差の総合計は2万1833件であり，これは16シナリオ全体の被害の大きさを表している。ここから，定性的な被害の割合が東日本大震災と同じと仮定した場合における，首都直下地震が発生した際の推定被害額を算定する。

$$(21833 \div 390) \times 326.2 = 1 兆 8261 億円 \cdots\cdots(2)$$

第一次近似として，全定性被害は，全定量被害に比例すると仮定すれば，定量化されている首都直下地震が発生した際の推定総被害額95兆円と，東日本大震災による総被害額16.9兆円の比を用いて，

$$(95 \div 16.9) \times 31896 = 10.3 兆円 \cdots\cdots(3)$$

となる。

以上の算定から，首都直下地震が発生した際の16の最悪被災シナリオによる被害額は，10兆3000億円に上るという結果となった。実際には，首都直下地震が起これば，都市災害として，約100の課題の他，スーパー都市災害として，さらに首都機能関係の課題が数多く出てくると考えられる。仮に，阪神・淡路大震災と同じように都市災害になるとすれば，100課題になるとして，定性的被害の定量化による加算額は，64兆4000億円になると推定される。現状では，中央防災会議によれば，95兆3000億円であるから，合計159兆7000億円に増大することになる。実際には，中央防災会議による最終報告書では，図5-1のように，定量的に評価できない項目として25項目挙げられており，その増加分を加算すれば125課題となる。その結果，被害額も80兆5000億円増加し，総計175兆8000億となろう。南海トラフ巨大地震による総被害額は，約220兆円と評価されており，これら両災害では被害額は，これまでの評価と違って，あまり変わらないことになろう。

第Ⅱ部　災害予防のためのリスク管理

注
(1)　内閣府中央防災会議「首都直下地震の被害想定と対策について」(http://www.bousai.go.jp/jishin/syuto/taisaku_wg/pdf/syuto_wg_report.pdf　2013年12月閲覧)。
(2)　西垣通『集合知とは何か』中公新書，2013年，220頁。
(3)　スロウィッキー，ジェームズ／小高尚子訳『「みんなの意見」は案外正しい』角川書店，2006年，336頁。
(4)　河田惠昭『都市大災害』近未来社，1995年，233頁。

第6章
安全・迅速な出口退出のシミュレーション

川口寿裕

1　安全な避難と避難シミュレーション

　人（歩行者）の行動をモデル化し，コンピュータでその挙動を模擬するものを歩行者シミュレーションと呼ぶ．特に，災害等の発生時における避難行動を模擬するものを避難シミュレーションと区別することもある．この時，歩行者の行動モデルの善し悪しが，歩行者シミュレーションあるいは避難シミュレーションの信頼性に直結することになる．不適切なモデルを使った場合でもコンピュータで計算すれば何らかの結果が出てくる．しかし，その場合には実際の歩行者の挙動とはかけ離れた結果になる可能性が高い．人間の思考は非常に複雑であり，歩行者の行動を簡単なモデルで表すのは決して容易ではないが，長年の試行錯誤や取捨選択により，次第に実用的な歩行者の行動モデルが構築されてきている．

　2000年の建築基準法改正の際に避難安全性能の評価方法が見直され，避難安全検証法が規定された．そこでは，従来から用いられてきた計算式による手法以外に，コンピュータシミュレーションを利用した評価方法も認められている．このことは，避難シミュレーションが実用レベルに達し，その有用性が認知されたことを示しているといえる．実際，病院の高層化に際して，火災時避難の安全性能を評価するため避難シミュレーションを利用した例などがある．[1]海外でも，汎用避難シミュレーションソフトを利用した開発計画等は少なくない．[2]

2　避難シミュレーションの分類

　津波発生時に屋外の安全な場所まで避難するような行動においては，歩行者同士がぶつかることはあまり考えなくても問題なさそうである。一方，地震や火災発生時に建物内にいる人が避難する際には，出入り口・階段・コーナーなどで人と人とが押し合いになることも多いだろう。避難シミュレーションはいくつかの種類に分類できるが，それぞれに長所・短所があり，それらを理解した上で適用対象によって適切な手法を選択することが大切である。

　以下，代表的なシミュレーション手法について概略を説明する。

（1）流体モデル

　歩行者群全体の動きを流体（液体や気体）の運動で模擬する手法である。例えば，水を入れた容器の底にいくつか穴を開けておくと，それらの穴から水が流れ出ていき，容器内の水が減っていく。その流れは，ラッシュアワーの駅の改札口から人が出て行く様子と似た一面を持っているように思える。つまり，個々の歩行者を見ずに，全体の流れに着目すれば，歩行者群の動きは水の動きと共通するところがあるだろう。このような考えに基づくのが流体モデルである[3]。

　流体の運動については流体力学という学問分野が確立されている。したがって，流体モデルで歩行者の流れを模擬するには，流体力学で用いられる基礎式を歩行者群の流れにも適用すればよい。ただ，水の流れと歩行者の流れは確かに似ているようにも感じるが，本当に似ているだろうか。

　例えば，ホースで水を撒いている時に出口付近を指で摘むと，水が勢いよく出て行くことは多くの人が経験的に知っていることと思う。これは次のように説明できる。蛇口からホースに入ってくる水の量は一定である。指で摘んでホース出口の面積が狭くなると，同じ量の水が流れるには速く流れなければならない。つまり，ホースの断面積と水の速度は反比例の関係にある。このことは流体力学の分野では「連続の式」という基礎式で整理されている。

一方，多くの歩行者が歩いている通路で，ある部分の通路幅が狭くなっているとどうなるだろうか。水と同じように，人も狭いところでは速く歩くだろうか。実際には狭いところでは人が滞留してしまい，歩く速度はむしろ遅くなるはずである。このように急に幅が狭くなるような構造は「ボトルネック」と呼ばれており，人の流れを悪くし，ひどいときには群集事故に発展することもある。

　幅が狭くなると，水は速く流れ，人は遅く流れる。このような根本的な違いがあるのに，人の流れを水の流れで模擬してよいのだろうか。実はこの違いは，「圧縮性」を考えていないことによるものである。水をシリンダーに入れてピストンで押してもほとんど押し込むことはできない。つまり，水に力を加えてもその体積はほとんど増減しない。このことを水は圧縮性がない，あるいは非圧縮性であるという。

　これに対して，人は歩行者群全体を考えた場合，密集することもあれば，疎らになることもある。つまり，簡単に体積が増減する。したがって，人の流れは圧縮性がある。われわれが日常的に触れる水や空気はほぼ非圧縮性と見なしてよいが，戦闘機など非常に高速で動く物体の周りの空気の流れなどを扱う際には圧縮性を考える必要がある。このような学問分野は圧縮性流体力学と呼ばれる。狭いところを流体が通過する際，非圧縮性流体力学では必ず速度が速くなるが，圧縮性流体力学では速度が遅くなることも起こり得る。要するに，人の流れを流体の流れで模擬するといっても，われわれが日常的に触れている水や空気の流れ（非圧縮性流体力学）ではなく，圧縮性を考慮した圧縮性流体力学を使うことになる。

　流体力学モデルの利点として，すでに確立された基礎式を利用できることが挙げられる。一方で，歩行者群全体を見ることになるので，個々の歩行者の個性の違いなどは表現しにくいモデルであるといえる。

（2）セルオートマトン

　空間をセル（格子）に分割し，セル内に人が立っている状態を「1」，人がいない状態を「0」として，「0」と「1」のパターンの時間的変化で人の動

きを表現する手法である。ある時刻において，あるセルの値が「0」になるか「1」になるかは，前時刻における周囲のセルの状態から決定される。前時刻での考えうる全てのセルの状態に対して，次の時刻で「0」にするか「1」にするかを事前にルールで定めておく。1つのセルの状態は「0」か「1」の2種類しかないので，ルールの数はそれほど多くならない。例えば，隣り合う3つのセルの状態を使ったルールを作るのであれば，前時刻におけるそれら3つのセルの状態は2×2×2＝8種類しかない。その作られたルールに従って，機械的に「0」「1」を決めていくだけである。

　セルオートマトンでは空間上に固定されたセルの値が「0」「1」で変動しているだけで，実際に歩行者が移動しているわけではない。例えば，図6-1では「1」を歩行者と考えると，歩行者が右方向に進んでいるように見える。しかし，実際に右方向に進んでいるのではなく，各セルでの「0」「1」が時々刻々変化しているだけのことである。電球を一列に並べて，うまく点灯・消灯のタイミングを合わせることで，光がある方向に進んでいくように見えるイルミネーションがあるが，ちょうどそれと同じである。あるいは，スポーツ競技場で観客が「ウェーブ」と呼ばれる応援を行うことがある。タイミングを合わせて観客が立ったり座ったりすることで，観客席を「波」が周回するように見えるものである。これも観客そのものは周方向には動かず，その場で立ったり座ったりしているだけである。図6-1で歩行者が右方向に進んでいるように「見える」のもこれらと同じであると考えればよい。ルールをうまく設定して「0」と「1」を切り替えてやれば，まるで歩行者が進んでいくように見える，ということである。もちろん，下手なルールを設定すると全く人の動きには見えない。

　基本的なセルオートマトンでは決められたルールに従って決定論的に時間発展させていくだけである。図6-1では右隣が空いていればどんどん右方向に進んでいる。しかし，実際の行列などでは，前の人が進んでも友人と話し込んだり，携帯電話を操作したりしていて進んでくれない人もいる。このような歩行者らしさを表現するために，確率論的な要素を組み込んだ方法（ASEP）もある。また，出口からの退出などの問題を考える際に，「最短距離を進もうと

第6章 安全・迅速な出口退出のシミュレーション

$t=0$	0	1	0	0	0	1	0	0	0	0
$t=1$	0	0	1	0	0	0	1	0	0	0
$t=2$	0	0	0	1	0	0	0	1	0	0
$t=3$	0	0	0	0	1	0	0	0	1	0
$t=4$	0	0	0	0	0	1	0	0	0	1

図6-1　セルオートマトン実行例

（出所）　筆者作成。

する」という要素と「他者の後を追随しようとする」という要素を組み合わせて考え，両要素の優先度を状況によって変化させるようなモデルも考案されている。例えば，通常時であれば最短距離を進もうとする人であっても，火災発生時などの緊急事態では冷静さを失い，前の人についていくことしかできないかもしれない。このような手法はフロアフィールドモデル[5]と呼ばれ，現在，セルオートマトンで歩行者の挙動を表すための最も標準的な手法といえる。

（3）ルールベース粒子モデル

　流体モデルやセルオートマトンでは個々の歩行者を個別に取り扱っているわけではないので，「せっかち・おっとり」や「強引・穏便」などの個性を表現することはできない。個々の粒子を1人の歩行者として取り扱う手法を粒子モデルと呼ぶ。粒子モデルでは群集の挙動を表現するのに他の歩行者との相互作用を考慮する必要があるが，それをルールで与えるものをルールベース粒子モデルと呼ぶ。

　ルールベース粒子モデルの代表的なものとして，マルチエージェントシミュレーションがある。これは個々の粒子をあらかじめ定めたルールに従って移動させる手法である。ルールを定める際には，既存の実験式などが用いられる。現在，市販されている歩行者シミュレーションのパッケージソフトの多くはマ

ルチエージェントシミュレーションを用いたものとなっている。[6][7][8]

(4) 力学ベース粒子モデル

　マルチエージェントシミュレーションを用いた汎用ソフトが数多く市販され，第1節で述べたように，建築基準法で定められた避難安全性能を評価するのに実用化されるようになってきた。しかし，そこで用いられている歩行ルールは，事故の危険がない状況で取られた実験データに基づいて作られたものである。災害時に建物から避難する際，パニックになったり，異常なまでの密集状態が発生した時に通常時の歩行ルールを適用するのは妥当でないかもしれない。また，マルチエージェントシミュレーションでは歩行者同士が物理的に衝突して力を及ぼし合うようなことは考慮できない。

　例えば，満員電車が終着駅に着き，扉が開いて人が一斉に出ようとした時に一瞬動けなくなることがある。このような時には互いの肩がぶつかり合い，扉を中心としてアーチ（弧）を描いている。このような現象をアーチアクションと呼ぶ。これは当然のことながら，肩同士の摩擦力などが関わる力学的な問題である。セルオートマトンやマルチエージェントシミュレーションでも適当なルールを加えることで，アーチアクションを表現することはできる。しかし，それはあくまでも擬似的なアーチアクションであり，本来の力学的なアーチアクションとは異なるものである。

　歩行者同士の相互作用をルールではなく，力学で与えるものを力学ベース粒子モデルと呼ぶ。Helbingら[9]が提案したソーシャルフォースモデルがその代表例である。周りが混雑していなければ，歩行者は自分の好きな方向に好きな速度で歩く。これはルールベース粒子モデルでも力学ベース粒子モデルでも同じである。混雑してくると，両者で扱いが異なってくる。ルールベース粒子モデルでは，周りの混み具合によって歩行者の速度をあらかじめ式で与えておく。「周りに〇人いる時には速度は△m/sになり，さらに混雑して□名になると◇m/sまで減速する」という具合である。これに対して，力学ベース粒子モデルにおいてはルールではなく，力を与えることで速度変化を表現する。例えばソーシャルフォースモデルでは，周りの歩行者との距離に応じて反発力を与

第**6**章　安全・迅速な出口退出のシミュレーション

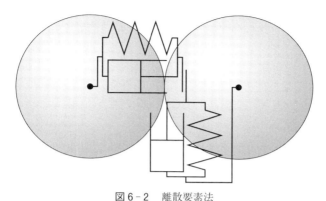

図6-2　離散要素法
（出所）Cundall and Strack（1979）に基づいて作成。

える。離れた人とは小さな力，近接する人との間には大きな力を作用させることで，歩行者同士が適当な距離を保つようにする。したがって，混雑してきた時の歩行速度はルールであらかじめ与えるのではなく，結果として出てくることになる。

アーチアクションなどの力学的な現象は，本来は力学ベース粒子シミュレーションで表現するのが妥当であろう。次節で説明する離散要素法も力学ベース粒子モデルの一つである。

3　離散要素法

（1）離散要素法とは

　離散要素法は土質力学の分野で開発された数値シミュレーション手法の一つである。個々の岩石を個別の要素として考え，岩石同士が衝突した時の相互作用力を図6-2に示すようなバネ，ダンパー，スライダーで表現する。離散要素法は主に土木工学の分野で発展してきたが，次第に粉粒体の流れにも適用されるようになってきた。ホッパーからの粒子排出，回転円筒容器内の粒子運動，ボールミル内粒子運動，流動層内粒子運動など，様々な粉粒体挙動を精度よく再現できることが確認されている。

113

(2) 歩行者シミュレーションへの適用

離散要素法は力学ベース粒子モデルの一つとして,歩行者の流れにも適用されるようになってきた[17][18][19]。力学ベース粒子モデルの多くは,歩行者が他の歩行者と距離を保って歩いたり,前方が混雑している時に速度を緩めたり,といった行動を模擬することを主眼とし,それらの効果を力学的に表現するためのモデルを与えている。したがって,ソーシャルフォースモデルのように,歩行者間の距離に応じた遠隔力を与えるモデルとなっている。これに対して,離散要素法は粒子同士が物理的に接触する際の接触力をモデル化する手法である。このため,より混雑した条件での群集の挙動や群集に作用する力の解析に力を発揮するものと期待できる。アーチアクションのような現象を模擬したり,さらには将棋倒しや群集なだれなどの群集事故を解析するのに最適の手法であると考えられる。

(3) 結合粒子モデル

離散要素法では粒子同士が接触しているかどうかを判定する必要がある。図6-3に示すように,(x_A, y_A)の位置にある粒子Aと(x_B, y_B)の位置にある粒子Bが接触しているかどうか判定することを考える。両者の中心間距離Dは,図中斜線部の直角三角形に中学校の数学で習う三平方の定理を適用することで求められる。つまり,

$$D=\sqrt{(x_A-x_B)^2+(y_A-y_B)^2}$$

となる。粒子Aと粒子Bがともに半径rの円形粒子であれば,Dが$2r$よりも小さい時に両者が接触していると判断できる。

歩行者を上から見たときの形状は模式的には図6-4(a)のようなものであり,楕円や長方形で近似することはできそうに思うが,円で近似するのは無理があるように感じられる。歩行者の挙動を模擬するには,円形粒子ではなく,非円形粒子を用いるのが妥当であろう。離散要素法における粒子は必ずしも円形である必要はなく,楕円や長方形など任意の形状を用いても構わない。しかし,円以外の形状を用いると接触判定が複雑になる。上記のように,円形粒子であ

第**6**章　安全・迅速な出口退出のシミュレーション

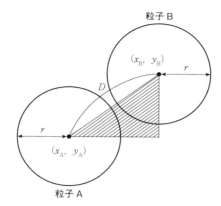

図6-3　円形粒子同士の接触判定
（出所）　筆者作成。

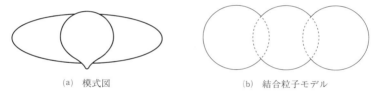

　(a)　模式図　　　　　　　　　(b)　結合粒子モデル

図6-4　歩行者の形状（上から見た図）

（出所）　筆者作成。

れば「中心間距離が半径の2倍よりも小さいか」ということだけで判断できたが，円以外の粒子の場合にはそれぞれの粒子がどの方向を向いているかまで考慮しないといけなくなる。このことは計算負荷の大幅な増大を招く。

　接触判定の負荷を増やさずに，歩行者の形状を表現するために，図6-4(b)に示す結合粒子モデルを導入する。これは，円形要素を一列に並べ，互いを拘束することで一つの粒子として取り扱うモデルである。要素間にはオーバーラップを認め，縦と横（胸厚と肩幅に相当）の比を任意に設定できるようにする。あくまでも基本要素は円なので，円形粒子同士の接触判定を用いることができる。図6-4(b)では3個の円形要素を結合させて1人の歩行者を表現しているが，もちろんもっと多くの粒子で表現してもよい。3個の要素を結合させる場

合，例えば100人の歩行者を表現するためには合計300個の粒子を用いる必要があり，その点での計算負荷は増える．しかし，非円形要素に対する複雑な接触判定を行うことに比べれば，その計算負荷の増大分は小さくてすむ．円形粒子に対する単純な接触判定を用いて，非円形要素の運動を模擬できることが結合粒子モデルの利点である．

4　出口退出シミュレーション

（1）出口からの退出問題

　建物内に多くの人がいる時に地震や火災が発生すると，緊急避難を行う必要がある．このような場合，出入り口の扉，階段・エスカレーター，通路のコーナーなどでは人が滞留しやすく，流れが悪くなる．これらの場所では群集密度が大きくなり，最悪の場合には群集事故に至る可能性もある．特に出入り口の扉はボトルネック構造となっており，そこに多くの人が一斉に押し掛けるとアーチアクションが発生することが知られている．このようなことから，出口からの退出問題は多くの研究者の関心を集めており，実験的研究だけでなく，コンピュータシミュレーションも数多くなされている．

　出口からの退出問題において，避難効率を高めるものとして出口付近への物体の設置がある．出口付近に柱や展示物などを設置することで，何も設置しない場合よりも短い時間で退出できる可能性が示唆されている．直感的にはそのような場所に物体が設置されていると避難の妨げになるように感じるが，適切な場所に設置することで避難時間が短縮されることが確認されている．Nishinari ら[20]が行った実験では，40名の人が幅50cmの出口から退出するのに，何も設置しない場合には平均35.73秒の時間を要したのに対し，出口付近に直径20cmのポールを設置した場合には，平均33.70秒ですんだ．出口からの退出において，アーチアクションが発生すると避難効率が低下する．四方八方から多くの人が一斉に扉に向かうことでアーチアクションが発生しやすくなるが，出口付近に設置したポールは人が扉に向かう方向を制御し，人の流れを整理する効果を持つものと解釈できる．その結果，アーチアクションの発生が抑制さ

第**6**章　安全・迅速な出口退出のシミュレーション

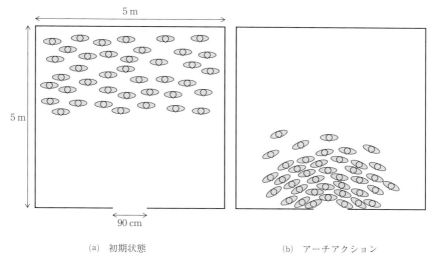

(a) 初期状態　　　　　　　(b) アーチアクション

図6-5　出口からの退出問題

(出所)　筆者作成。

れ，退出時間の短縮につながったと考えられる。

　Yanagisawaら[21]はフローアフィールドモデルを用いたコンピュータシミュレーションにおいて，出口付近に物体を設置すると何も設置しない時に比べて流量が増加する可能性があることを定性的に示した。川口と清水[22]は円形粒子の離散要素法を用いたコンピュータシミュレーションを行った。その結果，物体の設置位置が出口に近すぎると何も設置しない時よりも避難時間は長くなり，遠すぎると設置の効果がなくなることを示し，適切な位置に物体を設置することで避難効率を高める効果がある可能性を示唆する結果を得ている。

（2）計算例

　結合粒子モデルを用いた離散要素法により，出口からの退出問題のコンピュータシミュレーション[23]を行った例を示す。図6-5(a)に示すように，5m×5mの正方形の部屋の手前の面中央に幅90cmの出口が一つだけある。この部屋の奥の領域に40人をランダムに配置し，一斉に出口に向かう計算を行った（図

117

6-5(b))。それぞれの歩行者は直径20cmの円形粒子3個を5cmずつ重ねて一直線に並べた結合粒子で表現した。つまり，肩幅50cm，胸厚20cmの形状を表現している。

　結合粒子モデルで人の形状を表現することに加えて，歩行者の行動に関して2つのモデルを追加した。仮想バネモデルと反モーメントモデルである。これらについて簡単に説明を加える。

　①仮想バネモデル

　意志を持たない固体粒子の場合には，互いの衝突を避けようとするような力は働かない。しかし歩行者の場合，前方に別の歩行者が歩いていることに気付けば，速度を緩めたり方向を変えたりすることで衝突を避けようとする。通常の離散要素法ではこのような行動を表現するモデルが入っていないため，仮想バネモデルを導入した。

　離散要素法は粒子同士の物理的な接触に際して，その相互作用力をバネやダンパーで表現するものである。この通常のバネに加えて，実際にぶつかる前にもう一つ別のバネによる力を作用させてやれば，他の歩行者との衝突を避ける行動を模擬できるだろう。これはソーシャルフォースモデルにおける遠隔力に相当するものである。図6-6において，歩行者Aが上向きに歩いているとすると，歩行者Aから一定の距離内にいて，かつ歩行者Aの視野の範囲内（図の斜線部）に他の歩行者がいる場合にだけ仮想バネを挿入し，反発力を受けるようにモデル化する。つまり，歩行者Aは歩行者Bの影響を受けるが，より遠いところを歩いている歩行者Cからは影響を受けない。また，近くても視野から外れる歩行者DやEからは影響を受けない。歩行者Aが歩行者Bに近づいていくと仮想バネが縮むので，その反発力によって押し戻される。つまり前方に歩行者Bを認めたことにより，歩行速度を緩めるという行動を表現することになる。さらにバネの反発力は横向きにも作用することになるので，歩行者Aは歩行者Bの左側に回り込む方向に力を受ける。ただし，歩行者Bから見れば歩行者Aは視野の範囲外にいるので，歩行者Bの行動に歩行者Aが影響を与えることはない。通常のバネのようにAとBが互いに力を加え合う（作用・反作用）のではないことに注意が必要である。

第**6**章　安全・迅速な出口退出のシミュレーション

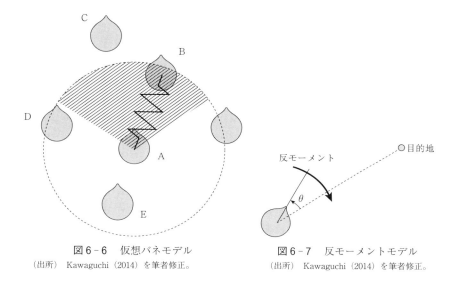

図6-6　仮想バネモデル
（出所）　Kawaguchi（2014）を筆者修正。

図6-7　反モーメントモデル
（出所）　Kawaguchi（2014）を筆者修正。

②反モーメントモデル

　コマを回すと次第に回転が弱くなり，いずれは止まってしまう。これは空気抵抗や摩擦などにより回転のエネルギーが失われていくからである。しかし，通常の離散要素法ではそのような回転エネルギーの減衰をモデル化していないため，2次元平面内で回転し始めた粒子は他の粒子や壁面と衝突しない限り回転し続けることになる。混雑した場所では，ある歩行者の肩が別の歩行者の肩とぶつかって少し向きが変わることはあるが，すぐに自分で向きを戻すだろう。そのままクルクル回転しながら歩く人はいない。このことを表現するために，反モーメントモデルを導入した。

　歩行者は通常，目的地の方向に正対しながら歩くが，他の歩行者にぶつかるなどで図6-7に示すように向きがズレた場合，そのズレの角度に比例した大きさを持ち，逆向きの回転力（トルクまたはモーメント）を与える。つまり，少しだけズレた場合には小さなトルクを与え，大きくズレた場合には大きなトルクを与えるようにする。これは回転方向に作用するバネと考えればよい。図6-7の場合，歩行者は目的地に対して反時計回りの方向に歩く向きがズレてい

第Ⅱ部　災害予防のためのリスク管理

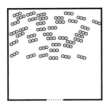   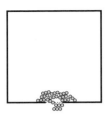

　　　$t = 0\,\mathrm{s}$　　　　　　$t = 2.5\,\mathrm{s}$　　　　　$t = 5\,\mathrm{s}$　　　　　$t = 10\,\mathrm{s}$

図 6 - 8　出口からの退出（物体設置なし）

（出所）　Kawaguchi (2014)．

るので，太い矢印のように時計回りの方向にトルク（反モーメント）が作用し，本来の目的地の方向を向くように修正が加わることになる。

　これらのモデルを用いて計算を行った結果が図 6 - 8 である。円形粒子の離散要素法の場合，出口幅が粒子径の 2 倍ではほぼ完全にアーチアクションで閉塞してしまい，2.5 倍以上でほぼ安定して退出できる，という結果が出ていた[24]。本計算の条件では肩幅が 50 cm であるのに対して，出口幅は 90 cm であるから 2 倍より小さいことになる。しかし，結合粒子モデルを導入することにより，出口で身体を捻りながら退出することができるので，アーチアクションが発生しても自然に解消され，肩幅の 2 倍より小さい出口幅でもほぼ閉塞してしまうことはなかった。初期状態を変更して 100 回の計算を行ったところ，40 人全員が部屋を出るのにかかった時間の平均（平均退出時間）は 14.32 秒であった。

　次に，出口の手前に半径 60 cm の円形の物体を設置した場合の結果が図 6 - 9 である。物体はその中心が手前の壁から 1 m 離れた位置に設置されている。物体を設置しない場合（図 6 - 8）と比較しても静止画では違いがわかりづらいが，出口付近での歩行者の動きがやや滑らかになっている。このため，平均退出時間は 12.94 秒となり，物体を設置しない場合よりも 1.38 秒短縮された。円形粒子を用いた計算では物体設置の効果を定性的に示唆することはできたものの[25]，平均退出時間の短縮を定量的に表現することはできていなかった。結合粒子モデルを用いて歩行者の非円形形状を表現することにより，その効果を定量的に表現することが可能になった。

第**6**章　安全・迅速な出口退出のシミュレーション

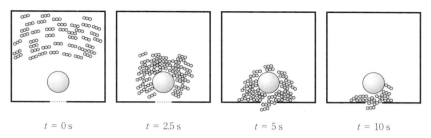

$t = 0$ s　　　　$t = 2.5$ s　　　　$t = 5$ s　　　　$t = 10$ s

図6-9　出口からの退出（物体設置：手前壁から1m）

(出所)　Kawaguchi (2014).

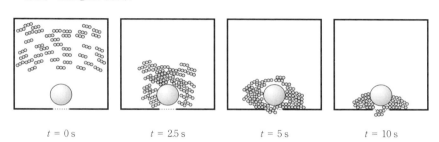

$t = 0$ s　　　　$t = 2.5$ s　　　　$t = 5$ s　　　　$t = 10$ s

図6-10　出口からの退出（物体設置：手前壁から0.81m）

(出所)　Kawaguchi (2014).

　さらに，物体の設置位置を手前の壁から0.81mにまで近づけた場合の結果を図6-10に示す。この場合には，出口付近で歩行者が滞留しており，物体の存在が邪魔になっていることがわかる。平均退出時間は16.63秒であり，物体を設置しない場合よりも2.31秒長くなった。

　上述の3条件に対して，部屋に残っている人数を縦軸に，経過時間を横軸に取ったグラフを図6-11に示す。それぞれ，代表的な5回の試行の結果を示した。いずれの条件に対しても，最初は部屋の中の人数は40人である。しばらくは40人のままであるが，3〜4秒程度経過した時に最初の人が出口に到達し，人数が減り始める。この時，物体を設置した場合（図6-11(b)(c)）は物体を設置しない場合（図6-11(a)）に比べて人数が減り始めるまでの経過時間がやや長くなっている。これは物体を設置した場合には，出口に直線的に向かうことができず，物体を回り込む行動が必要であるためである。その後は時間の

第Ⅱ部　災害予防のためのリスク管理

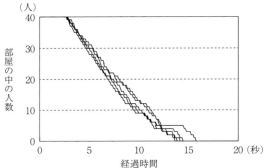

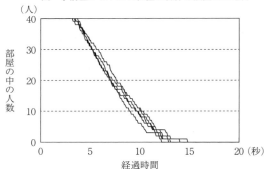

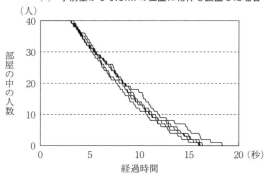

図6-11　部屋の中の人数の時間変化

（出所）　Kawaguchi（2014）を筆者修正。

経過とともに単調に人数が減っていく。やがて部屋の中の人数が0人となり，グラフは横軸と交わる。この時のグラフと横軸との交点は全員が退出するのに要した時間（退出時間）を表している。その平均値が上述の平均退出時間である。いずれのグラフも右下がりであり，その傾きが急であるほど退出効率が良いことを意味している。物体を手前壁から1mに設置した場合（図6-11(b)）は他の場合に比べて明らかにグラフの傾きが急になっており，最も退出効率が良いことが確認できる。一方，物体を手前壁から0.81mに設置した場合（図6-11(c)），グラフの傾きは初めのうちは物体を設置しない場合（図6-11(a)）とほとんど同じである。しかし，10秒程度経過したあたりからグラフの傾きが小さくなり，退出効率が低下していることがわかる。これは物体と手前壁とのすき間が小さすぎるために，この部分で歩行者の滞留が発生し，退出するのに時間を要しているためである。

　以上の結果から，出口付近への物体の設置は人の退出時間に影響を与えることを本シミュレーション手法で表現できることがわかった。物体の設置位置が適切であれば平均退出時間を短縮できる一方で，近づけすぎると逆効果となる。近づけすぎた場合には物体と手前の壁とのすき間が小さくなることがその原因であることは容易に想像できる。逆に物体の設置位置を手前の壁から遠ざけすぎるとその効果が小さくなっていくことも明確であろう。つまり，出口付近に物体を設置する場合，近すぎると邪魔になって平均退出時間がかえって長くなり，逆に遠ざけすぎるとその効果がなくなる。適切な位置に設置した場合のみ物体は平均退出時間を短縮する効果を持つと推測される。

　このことを確認するため，物体の設置位置を変化させた計算を行い，平均退出時間との関係をまとめた。結果を図6-12に示す。図中の破線は物体を設置しない場合の平均退出時間を示しており，上述のとおり14.32秒である。図中の黒点が物体を設置した時の平均退出時間であり，横軸が物体の設置位置（手前の壁からの物体中心までの距離）を表している。設置位置が0.81mと0.85mの時には物体を設置しない場合に比べて平均退出時間が長くなっており，物体が邪魔になっていることを表す。それ以外の場合には物体を設置しない場合よりも平均退出時間が短縮されていることがわかる。ただし，手前の壁から離れ

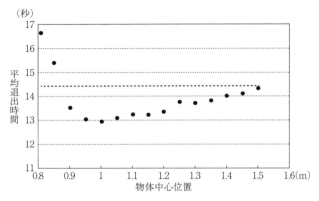

図 6-12　物体設置位置と平均退出時間の関係
（出所）　筆者作成。

るにつれて時間短縮の効果は小さくなっていき，物体を設置しない場合の平均退出時間に漸近していく。この条件の場合，最も時間短縮の効果が大きく表れたのは，物体を手前の壁から 1m の位置に設置した時であった。

5　歩行者モデルの精密化と今後の課題

図 6-12 では物体を 15 の異なる位置に設置し，設置位置ごとに 100 回の計算を行うことで平均退出時間を求めた。つまり，物体を設置しない場合も含めて，1600 回の計算が必要であった。このようなグラフを実験で作成するのは大変な手間であろう。物体を少しずつ移動させながら，40 人の人に 1600 回も出たり入ったりを繰り返してもらわなければならない。疲れも出てくるだろうし，逆に何らかのコツを掴む人がいるかもしれない。したがって，前半に取ったデータと後半に取ったデータとでは単純な比較ができないかもしれない。その点，コンピュータシミュレーションでは何度繰り返しても歩行者は疲れることもなく，全ての結果を同等に比較できるので効果を評価しやすい。もちろん，コンピュータシミュレーションで使われている歩行者モデルには何らかの簡単化がなされており，人の挙動を完全に再現できるものではない。それでも，物

体の設置位置の効果等について大まかな傾向を掴み，安全・迅速な退出方法を検討するのに非常に有効なツールであることは間違いない。

　今後，避難シミュレーションをより実用的なレベルにするには，歩行者モデルの精密化が課題となる。歩行者モデルの精密化を行うには，避難行動に関する詳細なデータを収集する必要がある。しかし，実際に火災などを起こして避難行動のデータを集めるようなことは，安全性の観点から実施できない。現実的には，避難時を想定した実験を行うことでデータを集めることになるだろうが，想定実験における心理状態は，実際に危険が迫った状況でのものとは異なると思われる。その結果，群集の行動も全く違ったものになるかもしれない。つまり，モデルの精密化のためにデータを集めたいが，実際には非常に難しいことが理解できるだろう。

　また，第4節で示した計算例は2次元平面内のものであった。しかし，実際には人同士が押し合うことによって転倒する可能性があり，その転倒をきっかけに群集事故に発展する危険性がある。また，出口からの退出に問題を限定せずに建物からの避難を考えると，階段の昇降による3次元空間での歩行者挙動を模擬することが不可欠となる。第2節で紹介した汎用パッケージソフトではすでに3次元空間内の挙動を模擬できるものであるが，人同士の接触による転倒などは模擬できない。つまり，パッケージソフトを用いることで「効率的な」避難を検討することはできるが，「安全な」避難を考えるにはまだ不十分であると思われる。

注
(1) 清水建設株式会社（http://www.shimz.co.jp/news_release/2014/2014003.html　2014年8月28日閲覧）。
(2) フォーラムエイト（http://www.forum8.co.jp/product/shokai/ex-sf.htm　2014年8月28日閲覧）。
(3) Henderson (1974)．
(4) Derrida (1998)．
(5) Hartmann, Mille, Pfaffinger and Royer (2012)．
(6) フォーラムエイト製品情報（http://www.forum8.co.jp/product/shokai/ex-sf.htm

2014 年 8 月 28 日閲覧)。
(7) SimTread (http://www.aanda.co.jp/products/simtread/ 2014 年 8 月 28 日閲覧)。
(8) 兼田 (2010)。
(9) Helbing, Farkas and Vicsek (2000).
(10) Cundall and Strack (1979).
(11) 木山・藤村 (1983)。
(12) 伯野 (1997)。
(13) 吉田 (1992)。
(14) Yamane, Nakagawa, Altobelli, Tanaka and Tsuji (1998).
(15) 井上・横山・山根・田中・辻 (1997)。
(16) 川口・田中・辻 (1992)。
(17) 清野・三浦・瀧本 (1996)。
(18) Tsuji (2003).
(19) 後藤・原田・久保・酒井 (2004)。
(20) Nishinari, Suma, Yanagisawa, Tomoeda, Kimura and Nishi (2008).
(21) Yanagisawa, Kimura, Tomoeda, Nishi, Suma, Ohtsuka and Nishinari (2009).
(22) 川口・清水 (2012)。
(23) Kawaguchi (2014).
(24) 川口・清水,前掲注(22)。
(25) 同上。

参考文献

井上義之・横山豊和・山根賢治・田中敏嗣・辻裕「離散要素法による転動ボールミル内の媒体運動の解析（2次元と3次元の比較)」『日本機械学会論文集（C編)』第63巻,1997年。

岡田光正『群集安全工学』鹿島出版会,2011年。

梶秀樹・塚越功『都市防災工学』学芸出版社,2007年。

兼田敏之『artisoc で始める歩行者エージェントシミュレーション』構造計画研究所,2010年。

川口寿裕・清水貴史「群集避難に関する粒子シミュレーション」『社会安全研究』第3巻,2012年。

川口寿裕・田中敏嗣・辻裕「離散要素法による流動層の数値シミュレーション（噴流層の場合)」『日本機械学会論文集（B編)』第58巻,1992年。

木山英郎・藤村尚「カンドルの離散剛要素法を用いた岩質粒状体の重力流動の解析」『土木学会論文報告集』第333巻,1983年。

清野純史・三浦房紀・瀧本浩一「被災時の群集避難行動シミュレーションへの個別要素法

の適用について」『土木学会論文集』第537巻，1996年。

後藤仁志・原田英治・久保有希・酒井哲郎「個別要素法型群衆行動モデルによる津波時の避難シミュレーション」『海岸工学論文集』第51巻，2004年。

西成活裕『渋滞学』新潮選書，2006年。

伯野元彦『破壊のシミュレーション——拡張個別要素法で破壊を追う』森北出版，1997年。

吉田順「サイロ払出し時の挙動に及ぼす摩擦係数の影響に関する解析的研究」『粉体工学会誌』第29巻，1992年。

Cundall, P. A. and Strack, O. D. L., "A Discrete Numerical Model for Granular Assemblies," *Geotechnique*, Vol. 29, No. 1, 1979.

Derrida, B., "An Exactly Soluble Non-Equilibrium System: The Asymmetric Simple Exclusion Process," *Physical Reports*, Vol. 30, 1998.

Hartmann, D., Mille, J., Pfaffinger, A. and Royer, C., "Dynamic Medium Scale Navigation Using Dynamic Floor Fields," *Pedestrian and Evacuation Dynamics*, 2012.

Helbing, D., Farkas, I. and Vicsek, T., "Simulating Dynamical Features of Escape Panic," *Nature*, Vol. 407, 2000.

Henderson, L. F., "On the Fluid Mechanics of Human Crowd Motion," *Transportation Research*, Vol. 8, 1974.

Kawaguchi, T., "Discrete Particle Simulation for High-Density Crowd," *Pedestrian and Evacuation Dynamics*, 2014.

Nishinari, K., Suma, Y., Yanagisawa, D., Tomoeda, A., Kimura, A. and Nishi, R., "Toward Smooth Movement of Crowds," *Pedestrian and Evacuation Dynamics*, 2008.

Tsuji, Y., "Numerical Simulation of Pedestrian Flow at High Densities," *Pedestrian and Evacuation Dynamics*, 2003.

Yamane, K., Nakagawa, M., Altobelli, S. A., Tanaka, T. and Tsuji, Y., "Steady Particulate Flows in a Horizontal Rotating Cylinder," *Physics of Fluids*, Vol. 10, 1998.

Yanagisawa, D., Kimura, A., Tomoeda, A., Nishi, R., Suma, Y., Ohtsuka, K. and Nishinari, K., "Introduction of Frictional and Turning Function for Pedestrian Outflow with and Obstacle," *Physical Review E*, Vol. 80, 2009.

第7章
ゲリラ豪雨と斜面崩壊

小山倫史

1 ゲリラ豪雨とは

　近年，雨の降り方が変わってきたといわれている。図7-1に1時間降水量50mm以上および100mm以上の降雨の年間発生回数を示す。本図より明らかなように1時間降水量が50mmを超える「非常に激しい雨」の観測回数は統計期間1976〜2013年において増加傾向（30年で約1.3倍）にあり，また，時間降水量が100mmを超えるような，これまで経験したことのないような「猛烈な雨」の発生頻度も増加傾向にある。

　「ゲリラ豪雨」は，2008年7月28日に神戸市の都賀川で発生した水難事故をきっかけに，近年，その発生頻度の増加と社会的影響が顕著になる中でメディアなどで多用され定着した造語である。しかし，未だ学問的に明確な定義は無く，気象学分野においては，「言葉のイメージが良くない」「一般的に"ゲリラ"は予測できないことに対して用いる＝ゲリラ豪雨は予測できないと認めることになる」といった理由から，「局地的大雨」と呼んでいる。一方，水文気象学（土木工学分野）においては，「人への警告の意味合いから強烈なインパクトを与える」といった理由からあえて，「ゲリラ豪雨」と呼んでいる（中北，2010）。

　「ゲリラ豪雨」は，大気の状態が非常に不安定な場合，単独の積乱雲が局所的に発達することによって起きるもので，一時的に雨が強まり，局所的（数km四方程度）に数十mm程度の総雨量となる。一方，「集中豪雨」は，前線や低気圧などの影響や地形の効果によって，積乱雲が同じ場所に次々と発生・発達を繰り返すこと（次から次に帯状に積乱雲が発達する過程は，「バックビルディ

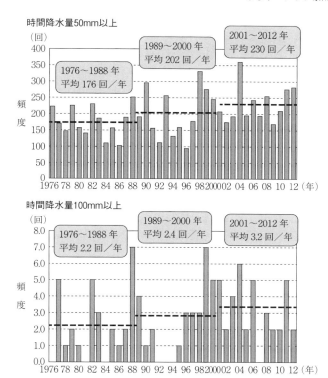

図7-1　降雨の年間発生回数

ング現象」と呼ばれている）により起きるもので，激しい雨が数時間にわたって降り続き，狭い地域に100mmから数百mmの総雨量となる（ただし，いずれも明確な数字による定義はない）（図7-2参照）。「平成26年8月豪雨」において大規模な土砂災害を引き起こした広島での豪雨や，内水氾濫により広範囲にわたる浸水被害を引き起こした京都府福知山市での豪雨などは後者，すなわち「集中豪雨」に当たる。図7-3にゲリラ豪雨と集中豪雨の降雨波形（10分間降雨量）の比較を示す。ゲリラ豪雨では，通常，先行降雨がなく，比較的短時間の降雨の中に，極めて強い降雨強度および短時間雨量変化（実際には，数秒単位で降雨強度が変化）を有するのに対し，集中豪雨では，比較的長時間の降

第Ⅱ部　災害予防のためのリスク管理

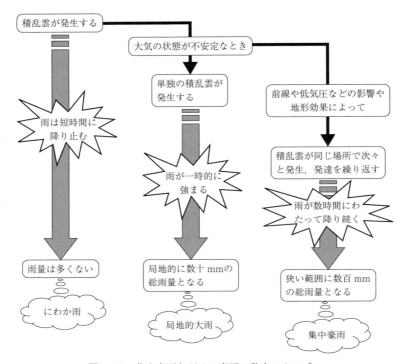

図7-2　集中豪雨とゲリラ豪雨の発生メカニズム
（出所）　気象庁防災気象情報の活用の手引き「局地的大雨から身を守るために」（2009年2月）。

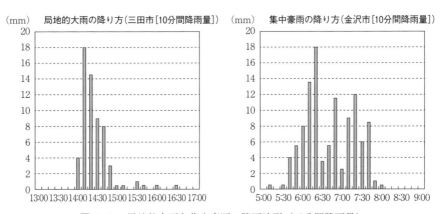

図7-3　局地的大雨と集中豪雨の降雨波形（10分間降雨量）

第7章 ゲリラ豪雨と斜面崩壊

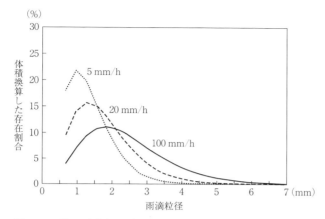

図7-4 降雨強度と雨滴粒径の関係（Marshall Palmer の雨滴粒径分布）
（出所）恩田（2008）。

雨の中に，大きな降雨強度が断続的にあらわれる。また，図7-4に示すように，一般的に，降雨強度が大きくなれば，雨滴粒径は大きくなることが知られており（Marshall and Palmer, 1948；恩田，2008），実際，ゲリラ豪雨の雨滴は粒径は数 mm 程度と比較的大きい。ゲリラ豪雨時に「雨に打たれる」という印象を受けるのはゲリラ豪雨の雨滴が大きいことを意味している。

2 降雨起因の斜面崩壊：崩壊メカニズムと崩壊形態

日本全国で土砂災害の発生する恐れがある危険個所は約52万か所といわれており，土砂災害の発生件数は過去10年間で平均して1年間に1000件程度であが，1時間降雨量（降雨強度）が非常に大きな降雨の発生頻度の増加に伴い，土砂災害の発生件数も増加傾向にある（図7-5参照）。

降雨により斜面崩壊が発生するメカニズムは，以下のように説明することができる。まず，通常，斜面内にはある深度に地下水位が存在し，地下水位より上の部分，すなわち表層に近い部分は不飽和状態（土中の空隙部分の体積に水と

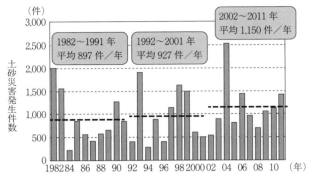

図7-5　土砂災害発生件数の推移

空気が混在する状態）にある。ここに降雨が来ると徐々に地表面付近から雨水浸透が発生し、土中の空気と入れ替わり、斜面内の飽和度（土中の空隙に占める水の体積の割合）が上昇する。やがて雨水浸透が地中深部に進行し、もともとある地下水面に到達するとそこから水位が上昇し、間隙水圧が上昇する。この間隙水圧の上昇は、すべり面（破壊が起こる面、通常、地層の境目付近にあることが多い）付近の有効応力を低下させる（すなわち、水位上昇により水中に存在する土塊が浮力を受ける）。土の強さ、すなわちすべり破壊に対する抵抗力は、すべり面で発生する摩擦とすべり面の接着によって発揮され、内部摩擦角（摩擦係数に相当）と粘着力は土の強さを決定付ける重要なパラメータである。不飽和状態の土にはサクション（負の圧力、すなわち水を吸い上げるような力）が作用し、土粒子が吸い付いた状態にある（これを「見かけの粘着力」と呼んでいる）。雨水浸透により不飽和状態から飽和に近い状態になると、この見かけの粘着力が喪失し、同時に内部摩擦角も小さくなることから、破壊に対する抵抗力が弱くなる。一方、雨水浸透により、斜面内において、すべり面より上にある土は自重が重くなり、下方に滑り落ちようとする力は大きくなる。また、浸透した雨水は斜面下方に流れる傾向にあり、流れの方向に作用する浸透力も発生する。

斜面における雨水浸透は地表面付近の透水係数（浸透能）で評価することが

でき，一般的に飽和度が小さい不飽和状態では，透水係数は飽和状態のものと比較して小さくなり，雨水が浸透しにくくなる。よって，浸透能を超えるような降雨がある場合，全ての雨水が浸透せず，一部が地表面付近で表面流となり，斜面表層を侵食することで土砂流出が発生する。

降雨に起因する斜面崩壊の形態と雨量（時間雨量および連続雨量）の関係を表わすと図7-6のようになる。時間雨量が小さ

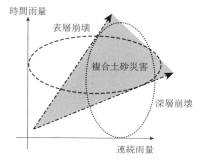

図7-6 斜面の崩壊形態と時間・連続雨量の関係

く連続雨量が大きい場合（いわゆる「集中豪雨」）では，地盤深部へ雨水が浸透し，斜面深部のすべり面付近における間隙水圧の増加に伴う有効応力の低下により「深層崩壊」が起こる。深層崩壊は過去の事例から，降り始めからの総降雨量が400mmを超える場合に発生している（図7-7参照）。一方，本章で対象とするゲリラ豪雨では，時間雨量が大きく，連続雨量が小さい（総降雨量が数十mm程度）ため，雨水が地盤の深部まで到達せず，表層における自重の増加，間隙水圧の増加による有効応力の低下あるいは表面流の発生による浸食により「表層崩壊」が発生する。特に，ゲリラ豪雨は極めて強い短時間雨量変化を有するため，斜面表層部の湿潤履歴によっては，数秒単位のレスポンスで多量の雨水浸透が発生し，斜面安定性を著しく低下させ，表層崩壊を誘発する。また，時間雨量・連続雨量がともに大きい場合は，これらの事象が複合的に起こる複合土砂災害となる。

これまで，豪雨時の斜面崩壊に関する調査・研究事例は数多く報告されている（例えば，地盤工学会［2006］など）が，これまで経験したことのない「局地的・短時間・高降雨強度」といった特徴を有するゲリラ豪雨時の斜面崩壊に焦点を当てた研究事例はあまり報告されておらず，ゲリラ豪雨時の斜面崩壊メカニズムについても未解明な部分が多いことから，改めて，ゲリラ豪雨時の斜面内の雨水浸透現象から，雨水浸透に伴う地盤の強度劣化，さらには斜面の不安定化・崩壊までを精査する必要がある。

第Ⅱ部　災害予防のためのリスク管理

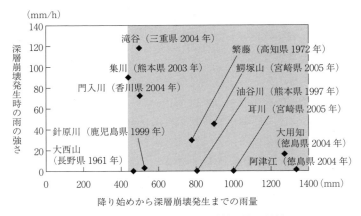

図7-7　深層崩壊と時間・連続雨量の関係
（注）　アミガケ部分は「深層崩壊」。
（出所）　土木研究所 HP より。

3　ゲリラ豪雨の計測方法および外力としての評価

　ゲリラ豪雨は，極めて強い降雨強度およびその短時間変化を有する降雨であり，斜面表層部の湿潤履歴によっては，数秒単位のレスポンスで多量の雨水浸透量が発生する。したがって，数秒単位の鋭敏な雨水浸透現象を評価する必要性があり，そのためには，まず，降雨量を数秒単位（リアルタイム）で精度よく計測する必要がある。小山倫史らによって新たに開発されたリアルタイム雨量計（図7-8参照）は，円筒状の雨受けの上部に設置した超音波レベル計により，センサから発信される超音波が水面に反射して受信するまでの時間から，溜まった雨水の水面までの距離をリアルタイムに計測し，数秒単位の降雨量を高精度（計測分解能：0.1mm）で計測することを可能とした（小山ほか，2010a）。図7-9は同じ降雨をリアルタイム雨量計と従来一般的に用いられている転倒枡型雨量計で計測した場合の降雨波形を比較したものである。本図より，転倒枡型雨量計で計測した雨量は転倒枡が転倒するまでの時間で平均化され，リアルタイム雨量計で計測した1秒ごとの雨量データに比べて，より平滑化された降雨波形となり，短時間に変化する降雨強度を十分捉えられていないことがわ

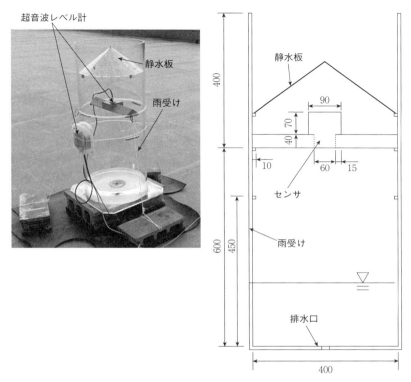

図7-8 超音波レベル計を用いたリアルタイム雨量計
(出所) 小山ほか (2010)。

かる。すなわち，短時間に比較的多量に降る場合は，雨量が過小評価され，一方，比較的少量の降雨であっても，平均化された雨量を用いることで，雨量が過大評価される可能性があることを意味する。また，地表面付近の圧力水頭（マトリック・サクション）の減少（すなわち，見かけの粘着力の低下）は，豪雨時の斜面における表層破壊のメカニズムの一つであり，図7-10に，それぞれの雨量計で計測された雨量データを外力として用いた不飽和地盤への鉛直1次元飽和-不飽和浸透流解析により求めた地表面付近での圧力水頭の経時変化の比較を示す。本図より，地表面付近の圧力水頭は降雨強度の変化にやや遅れて出現するものの短時間に変動する降雨強度（降雨波形）に鋭敏に反応している

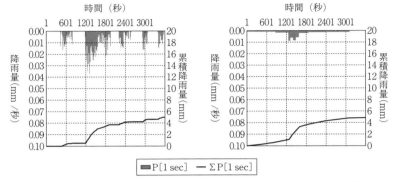

図7-9 リアルタイム雨量計と転倒枡型雨量計で計測した降雨量・降雨波形の違い
(出所) 小山ら (2010)。

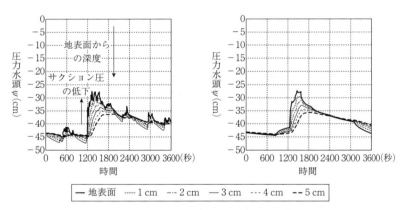

図7-10 リアルタイム雨量計および転倒枡型雨量計により計測された降雨データを降雨外力として用いた鉛直1次元浸透流解析の結果(圧力水頭の経時変化)の比較
(出所) 小山ら (2010)。

(特に，地表面に近いほど，反応は鋭敏である）ことがわかる。この鋭敏な反応は，降雨強度として転倒枡型雨量計のデータを用いることで平均化され，ほとんど捉えることができない。このことは，豪雨時の斜面において，地表面からの雨水の浸潤域を過小評価することとなり，最も危険な状態・時間帯を見逃してしまうという危険があるということを示唆している。

　以上より，ゲリラ豪雨のような短時間で変化する降雨量（降雨の非定常性）は，通常，降雨強度として用いられている時間雨量（1時間雨量）あるいは10分間降雨量では評価することはできない。すなわち，降雨強度は本来，降雨量の時間微分（単位時間当たりの降雨量）として定義されるべきであり，その降雨強度の時間微分として「降雨加速度」の概念を導入することで，数秒単位で変化する降雨を表現できるものと考えられる。この「降雨強度」（あるいは「降雨加速度」）はこれまでの転倒枡型雨量計では雨水が枡に溜まり転倒するまでのタイムラグが生じ，正確に計測することはできず，リアルタイムで計測可能な雨量計が必要である。また，ゲリラ豪雨のような数秒単位の鋭敏な降雨に対する雨水浸透現象は従来の時間降雨を降雨外力として用いた浸透流解析では十分な精度で評価することはできず，雨量をリアルタイムで計測し，その結果を降雨外力境界条件として用いる必要がある。

4　ゲリラ豪雨時の斜面内の雨水浸透現象の把握

　最近になって，ゲリラ豪雨の特徴を考慮した室内実験および斜面における現地計測が実施されるようになり，ゲリラ豪雨時における斜面内の間隙空気の挙動が雨水浸透挙動に大きな影響を与えることがわかってきた。第2節でも述べたとおり，不飽和地盤への雨水浸透は，土中の空隙にもともと存在する空気が浸透してきた雨水と置き換わる現象である。この現象は，地盤材料違いによる浸透能の違いのみならず，地盤の飽和度，外力としての降雨強度（雨水の供給量，雨の降り方）によって変化する。

　ゲリラ豪雨時の雨水浸透挙動の把握を目的とした不飽和土に対するサンドカラム試験（鉛直浸透試験）において，地盤材料の飽和透水係数が小さいほど，

第Ⅱ部　災害予防のためのリスク管理

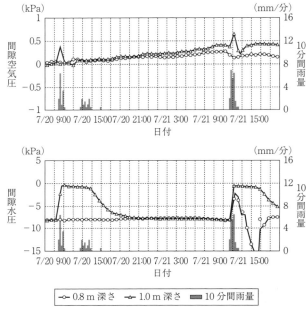

図7-11　現場斜面における間隙水圧・間隙空気圧の計測（短時間高降雨強度の降雨時）

（出所）　壇上ほか（2013）。

　また，降雨強度および雨滴粒径が大きくなるほど，地表面付近の地盤が瞬時に飽和され，雨水と地盤内の間隙空気の置換が滞り，間隙空気が封入されることで間隙空気圧が上昇（数kPa程度）し，雨水浸透が妨げられる。その結果，浸潤線は地下水面に到達せず，ある深度で停滞し，そこから水位上昇を伴って飽和度が上昇する現象が確認されている。また，浸透能より過剰に供給された雨水は地中に浸透せず地表面に溜まる様子も観察されている（例えば，壇上ほか［2009］；金ほか［2011］）。一方，実際の斜面においても，比較的高降雨強度（10分間雨量で6.5mm以上）で，このような局所的な間隙空気の封入および間隙空気圧の上昇が観察されている（図7-11参照）（壇上ほか，2013）。また，ゲリラ豪雨のように雨滴粒径が大きくなると，地表面のクラスト（雨滴が地表面に降り落ちた際の衝撃により，移動可能な土壌微粒子や，団粒構造を成していた

表面土壌の構造が破壊され，土壌粒子が目詰まりを起こした結果形成される難透水性の被膜）が形成され，浸透能が低下する。斜面における浸透能が低下した状態での過剰な雨水供給により，表面流が発生し，ある水深に達すれば侵食を伴う表層崩壊が誘発されると考えられる。

以上より，ゲリラ豪雨の斜面安定性評価においては，これまでの降雨時の雨水浸透挙動把握（例えば，間隙水圧，土壌水分量など）に加え，斜面内の間隙空気の挙動（間隙空気圧の上昇）を把握するとともに，浸透量（浸透破壊に寄与）と表面流量（表面侵食に寄与）の水収支を（蒸発散や植生に捕捉される雨量などとともに）正確に把握することが重要である。

5　ゲリラ豪雨時の斜面安定性評価のための数値解析・シミュレーション

ゲリラ豪雨時における斜面の安定性を評価する際，数値解析（数値シミュレーション）は有効なツールである。解析で解くべき現象は斜面への雨水浸透と斜面の力学的安定性（あるいは崩壊現象）であり，これらの現象を別々に解く方法と同時に解くもの（応力-浸透連成解析）方法がある。また，計算手法も微小・有限変形を取り扱う有限要素法（FEM）から，大変形を扱う粒子法（SPH，MPS，MPMなど），離散体の力学ベースで土塊の運動を解く個別要素法（DEM）や不連続変形法（DDA）など多種多様である。近年，計算スピードの高速度化や3次元地形情報取得技術の向上に伴い，解析モデルも複雑化・大規模化してきている。

ゲリラ豪雨時の雨水浸透挙動を解析するに当たっては，まず，境界条件としての降雨外力の評価が極めて重要である。述べたとおり，ゲリラ豪雨は数秒単位で雨量が変化する鋭敏な降雨であり，その降雨波形を正確に計測し，解析においては降雨境界条件に用いなければならない。また，ゲリラ豪雨のように短時間に降雨強度が大きな降雨では，斜面内の間隙空気圧の上昇に伴い雨水浸透現象が妨げられることから，地表面付近の水収支（斜面内浸透流と表面流）を正確に把握し，降雨境界条件（流量固定境界）に用いる必要がある。例えば，小山らは斜面内の水収支をタンクモデルで解析し，その結果を飽和-不飽和浸

第Ⅱ部　災害予防のためのリスク管理

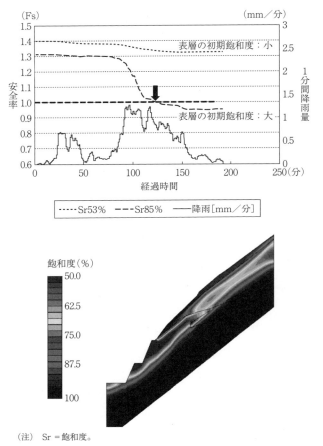

図7-12　ゲリラ豪雨時の表層崩壊に対する安全率の変化および崩壊時（安全率が1を下回る時）の斜面内の飽和度分布

透流解析における境界条件として与えることで，両者を組み合わせる「統合型地下水解析」を提案している（小山ほか，2010b）。一方，最近，気液二相解析と斜面安定解析を組み合わせる方法も提案されており，斜面内の間隙空気の挙動を考慮した雨水浸透現象の解析が行われ始めている（末永ほか，2014）。ゲリラ豪雨時の斜面崩壊メカニズムとして，斜面内への雨水浸透とともに表面流

による侵食が考えられ，それぞれ単独での検討はなされているものの，斜面内浸透と表面流，浸透破壊と侵食を同時に解析できる手法は未だ確立されておらず，今後の課題である。

　最後に，実在の斜面に対し，地質・地盤調査および室内試験の結果に基づき，解析モデルを作成し，飽和－不飽和浸透流解析と円弧すべり計算を組み合わせた方法で，ゲリラ豪雨時の表層崩壊に対する安定性を評価した事例を図7-12に示す（なお，本解析では，表層の初期飽和度に着目し，ゲリラ豪雨の降雨波形はXバンドMPレーダーにより実測された1分間降雨量を使用している）。本図より，浸透した雨水は法尻へ流下することで法尻付近の飽和度が高くなり，斜面が不安定化する。また，表層の初期飽和度が小さい場合，単独のゲリラ豪雨では降雨強度は大きいものの，降雨継続時間が短く，累積雨量が小さいため，不安定化することはないが，先行降雨などの影響により，斜面表層の初期飽和度が高い状態で，短時間・高降雨強度のゲリラ豪雨に見舞われると急激に斜面が不安定化することがわかる。

6　ゲリラ豪雨時の斜面崩壊に対する防災・減災に向けて

　現在，行政は豪雨時の斜面崩壊に対する警戒・避難のために，土壌雨量指数や降雨強度などの降雨データのみにより土砂災害発生危険度を判断する土砂災害警戒情報を住民に提供している。例えば，降雨中の斜面内の雨水の浸透状況を表す「土壌雨量指数」はタンクモデルという雨水浸透モデルを規定し，全国一律同じパラメータを用いて算出している。このように雨量データのみに基づく情報は，市町村単位などの「ある地域」を対象にした大まかな判断には有用であると考えられるが，斜面に関する情報（地形，地質など）を一切考慮しないという点から，「自分の家の裏山は崩れないか」といった個別の斜面における危険性を判断することはできない。土砂災害防止法に基づいて指定される土砂災害警戒区域においては，土砂災害に対する警戒避難体制の整備（ハザードマップの作成や住民への周知など）が義務づけられるが，これも個々の斜面単位で検討されるべきであり，同様に雨量データのみに基づく情報のみならず，斜

面の情報をも加味した斜面崩壊発生予測手法に立脚した警戒避難体制の整備が望ましいと考える。このように斜面ごとの土砂災害発生予測のためには，斜面内の雨水浸透過程やそれに伴う斜面の変形・変位などを計測・モニタリングし，これらと数値解析・シミュレーションによる崩壊発生予測を組み合わせて行うシステムの構築が必要である。

　ゲリラ豪雨を対象とした斜面崩壊においては，外力としての降雨および斜面内の水分量の把握が重要である。降雨量に関しては，近年，気象レーダー（国土交通省のXバンドMPレーダーなど）の精度が向上し，250m四方の格子ごとに高解像度で雨量データを取得することができるようになったが，降雨量の将来予測の精度については，今後，さらなる高精度化が求められる。これは斜面崩壊の予測精度の向上には必要不可欠である。

参考文献

恩田裕一『人工林荒廃と水・土砂流出の実態』岩波書店，2008年．

金秀娟・小山倫史・長野航兵・李圭太・大西有三『ゲリラ豪雨時における地盤の雨水浸透挙動に関する研究』『地盤の環境・計測技術に関するシンポジウム論文集』地盤工学会，2011年，59-64頁．

小山倫史・高橋健二・西川啓一・大西有三「ゲリラ豪雨による斜面安定性評価のためのリアルタイム雨量計の開発」『地盤工学ジャーナル』第5巻第1号，2010a年，61-67頁．

小山倫史・高橋健二・大西有三「斜面における統合型地下水解析法の開発およびその実斜面への適用」『地盤工学ジャーナル』第5巻第1号，2010b年，103-118頁．

地盤工学会『豪雨時における斜面崩壊のメカニズムおよび危険度予測』（地盤工学・実務シリーズ23）2006年，184頁．

末永弘・小早川博亮・田中姿郎「地すべり斜面を対象とした気液二相流解析・弾塑性解析を組み合わせた斜面安定性評価手法の構築」『第42回岩盤力学に関するシンポジウム講演論文集』2014年，80-85頁．

壇上徹・里見知昭・酒匂一成・深川良一「雨水浸透時の地盤内における間隙水圧および感激空気圧の計測に関する一考察」『第44回地盤工学研究発表会講演概要集』2009年，961-962頁．

壇上徹・酒匂一成・藤本将光・深川良一「実斜面における地盤内の間隙空気圧の計測」『第48回地盤工学研究発表会講演概要集』2013年，1051-1052頁．

中北英一「豪雨災害と気候変動――誤解と重要点の整理」『月刊建設』第54巻10-10号，2010年，4-5頁．

中北英一・山邊洋之・山口弘誠「ゲリラ豪雨の早期探知に関する研究」『土木学会水工学論文集』第 54 巻, 2010 年, 343-348 頁。

Marshall, J. S. and Palmer, M. W., "The distribution of raindrops with size," *Journal of Meteorology*, 1948. 5, pp. 165-166.

第8章

鉄道における津波避難の課題

林　能成

1　避難による津波被害の軽減

　東日本大震災による激甚な津波被害を受けて，日本では津波対策への関心が高まっている。震災から3年余りが経過したが，津波対策への注目の高さは衰えることがない。国，都道府県レベルでは，被害想定のための地震をどのように設定するか，その地震が起きた時に，防潮堤などの構造物はもつか否かといった議論が進められている。そして，想定された地震によって生じる津波がどのくらいの高さ，広がりを持つかが検討され，被害予測のシミュレーションも盛んに取り組まれている。このシミュレーションの結果によって，今後の防潮堤の高さなどが決まり，避難計画を立てるための基礎資料としても活用される。

　津波の被害を減らすためには，二つのアプローチがある。一つは津波の高さ，流速に耐えられる防潮堤などの構造物を作って，物理的に津波から人や街を守る方法である。もう一つは，津波の浸水範囲からすみやかに人を避難させるアプローチである。避難を円滑に行うためには，避難場所となる高台や高い建物の整備，避難場所へのルートの整備，避難のきっかけとなる防災情報のすみやかな提供といったことが課題になる。現在，海岸線を持つ日本中の自治体が，津波避難を円滑に行う方法を模索しているといってもよい。

　自治体以外にも，津波避難誘導に取り組んでいる事業者は多い。その中の一つに鉄道が挙げられる。東日本大震災では東北地方の鉄道においても津波によって大きな被害が出た。震災から3年半が経過した2014年10月になっても，運行を休止したままの路線が残されている。鉄道における津波避難を考える時，線路上を移動する列車が津波から守るべき対象となり，どの場所で津波に遭遇

するのか特定できないといった，他の事業者にはない固有の課題を抱えている。本章では東日本大震災よりも前にさかのぼって，鉄道における津波被災歴や避難体制構築の歴史を振り返り，東日本大震災以降に進められている津波対策の妥当性と弱点を考察する。

2　意外に少ない自然災害による鉄道の死亡事故

　多くの鉄道事業者が定める「安全綱領」(**表8-1**) の第1に「安全は輸送業務の最大の使命である」と書かれていることからもわかるように，安全は鉄道事業において最も重要な事柄である。この安全綱領は1951年4月24日に京浜東北線の桜木町駅構内で発生した列車火災事故（106人死亡・92人負傷）を契機に当時の国鉄が制定したものである。その後に発生した大きな鉄道事故には，1962年三河島事故（160人死亡・296人負傷），1963年鶴見事故（161人死亡・120人負傷），1991年信楽高原鉄道列車衝突事故（42人死亡・614人負傷），2005年福知山線脱線事故（107人死亡・562人負傷）などがあるが，いずれも人為的な原因や，人為的な要因と車両または信号システムの弱点が複合したことによる事故である。鉄道事業の安全を脅かす原因のかなりの部分は人間に起因するものであり，それゆえ安全対策の重点はヒューマンエラー防止や，二次災害の防止などに置かれていた。

　しかし，事故・災害は，人為的な原因によるものだけではない。日本列島は台風，大雨，地震，火山噴火といった自然災害が多発する環境にあり，鉄道の安全・安定輸送のためにも自然災害への備えが不可欠である。鉄道が被害を受ける自然災害は様々な形態をとり，①降雨による土砂崩壊・土石流など，②風化による岩盤崩壊・落石など，③風による脱線転覆・倒木など，④雪氷による雪崩，⑤波浪による洗掘，⑥地震による高架橋などの破壊および脱線，といった災害事例がこれまでに記録されている（鉄道総合技術研究所鉄道技術推進センター，2012）。鉄道は多くの市民が日常的に利用する交通機関であり，雨や強風による運休・遅れを経験する機会も少なくないので，鉄道にとって自然災害対策が重要であることは市民でも容易に理解できる。

表8-1　国鉄が定めた安全綱領

> 1．安全は輸送業務の最大の使命である。
> 2．安全の確保は規定の遵守及び執務の厳正から始まり不断の修練によって築き上げられる。
> 3．確認の励行と連絡の徹底は安全の確保に最も大切である。
> 4．安全の確保のためには職責をこえて一致協力しなければならない。
> 5．疑わしい時は手落ちなく考えて最も安全と認められるみちを採らなければならない。

(出所)　JR東海安全報告書 (2014)。

　ところが自然災害によって鉄道で死亡事故が発生した事例は非常に少ない。1964年以降，現在までの約50年間で鉄道において死亡事故が発生した自然災害の事例は4件で，そのうち2件は雨災害によるもの，2件は風災害によるものである（日本鉄道運転協会，2013）。

　雨災害は1980年8月6日に山形県の奥羽本線大滝駅で発生した土石流による災害（乗客1人死亡，11人負傷）と，1985年7月11日に石川県の能登線古君駅・鵜川駅間で発生した長雨による盛土崩壊（雨が上がってから6時間経過してからの盛土崩壊のため「遅れ破壊」と呼ばれる）（乗客7人死亡，29人負傷）である。

　風災害は1986年12月28日に兵庫県の山陰本線余部鉄橋で発生した列車転落（乗員1人・地域住民5人死亡，6人負傷）と，2005年12月25日に山形県の羽越本線北余目駅・砂越駅間の盛土区間で発生した列車転落（乗客5人死亡，33人負傷）である。

　鉄道以外に目を向ければ，1964年からの約50年の間，雨災害を中心とした自然災害によって毎年数十人から数百人の死者が日本国内で発生しており（内閣府，2014），鉄道の被害の少なさは顕著である。これは過去の事故や災害の事例を詳細に検討して，その後の対策に着実に取り組んできた成果である。各鉄道事業者は橋や盛土の補強といった事前対策，雨量計や風速計を用いたリアルタイムの観測による運転規制，マニュアル整備や備蓄品の配備による事後対策を進め，自然災害による影響を可能な限り小さくする対策を進めてきた。

　もう1点注目されるのが，本章で扱う津波と，その原因となる地震による死亡災害の事例が鉄道では見当たらないことである。地震によって乗客などの死亡が発生した事故は1948年6月28日の福井地震までさかのぼる。この時は脱

線転覆した貨物列車に便乗にしていた職員1名が亡くなっている。それ以前にさかのぼっても，1923年9月1日に発生した関東大震災の際に117名の旅客が亡くなったことが注目されるが，それ以外の記録は見当たらない。関東大震災で死者が出たのは，熱海線根府川駅で列車が大規模斜面崩壊に巻き込まれて105人の乗客が亡くなった例，東海道本線の平塚駅・大磯駅間で盛土崩壊区間に列車が進入し8人の乗客が亡くなった例，横須賀線の逗子駅・田浦駅間で斜面が崩壊して流れ込んだ土砂に乗り上げて3人の乗客が亡くなった例，常磐線東信号所で線路のゆがみで脱線した列車の乗客1人が亡くなった例が記録されている。関東大震災では相模湾沿岸に津波が襲来し，静岡県の熱海や伊東の市街地では被害も出ているが，鉄道には被害の記録が残されていない。

平成時代になってから発生した1995年阪神・淡路大震災では，阪急伊丹駅が倒壊し駅構内に入っていた派出所の警察官1人が亡くなったが，JR，私鉄とも乗客・乗員の死者はいない。2004年新潟県中越地震では上越新幹線とき325号が走行中に脱線するという事故が起きているが，乗客・乗員に死者・負傷者は出ていない。

3　東日本大震災以前に鉄道が受けた津波災害

日本の鉄道が津波被害を受けた明瞭な記録が残る事例は，1944年東南海地震，1946年南海地震，1960年チリ地震津波の三つである。

第二次世界大戦末期の1944年12月7日午後1時36分に発生した東南海地震では紀伊半島から静岡県遠州地方にかけて死者・不明者1223名，家屋全壊1万7611戸，半壊3万6565戸，流失3129戸，焼失213戸と大きな被害が出た。鉄道においても，静岡県下の東海道本線袋井駅・磐田駅間において盛土崩壊によって貨物列車が脱線転覆した被害などが発生した（飯田，1977）。

この地震では紀伊半島東海岸に津波が襲来した。紀伊半島を周回する紀勢本線は，まだ全線開通していない時代で，相可口駅（現・多気駅）・尾鷲駅間の紀勢東線と，紀伊木本駅（現・熊野市駅）と和歌山駅（現・紀和駅）の紀勢西線に分かれていた。このうち紀勢西線の那智駅で停車中の列車が被害を受けている。

これが鉄道において津波による被災記録が残るもっとも古い例である。

　東南海地震の直後に当時の東京帝国大学地震研究所は地域ごとに所員を分担させて現地調査を実施しており，和歌山県と三重県の海岸は表俊一郎助教授（後に九州大学教授などを歴任，2002年逝去）が担当した。その報告の中で表助教授は那智駅の津波被災列車について触れている。那智駅の隣にある紀伊天満駅の駅長が詳細な目撃証言を語り，表氏は鉄道運行の要である「時間の正確さ」に注目して，津波の到来時間を推定している（表，1948）。以下に該当部分を引用する。

　「13時35分に新宮方向に地鳴をきき地震を感じた。38分迄強震がつづいた。しばらくして駅から見て水平線と海岸との40％位手前の所で海が1m位高くなつてゐるのに気づき津浪の来襲を知つた。此の時は既に当天満駅を13時43分に発車した列車が那智駅構内に停車してゐた故津浪の来襲を気付いたのは46分であると思ふ。来襲してくる津浪の前面は白波が巻込むやうにして進んでくるやうに思つたがやがて海岸に上陸し浪の高さも2〜3mに上り駅の前面60m許りの所にある堤防（高さ3m）を1mの高さで乗越えた。之と殆ど同時に線路が浸水してゐた。次で堤防を2mの浪が越え，之で堤防3ケ所欠潰した。その直後堤防の上に植ゑてある松（高さ10m）の梢のみ波の上に現れてゐるのを認めた。そのときの家内の浸水1尺位であつたが間もなく大きな浪がグーッと上り大きな浪の壁がきたので避難した」。

　津浪来襲の時刻については「列車が丁度那智駅に到着した時ではなく，既に到着して那智駅で旅客を全部避難させた後であるので46分よりは後，恐らくは5分位は経過してゐたであらうと思はれるので50分頃とするのが至当かも知れない。さうするとほぼ15分して津浪がきたこととなる」と表氏は推定している。

　紀伊半島南端付近では地震の揺れは比較的弱く，潮岬測候所で観測された震度は4である。そのため列車は地震の揺れによって停止することなく，時刻表どおりに紀伊天満駅に停車して13時43分に那智駅へ向かって出発したと読む

ことができる。那智駅と紀伊天満駅の間は880mしか離れておらず，両駅とも海に近接していることもあって見通しはよい。また標高は那智駅4m，紀伊天満駅2mといずれも低い。これだけの条件を見れば津波災害に対しての悪条件が重なっているが，那智駅は駅から150m程度のところに山があり避難のためには悪くない場所にあった。それにより，津波からの避難誘導が迅速に行われている。

　東南海地震の2年後，1946年12月21日に四国沖を震源域とする南海地震が発生している。被害は和歌山県南部，徳島県，高知県を中心に死者・不明者1330名，家屋全壊1万1591戸，半壊2万3487戸，流失1451戸，焼失2598戸と大きく，沿岸部では津波による被害も大きい。高知県の土讃本線須崎駅では駅に停泊中の列車が浸水し，駅付近の盛土が流出した。だが地震発生時刻が午前4時19分という早朝であったため，運行中の列車の被害は記録されていない。

　1960年チリ津波では北海道の根室本線釧路駅付近から，四国の土讃本線須崎駅付近まで太平洋沿岸の10線区23区間が不通になる被害を受けている（日本鉄道施設協会，2006）。被害は三陸海岸を通る山田線，大船渡線に集中し，枕木やレールを支える路盤が流出した。特に大船渡線の陸前高田駅から大船渡駅の区間は被害が大きく，運行再開までに1か月近くを要している。

　チリ津波が日本列島に襲来したのは5月24日の午前4時30分から6時頃という朝早い時間であった。遠地で発生したM9.5という超巨大地震によって引き起こされた津波のため地震の揺れは感じられず，遠地津波に対応した津波警報の仕組みができる前のことであったので公的機関からの津波警報もなかった。「就寝時間に襲来」「警報なし」と条件の悪い中での津波災害であったが，三陸沿岸の路線は始発列車の前であったことは鉄道においては幸運であった。乗客および列車には被害はなかった。

　20世紀後半に日本で発生した被害地震の中で，1983年日本海中部地震と1993年北海道南西沖地震の2地震は津波によって100人以上の犠牲者が出た地震として知られているが，鉄道においては地震動による盛土被害の記録はあるが津波被害の記録はない。それゆえ雑誌『鉄道土木』に代表される鉄道防災

の世界では，この二つの地震は津波災害をもたらした地震であるという認識は薄い．

また三陸海岸沿岸に極めて大きな被害をもたらした1896年明治三陸津波，1933年昭和三陸津波が発生したのは三陸海岸に鉄道がひかれる前のことである．

以上，東日本大震災以前に鉄道が受けた津波被害は極めて少数にとどまることがわかる．運行中の列車が被害を受けた例は1944年東南海地震の1例にとどまり，しかも，この地震は第二次世界大戦末期に発生したために事例分析や教訓の共有が不十分であった．鉄道事業が「経験を重視する」傾向があることは，内部で働く技術者らがたびたび強調することである．このことは被害を受けたことを重く受け止めて，二度と発生させないという点ではよい結果をもたらすことが多い．しかし未経験の災害を想像して備えることを苦手とする傾向につながる．それゆえ，2011年東日本大震災よりも前から津波対策を積極的に進めていた路線はJR西日本の紀勢本線などごく限られたものであった．

4　東日本大震災で鉄道が受けた津波被害

2011年3月11日に発生した東日本大震災は，14時46分という昼間の時間帯に地震が発生したため，多くの列車が地震の強い揺れとその後に襲来した津波に襲われている．表8-2に示すように10本以上の列車が津波の被害を受けた．

列車が津波に遭遇する状況は，①駅に停車中の場合，②駅間を走行中の場合，の二つに大きく分けることができる．東日本大震災の例では，新地駅で津波被害にあった常磐線244M列車や津軽石駅で被害を受けた山田線1647D列車が前者に当たり，気仙沼線2942D列車や仙石線1426S列車および3353S列車などが後者に当たる．

地方の鉄道では無人駅が非常に多くなっているが，駅には公的機関の窓口機能が付与されている場合もあるので地元の人が居ることが多い．それゆえ，その人たちを通じて最寄りの避難場所の情報を得やすい環境にある．またホーム

第**8**章　鉄道における津波避難の課題

表 8-2　東日本大震災による主な津波被災列車一覧

会社名	路線名	列車番号	走行区間	被災状況
JR 東日本	山田線	1647D	津軽石駅停車中	車両流出・脱線。
JR 東日本	大船渡線	338D	大船渡・下船渡	地震後自力走行で高台へ。床下浸水。
JR 東日本	大船渡線	333D	盛駅停車中	床下浸水。
JR 東日本	気仙沼線	2942D	松岩・最知	車両流出・大破。
JR 東日本	石巻線	1639D	女川駅停車中	車両流出・大破。
JR 東日本	仙石線	1426S	野蒜・東名	車両流出・大破。
JR 東日本	仙石線	3353S	野蒜・陸前小野	山裾の高台で停車し被害を免れる。
JR 東日本	常磐線	244M	新地駅停車中	車両流出・大破。
JR 貨物	常磐線	92	浜吉田・山下	コンテナ貨物車流出・大破。機関車は水没。
三陸鉄道	北リアス線	116D	白井海岸・普代	高台走行中。被害なし。
三陸鉄道	南リアス線	215D	吉浜・唐丹	高台のトンネル内で停止。被害なし。

（出所）　今尾（2011）に基づいて作成。

に停車していることから，列車からの降車は容易であり，駅には道路がつながっているので避難経路も明確である。

　一方，列車の停止位置が駅間だった場合には，その地点における津波災害の危険度に関する情報や最寄りの避難場所についての情報が乏しく，地理に不案内な乗務員には適切な避難先の判断は難しい。さらに列車から脱出する際に「はしご」を使わねばならず，鉄道敷地外への脱出も踏切などの限られた場所に制限される。つまり駅で被災した場合にくらべて格段に避難誘導が難しくなる。駅間での津波遭遇は避難誘導上の難しい課題が多く，東日本大震災以前には日本国内では被災事例もない。

　津波避難誘導の課題を明らかにするため，東日本大震災において駅間で津波に遭遇した列車の避難誘導状況と駅で津波に遭遇した列車の避難誘導状況を紹介する。

　仙石線上り 1426S 列車（仙台行）は，野蒜駅を出発して 700m くらいの場所で地震警報と自動連動した防護無線を受信して停止した（その後，この地域は停電したので列車は自力では動けなくなった）。4 両編成の列車には運転士 1 名，車掌 1 名で乗客は 50 名程度が乗車していた。停止直後の段階では仙台にある指令所との列車無線は使え，地震後しばらくしてから「大津波の情報が入りま

した。皆さん全員，1両目の方にすぐに移動して，降りてください」という車内放送があったという。その後，近くの避難場所である野蒜小学校へ乗客を誘導するが，その誘導過程ははっきりしない。新聞の報道では「仙台の指令所が野蒜小学校へ避難誘導した」と記されているが（『河北新報』2011年5月21日），当該列車の乗客であった鈴木幸子氏の証言（今尾，2011）によると車掌が「どなたか，この近くにある避難所を知りませんか」と乗客に聞いて野蒜小学校へ誘導したと記されている。

　この列車から1km程度離れた場所で停止した下り3353S列車（石巻行）では，運転士が指令からの無線指示を受けて1kmあまり離れた野蒜小学校への誘導を一度は決めた。はしごを使って乗客を列車から降ろしはじめたが，地元に住む元消防団員の乗客から，現在，停止している位置が高台であり，津波に対しては野蒜小学校よりも安全性が高いので留まるべきであることを助言され，最終的には指令の指示には従わずに高台に留まることを選択している。この選択は正しく，3353S列車が停止した前後の区間は津波で浸水し，避難先として指定された野蒜小学校も浸水したが，この列車は津波被害を受けることを免れた。その後，乗客は一晩を車内で過ごし，翌日に消防等の協力を得て地域の避難所へ移動した（芦原，2014）。

　常磐線の新地駅で津波被害にあった上り244M列車（原ノ町行）には小説家の綾瀬まる氏が乗客として乗車しており，地震後の乗務員や乗客の様子と避難プロセスが乗客の視点で記録されている（綾瀬，2012）。非常に強い地震の揺れに見舞われたが，列車は横転するような被害は受けていない。車内の乗客は携帯電話の音声通信，メール，ワンセグを通じて，地震についての情報を集めつつ，列車の復旧を待っていたという。津波についての話題も乗客同士の間で出て，この駅が海岸から極めて近い位置に所在していることも乗客の中では認識される。しかし車掌に今後の見通しを確認しても指令所からは待機の指示ばかりで，復旧の見通しについての情報は得られない。他の乗客は車内で待機して指示を待っていたが，綾瀬氏は他の乗客とは別行動をとり，乗り合わせた女性と2人で列車を離れ，歩いて相馬市へ向かい始めた。その後，コンビニに寄って買い物をして，国道6号線をしばらく歩いたところで津波が襲来し，高台に

駆け上がって難を逃れた。

　一方，列車に残った乗客は，一般の乗客として乗り合わせていた2人の警察官に誘導されて安全な場所まで避難して津波被害にあわずにすんでいる。警察官は乗務員に避難誘導を申し出て，地震から15分が経過した頃に避難を開始している。それまでの時間，運転士，車掌らは列車無線や携帯電話などを使って輸送指令に指示を仰いでいるが，適切な指示を得ることはできていない（東日本旅客鉄道労働組合，2012）。乗客の避難誘導を警察官にまかせたあと，乗務員は停電時のマニュアルに従ってバッテリーの放電防止や列車の転動防止といった措置をしており，津波襲来に備えた避難は優先せず，通常の停電時の取り扱いに忠実に従っている。その結果，津波襲来を目視してから避難を開始する事態となり，ホームにかかっていた跨線橋の上へ避難してぎりぎりのところで難を逃れている。乗客，乗務員の避難にいたるまでの状況はこのようにいくつかに分かれているが，この列車に関係していた人の中からは1人の犠牲者も出ていない。

　ここで紹介した三つの列車の避難誘導状況からわかることは，指令所が列車無線を通じて乗務員に指示を出し，その指示に従って乗務員が動くというマニュアルが機能していないことである。事故や車両故障に対処するノウハウは指令所に集約されており，平常時や通常の事故時であれば指令所の判断は多くの場合，間違いはない。そして，指令所の指示を伝える列車無線にトラブルが起こることもまずない。だが，同時多発的に広範囲が被害を受ける巨大地震・津波では，指令所が短時間で各列車の状況を把握し，適切な指示を出すことは現実的には不可能であった。

　指令所が頼りにならない状況では，各列車の乗務員が適切に判断するための情報が重要となる。しかし，乗務員は指令所との通信確保に時間を使ってしまい，その他の情報源を探る時間的な余裕がなかった。また乗務員は列車運行についてはプロだが，地震や津波についての知識や，沿線の防災施設についての知識が一般の乗客に比べて多いわけでもない。乗務員が列車無線にかかりっきりになっている間に，一般の乗客はスマートフォンやワンセグといった機器を通じて津波や地震についての情報を集約し，乗務員よりも多くの情報を得てい

る状況が生じている。また，地元の乗客の中には，地域の防災施設や地形などに精通しているものもいて，それらの情報が避難誘導を行う際に大変有効であった。つまり，ある段階で指令所に見切りをつけ，乗客や地域住民の助言に乗務員が従ったことが被害軽減につながっている。

5 津波にどのように備えるか（1）：東日本大震災以前の取り組み

　東日本大震災以前に津波避難対策を積極的が進められていたのは，紀伊半島を周回する紀勢本線であった。この沿線は南海トラフで発生するM8クラス以上の大地震によって繰り返し津波被害を受けており，日本の中では三陸海岸と並んで津波への備えが必要な地域である。中央防災会議も「東南海，南海地震等に関する専門調査会」を2001年に設置して地震・津波対策を進めてきた。それを受けて紀勢本線が走る和歌山県，三重県も防災対策に力を入れていた。

　紀勢本線の西半分を担当するJR西日本和歌山支社では，東日本大震災が起こる4年前の2007年から津波避難対策に着手している。具体的には，まず，2007年12月に和歌山県が実施した津波被害想定のデータを活用して乗務員携帯用の津波ハザードマップを作成し，全ての乗務員が携帯するようになった。次いで2008年4月には津波対応マニュアル（津波警報発令時対処要領）が制定された。そして2009年5月に沿線の津波浸水が予想される区間に津波避難標を設置している。

　津波避難標には4種類の標識が用意されている。「浸水区間起点標」「浸水区間終点標」は予想される津波浸水深が50cmになる場所の起点および終点に設置されている。「避難方向矢印標」は線路外出口（鉄道用地からの出口）または線路延長方向の津波浸水予想区域外へ誘導する標識として設置される。「線路外出口標」は線路外への出口を示すとともに，その場所の最寄りの避難箇所への誘導を示すものである。

　図8-1は先頭車両から見た同社の津波避難標の設置状況である。一番手前の電柱に「浸水区間起点標」が設置されている。その上にはオレンジ色の地に緑色の矢印を描いた「避難方向矢印標」が設置されている。ここでは矢印は線

第8章　鉄道における津波避難の課題

図8-1　JR西日本が紀勢本線に設置している津波避難誘導標識
(出所)　著者撮影。

路の進行方向前方を指している。矢印が示す方向へ進んでいくと4本目の電化柱に「線路外出口標」が掲示されており，この場所で線路外へ出られることを教えると同時に，避難場所の方向や距離についての情報が書かれている。

避難方向矢印標は単に方向を示すのみで文字情報は一切ない。標識を見ただけでは何の方向を示しているのか一般の市民にはわからない。しかし標識の意味が秘密にされているわけではなく，主要駅には津波避難誘導についての説明とともに，この標識が示す内容が説明されていた。なお，この標識は東日本大震災後の2013年度に見直され，2014年3月末までに「波」のイラストが入った一般の市民にわかりやすいものへ更新された。

線路外出口標には津波避難を意味するピクトグラムとともに避難施設名とその場所までの距離が示されている。避難場所が施設という形では指定されず，付近の高いところへの避難を誘導する線路外出口標も存在する。中には自治体と協力して避難誘導標識を設置している区間もあり，鉄道用地を出たところに津波一時避難場所への誘導看板を自治体が設定している場所もある。地域住民の避難と鉄道旅客の避難を一体的に扱う対策が進められており，これはJRと

沿線自治体とが日頃から防災連携していることの証である。

　線路内（鉄道用地内）から外に出るには，段差や柵があって難しい区間が長く続く場所も存在する。例えば海岸線に沿ったところに線路が敷かれ，そこから一段高くなったところに道路を敷設するような場合である。このような場所では線路外の道路へ出られれば，その近くに避難場所となる高台が存在する場合が多いのだが，鉄道と道路の間に容易には超えられない2m以上の段差がある場合が多い。線路方向へ避難をすると，短い距離では標高差をかせげず，津波からの避難という意味では無意味であり，できるだけ早く線路から脱出しなければならない。

　そこでJR西日本では図8-2に示すような避難階段を設けている場所がある。この写真の場所では道路のガードレールには手を加えずに，上をまたぐ形で避難通路が整備されている。線路側の階段部分は常設し，道路側へ降りる階段部分は線路内に分解して置かれていて，実際に避難する事態となった時に，この組立部分を道路側へと降ろして階段状に組み立てることになる。

　平常時の事故防止の観点に立てば，踏切をはじめとした簡単に鉄道用地内へ立ち入りできる箇所はない方が望ましい。一方で，津波避難のことを考えると，できるだけ早く鉄道用地から脱出し，近くにある高台へ避難できる環境を整備することが重要になる。図8-2に示した避難階段などはその一例となる。紀伊半島南部の自治体が整備した避難場所の中には，踏切のない場所で線路を横断するルートを前提にしたところも見受けられる。大きな地震が起き津波の危険性がある時には，このようなルートを使ってでも，できるだけ早く高台へ避難すべきであるが，平常時から，踏切のない場所を市民が通行する習慣が定着してしまうと列車との接触事故の可能性が高まってしまう。平常時の安全確保と迅速な津波避難ルートの両立は相容れない面があり，最終的には沿線住民の意識向上とモラルの維持に期待するしかない部分がある。

　JR西日本の津波避難誘導の取り組みは紀勢本線の東半分を担当するJR東海にも影響を与え，同社も東日本大震災以前から，ハザードマップの作成や沿線への津波避難誘導標の設置を進めた。しかし東日本大震災で被害を受けた三陸海岸をはじめとした他の地方の鉄道には，沿線への津波避難誘導標の設置と

第8章　鉄道における津波避難の課題

図8-2　紀勢本線に設置されている避難階段
（出所）　著者撮影。

いった津波避難対策が広まることはなかった。

　乗務員がハザードマップを携帯していれば、指令所との通信連絡がとれなくとも、乗務員は避難誘導を実行できる。さらに、一般乗客が見てもわかる津波避難誘導標識を沿線に設置することで、たとえ乗務員のサポートがなくても、一般乗客だけで避難場所へたどりつくことができる。これは、東日本大震災による津波避難誘導の実態を見ても、迅速な避難に有効な対策であり先進的な取り組みであったと評価できる。

6　津波にどのように備えるか（2）：東日本大震災以後の取り組み

　東日本大震災で大きな津波被害を受けたJR東日本では、その後、いくつかの津波対策を進めた。まず2012年1月に「津波避難行動心得」を制定した（表8-3）。

　この心得は「自ら」が繰り返し強調されているのが特徴で、乗務員の自主性を重んじたものとなっている。東日本大震災において避難誘導に成功した事例

第Ⅱ部　災害予防のためのリスク管理

表 8-3　JR 東日本が定めた津波避難行動心得

1. 大地震が発生した場合は津波を想起し，自ら情報を取り，他と連絡がとれなければ自ら避難の判断をする。
2. 避難を決めたら，お客さまの状況等を見極めたうえで，速やかな避難誘導をおこなう。
3. 降車・避難・情報収集にあたっては，お客さま・地域の方々に協力を求める。
4. 避難したあとも，「ここなら大丈夫だろう」と油断せず，より高所へ逃げる。
5. 自らもお客さまと共に避難し，津波警報が解除されるまで現地・現車に戻らない。

を分析した結果であり，それまでの鉄道事業が指令所からの指示を過度に重んじていたことの反省ともいえる。

　第 2 節の冒頭で取り上げた，国鉄時代に制定された「安全綱領」の第 5 は「疑わしいときは手落ちなく考えて最も安全と認められるみちを採らなければならない」であった。しかし国鉄の分割民営化後に，JR 東日本はこの条項の一部を変更して「疑わしいときは，最も安全と認められるみちを採らなければならない」というものにした。「手落ちなく考えて」の部分が差別的に読めることが変更の理由であったが，同時に「考える」ことも放棄したような条項になってしまった。実際，非常事態が起きない限りは，マニュアルに従って行動することで安全が確保され，自ら考えることを重んじる理由はない。しかし，東日本大震災のような真の非常事態に対処するためには，自ら「考える」社員が必要になってくる。

　JR 東日本では 2012 年 3 月に「安全綱領」の改正も行い，第 5 条は「疑わしいときは，あわてず，自ら考えて，最も安全と認められるみちを採らなければならない」と変更された。ここでも津波避難行動心得と同じく「自ら」が強調された形になっている。

　津波によって橋や盛土が流される大きな被害を受けた路線は，JR 東日本では北から，八戸線，山田線，大船渡線，気仙沼線，石巻線，仙石線，常磐線の 7 路線である。このうちで最も早く全線復旧したのは 2012 年 3 月に復旧した八戸線である。津波避難行動心得が制定され，安全綱領が改正されたのとほぼ同時の時期に当たる。

　八戸線の津波対策は沿線施設，車両など多方面に及んでおり，現在の日本で最も高いレベルにある。後述する国土交通省のマニュアルにおいても見本例と

して紹介されている．

　まず，車両には「津波警報が発令された場合のお願い」というポスターが貼られており，車両からの降車方法や線路上の標識の意味などが解説されている（図8-3）．そして車内の誰でも見える網棚の上には降車用の緊急避難梯子が置かれており，その下には組立方法の説明も貼られている．乗客は乗務員からの簡単な指示で，はしごを組み立てて車両から降車できる体制ができている．

　沿線の津波浸水の可能性がある区間が指定され，始端および終端には標識がつけられている．沿線には72箇所もの津波避難口を整備し，誘導看板が密に設置されている．線路が海と急斜面にはさまれた狭い区間を通る場所では，急斜面を円滑に昇れるように手すりのついた階段による避難口も設置されている（図8-4）．設置から2年以上が経過した2014年6月の時点でもメンテナンスがなされており，避難階段は草むらの中に埋もれておらず機能を維持した状態になっていた．

　ところが八戸線の高いレベルの津波避難対策が他の復旧路線へも水平展開されているわけではない．東日本大震災で大きな被害を受けた八戸線以外の6線のうち，石巻線，仙石線，常磐線の3線は，常磐線の福島第一原子力発電所の事故による避難指示区域を除いて復旧工事が進められ運行区間が徐々に延伸している．この再開区間で運行されている車両には，八戸線で設置されている「津波警報が発令された場合のお願い」という案内も，避難用梯子も見られない．

　津波浸水の可能性がある区間は指定され，その始端および終端には標識がつけられていることは現地で確認できる．駅の掲示には最寄りの避難場所への誘導経路が示されている．しかし駅間の避難口の新設は積極的には広報されておらず，現地調査で沿線を見る限りは確認できない．

　八戸線では乗客にも津波避難において積極的に関与することを求めていたが，その後に復旧が進んでいる3路線では「乗務員が誘導する」という建前が前面に出て，乗客は支援される側という位置づけに後退したようにも見える．常磐線では乗務員用の情報タブレット端末にGNSS（GPS）と連動した「津波避難誘導支援システム」を導入して積極的に広報しているが（JR東日本水戸支社，

第Ⅱ部　災害予防のためのリスク管理

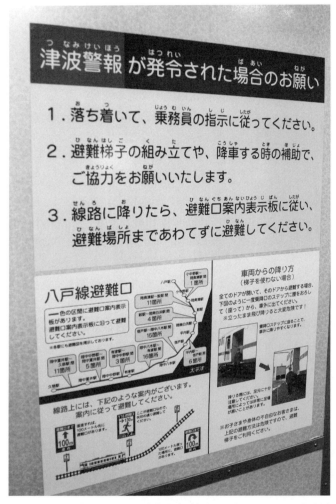

図8-3　八戸線の津波避難誘導対策（車内に設置されている津波避難誘導の案内）
（出所）著者撮影．

第8章　鉄道における津波避難の課題

図8-4　JR東日本八戸線の津波避難誘導対策（沿線に設置された避難誘導標識と避難経路となる階段）
（出所）著者撮影。

2014)，これは乗務員が避難誘導し，その状況を指令所が集約するという東日本大震災以前の建前に強くこだわった対策といえる。

　常磐線は上野駅（東京）といわき駅の間に1時間に1本，10両編成の特急列車が運行されている路線であり，旅客数，列車運転本数とも多い。津波避難誘導を行う事態になった時，1人の乗務員が担当する旅客は八戸線よりも格段に多く，土地勘のない観光客やビジネス客の比率も高い。このような路線にこそ，乗務員の誘導に過度の期待をせず，乗客自らが避難できる体制が必要であるが現実は逆である。常磐線の旅客は，日常的に列車に乗っている限りは「自分自身が主体的に津波避難をする」という意識が高まる「しかけ」はなく，その避難を支援するための梯子や避難口も未整備である。

　なお，大きな被害を受けた7線の残り3線のうち，大船渡線，気仙沼線の2線は鉄道による復旧は先送りし，BRTと呼ばれるバス専用道路を含んだ新しいバス輸送システムで仮復旧が図られた。また山田線は地元との協議に時間がかかり，2014年10月現在復旧していない。

7　実効的な津波避難誘導の実現に向けて

　東日本大震災における津波災害の大きさと，鉄道における避難誘導成功事例を踏まえて，国土交通省では2011年4月27日から2013年2月13日まで6回にわたって「津波発生時における鉄道旅客の安全確保に関する協議会」を設置して，各鉄道事業者の対応状況や得られた教訓をまとめ，今後の鉄道における津波への課題と対応方針などが検討された。

　2012年2月15日に行われた第4回協議会では「浸水の可能性がある区間で停止した場合の迅速な避難方法」についての検討が行われているが，そこで示されたイメージ図にはJR西日本が紀勢本線で整備した避難誘導標識，避難方向矢印標が紀勢本線を走る105系電車とともに描かれている。このような資料からも，この会議における津波避難誘導はJR西日本が東日本大震災以前から先進的に進めてきた津波避難対策がお手本となっていることがわかる。

　最終的な検討結果は「津波発生時における鉄道旅客の安全確保に関する協議会報告書」としてまとめられ，2013年2月に公表された（津波発生時における鉄道旅客の安全確保に関する協議会，2013）。この報告書では安全確保のための課題を以下の13項目に整理している。

　　浸水の可能性がある区間の指定
　　避難場所の選定，見直し
　　津波警報等発表情報収集用テレビ等の停電対策
　　通信が途絶した場合の対策
　　通信が途絶した場合の避難
　　浸水の可能性がある区間に停止した場合の列車の乗客の迅速な避難
　　駅間停止した列車からの迅速な降車
　　夜間における避難
　　移動制約者等の対応
　　駅の旅客等への対応

第**8**章　鉄道における津波避難の課題

避難誘導時の自治体職員等との協力
マニュアル等の整備
マニュアル等に基づく教育・訓練の実施

　ここに示された課題は津波避難誘導対策を検討した会社がいずれも直面したものである。通信途絶対策として車両に携帯ラジオを搭載する，指令の指示に従わずに判断できるマニュアル（津波避難行動心得）を整備するといった項目は，とりあえずの具体策が出され実現している。一方，移動制約者等への対応や，浸水の可能性がある区間に停止した場合の列車の乗客の迅速な避難などは，現時点では有効な対策は提案されていない。教育・訓練の実施など，今後の継続的な取り組み，改良が必要な項目もある。

　検討会では「地震により停止後，安全確保を前提に安全な場所まで車両で移動」という考えも提示されている。これは地震の揺れなどを感知して一度停止したあと，乗務員の判断で列車を安全な場所まで移動させることを意味する。多数の乗客を短時間で避難させるためには，列車ごと移動させるのが最も効率的である。東日本大震災でも，そのような場所に停止して被災した列車がある。

　しかし通常の地震時の取り扱いでは，一定以上の強い揺れが地震計で観測された場合は橋や盛土などが被害を受けている可能性があるので，土木系の技術者などによる点検を経てからしか運転再開はできない。運転席から目で見ただけではわからない重大な被害が橋の下部などに発生している可能性もある。万一，そのような被災区間上を列車が走行した場合には脱線・転覆等の重大な被害を引き起こす可能性があるので，点検をする前に列車を動かすという判断はかなり大胆なものである。

　東日本大震災は比較的短い周期の地震動が卓越していたという揺れの性質から震度6強，震度7であっても，橋や盛土の被害は比較的軽微であった。この傾向は津波被害が大きかった岩手県，宮城県で顕著である。また発生時刻が昼間であったので，線路の状況を目視で確認することもできた。さらに東北地方の路線では電化されていない区間も多く，その場合には自車に燃料を積んでいるディーゼルカーで運行されていた。ディーゼルカーは停電しても動ける強み

がある。

　電化された電車で運行されている区間で津波避難が必要となった区間は，東日本大震災ではほぼ全区間が停電しており，停止後に乗務員の自主判断で列車を動かすことは不可能であった。第4節で紹介した石巻線，常磐線の列車は全て電車であり，停電して動けなくなっている。列車の本数が多く，旅客の多い路線ほど電化されている傾向にあり，そのような路線でこそ，短時間で多くの旅客を移動できるこの対策への期待は大きいが，現実にはこの対策はローカル線ほど実現可能性が高い。また地震発生が夜間であったり，目視点検が難しい区間では，点検前の列車走行は難しく，かなり限られた条件でのみ活用できる対策と考えておかねばならない。

　なお，近年の技術革新により，軽量で大容量のバッテリーが普及しはじめている。それを搭載した電車の開発が進められており，JR東日本の烏山線やJR西日本の紀勢本線などで試験運用や観光特別列車として使われている。このような車両であれば，停電時でも自主判断で動ける可能性はあるので，車両についての制約条件は近い将来なくなるかもしれない。

　鉄道の安全部門では「ハインリッヒの法則」の考え方が広く受け入れられている。これは規模の大きい事故，中規模の事故，軽微なヒヤリ・ハットの発生件数は常に1：29：300程度になるというものである。そして，この概念を応用して，規模の大きい事故を減らすために，中規模の事故やヒヤリ・ハットを減らす対策を進めることが有効であると考えて安全対策を推進している。

　ところが，ハインリッヒの法則を自然災害の分野に適用しても，必ずしもうまくいかない場合がある。それは高頻度の小規模災害時に問題になることと，超低頻度の大規模災害時に問題になることの中身が違うからである。高頻度の災害はマニュアルの整備，指令所への情報の集約，通信を通じた適切な指示で対応することができる。しかし大規模津波のような超低頻度な大規模災害では，このシナリオは全く機能しない。むしろ，小規模災害対策のために「自ら考えない」ことに慣れてしまっていることが，災害の規模を大きくする要因になりかねない。その点からも「自ら考える」ことを重んじた，「津波避難行動心得」の精神を受け継いでいくことは非常に重要である。

すでに津波避難行動心得の精神から見て疑問に感じることも起き始めている。震災後最初に復旧した八戸線では，現場で判断し，乗客の協力も得て，現地の判断を最大限にいかせる避難経路の整備が対策の中心であった。しかし震災から3年後に常磐線に導入された津波避難誘導支援システムでは乗務員への避難誘導情報提供と，対策本部（指令所）への情報集約に重点が置かれており，車両からの円滑な脱出，最寄りの高台への迅速な避難ルート整備という視点は乏しい。次の大震災・大津波の際にも，東日本大震災と同じように鉄道の乗客・乗務員が全員逃げきるための「まともな対策」を長期にわたって積み重ねる努力が求められている。

[謝辞] 本研究の一部は，関西大学平成23年度東日本大震災からの復興に関する研究助成金において，研究課題「鉄道の津波避難事前計画と緊急対応の検証——東日本大震災から学び南海地震に備える」として研究費を受け，その成果を公表するものである。

参考文献

芦原伸『被災鉄道 復興への道』講談社，2014年。
綾瀬まる『暗い夜，星を数えて——3・11被災鉄道からの脱出』新潮社，2012年。
飯田汲事『昭和19年12月7日東南海地震の震害と震度分布』愛知県防災会議，1977年。
今尾恵介監修『日本鉄道旅行地図帳 東日本大震災の記録』新潮社，2011年。
表俊一郎「昭和19年12月7日東南海大地震に伴った津浪」『東京大学地震研究所彙報』第24号，1948年，31-67頁。
JR東海「安全報告書」2014年。
JR西日本「東海・東南海・南海地震に備えた地震・津波対策について（平成24年5月23日）」プレスリリース資料（http://www.westjr.co.jp/press/article/2012/05/page_1936.html 2014年10月13日閲覧）。
JR東日本水戸支社「『津波避難誘導システム』の導入について（平成26年3月14日）」プレスリリース資料（http://www.jrmito.com/press/140314/20140314_press01.pdf 2014年10月13日閲覧）。
津波発生時における鉄道旅客の安全確保に関する協議会『津波発生時における鉄道旅客の安全確保に関する協議会報告書』2013年。
鉄道総合技術研究所鉄道技術推進センター『事故に学ぶ鉄道技術（災害編）』鉄道総合技術研究所，2012年。
東北の鉄道震災復興誌編集委員会編『よみがえれ！ みちのくの鉄道——東日本大震災からの復興の軌跡』2012年。

第Ⅱ部　災害予防のためのリスク管理

内閣府編『防災白書（平成26年版）』日経印刷，2014年。
日本鉄道運転協会『重大運転事故記録・資料（復刻版）追補（第二版）』日本鉄道運転協会，2013年。
日本鉄道施設協会『災害から守る・災害に学ぶ——鉄道土木メンテナンス部門の奮闘』2006年。
東日本旅客鉄道労働組合『JR東日本の奇跡を生んだ組合員の声——3.11の教訓』2012年。

第9章

災害時における消防行政の課題
——地域公助・垂直補完・水平補完・共助を中心に——

永田尚三

1　消防行政の役割とその問題

　消防行政は社会安全の維持にとって，極めて重要な行政分野である。平常時は，火災の消火のみならず，火災の予防や再発防止を目的とした火災原因調査，さらには急病者の応急救護や病院搬送も行う。また防災行政の下位行政分野としての側面（以下，「消防防災行政」という）も併せ持ち，災害や事故の被災者の救出活動も行う。特に市町村行政においては，平常時の防災行政の多くの部分を消防本部が担っている。

　大規模自然災害時は，初動体制で被災者の命を助ける救出活動において，消防は極めて重要な役割を果たす。近年は，警察や自衛隊も，大規模自然災害時のレスキュー機能を強化しつつあるが，レスキューに特化した部隊，人員，資材，ノーハウ等の組織資源を保有する消防の存在感は災害救助を行う各種実働部隊の中でも大きい。そして近年は，マルチハザード社会の到来とともに，消防の活動は原子力災害等のNBC災害（主に核，生物，化学物質による特殊災害）への対応や，国家的緊急事態時の武力攻撃災害への対応，国民保護活動にまで広がってきている。

　防災行政はよく後追い行政といわれるが，それは消防行政においても然りである。災害が発生し，初めて問題が認識され改善されるというケースが多い。例えば阪神・淡路大震災では，市町村消防本部間の広域応援のあり方が問題視され，緊急消防援助隊が創設された。また東日本大震災においても，津波で多くの消防施設が機能不全に陥ると同時に，水門の閉鎖作業を行っていった消防団員が多数亡くなる等，津波対策が不十分であるという問題点が新たに明らか

第Ⅱ部　災害予防のためのリスク管理

公助			共助	自助
地域公助	補完体制		圏域補完	
	広域応援			
	垂直補完	水平補完		

図9-1　公助・共助・自助の三層補完モデルのイメージ

になった。それに伴い、津波警報発令時の消防機関の退避ルールの制定や、消防団員の安全管理体制の強化が現在進められている。

このように大規模自然災害・事故等が発生するたびに、消防行政の制度は改善され、消防体制の強化が図られることとなる。しかし阪神・淡路大震災や東日本大震災を経ても、消防行政が長年抱えてきたいくつかの重要な課題が手付かずのまま現在に至っている。それは①中央における消防に精通した人的資源の少なさ、②市町村消防本部間の極めて大きな地域間格差と小規模消防本部の多さ、③消防団の衰退の3点である。これらを公助・共助・自助の三層補完モデル（図9-1）に当てはめるならば、①が地域公助と垂直補完の部分、②が水平補完の部分、③が共助（圏域補完）に関わる問題である。

本研究では、地域公助・公助（垂直補完・水平補完）・共助レベルの現状と課題および消防組織間の関係について分析を行いたい。

2　地域公助の現状と課題

（1）地域公助の地域間格差

まず消防の地域公助から見ていきたい。市町村消防本部の地域公助を考える上で、押さえておかねばならないのが、市町村消防本部間の地域間格差である。大都市の消防本部と小規模消防本部の間には、保有する消防資源の極めて大きな格差が存在する。例えば、かたや職員数1万8000人以上という消防本部がある一方で、20人以下の消防本部も複数存在する。また管轄人口10万以下の小規模消防本部は、平成の大合併が一段落した現在でもなお、全国消防本部の6割を占めている。以下で、管轄人口、組織資源（人的資源、消防施設）、財政的資源の地域間格差について、詳細に見ていきたい。

図9-2は、全国市町村消防本部の管轄人口の分布（2013年）を見たものである。これを見ると、また管轄人口が最少の消防本部は三宅村消防本部で

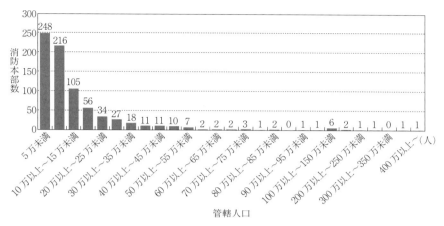

図9-2　全国市町村消防本部の管轄人口の分布（2013年度）
（出所）　全国消防長会「平成25年版消防現勢データ」より作成。

2722人である一方，最大の東京消防庁の管轄人口は1302万9663人で，4700倍以上の差がある。ここで留意しなければならないのは，これらが消防組織法上は同格の市町村消防本部であるということである。

（2）小規模消防本部の多さ

　このような消防本部間の規模や保有する消防資源の地域間格差の大きさは，全国の地域公助に大きな格差が存在することを意味する。特に問題となるのは，小規模消防本部の多さである。2003年10月に総務省消防庁は，「管轄人口が10万人未満の小規模な消防本部が生じることは適当でない」とする通知を出したが，前出の図9-2を見るとわかるように，2013年度時点で，全国の消防本部の約60％が管轄人口10万人未満の小規模消防本部である。管轄人口20万未満になると，約81％の消防本部が該当することになる。管轄人口の少ない小規模消防本部が未だ全国消防本部の多数を占めているのである。

　また小規模消防本部は組織規模も小さく，組織規模の小ささが平常時，災害時の消防活動の大きな障害となっている。そしてそのような保有する人的資源が少ない消防本部が，多数を占めている。中には，職員数が20人や30人以下

の消防本部も存在する。多くは町が単独で消防本部を運営しているケースであるが，北海道歌志内市のように消防本部の職員数が 27 人しかいないような市も存在する（2013 年時点）。

（3）平常時の地域公助の問題

　この地域格差と小規模消防本部の多さは，平常時や大規模災害・事故時の地域公助に大きな影響を及ぼす。平常時の地域公助においては，特に火災予防や火災原因調査，救急において弊害を生じさせている。火災予防は火災発生時の被害軽減のため，消防法の遵守を国民に求める様々な取り組みや，法の遵守状況のチェック，是正が主な仕事である。消防法は，消防に違反者に是正を求めるための強力な権限（行政命令）を与えている。特に第5条の2では，違反が見つかった建物の使用の禁止，停止まで違反者に求めることができる。ところが消防法上の違反が見つかっても，行政命令を出さずに法的罰則が無い行政指導を繰り返す市町村消防本部が多い。なぜならば，訴訟リスクがあるからである。裁判になった場合，小規模消防本部は裁判対策に割く人的余裕がなく，日常業務に支障をきたす可能性があるからである。また小規模消防本部では，人的資源が少ないので，予防にまわせる人員も少なく，そう頻繁に立入検査を実施することができない。さらに，他の業務と兼務の消防本部も多く，なかなか予防に精通した人材が育たない等の問題が生じている。

　次に火災原因調査は，火災の原因を明らかにすることにより，同様の火災の再発予防を目的とする消防業務である。この火災原因調査に関しては，小規模消防本部において不明火（火災原因が特定できない火災）が多い傾向にある。これは小規模消防本部が，火災原因を明らかにする施設や装備，人材といった組織資源を保有していないからである。

　さらに，平常時の地域公助においては，救急の問題が深刻な問題となりつつある。高齢化社会の到来とともに救急需要が急増し，全国的な傾向として市町村消防が保有する組織資源では十分に対応できない事態が発生しつつあるのである。その状況下，救急需要を削減する試みとして，多くの市町村消防本部において救急の適正利用を訴える行政広報や，電話口で救急の必要の有無を判断

するコールトリアージ等の工夫がされている。ただコールトリアージは，実際の症状よりも厳しく見積もって対応するオーバートリアージならば良いが，実際の状況よりも軽く見積もるアンダートリアージだと，命に関わる事態に発展する危険性がある。2011年10月には，山形大学生が119番通報で救急車を要請したが，山形市消防本部が自力で病院に行けると判断し救急車を出動させず，後日自宅において遺体で発見されるというアンダートリアージの最悪の事態も生じた。救急需要の増加に，消防が保有する組織資源の限界から十分に対応できなくなっている問題は，必ずしも小規模消防本部に限られた問題ではなく全国的な問題であるが，特に小規模消防本部においては極めて限られた組織資源の中で，綱渡り的な自転車操業が毎日続いており，負担も大きい。

（4）大規模自然災害・事故発生時の地域公助の問題

次に大規模自然災害・事故時の地域公助の現状と課題について見ていきたい。従来の災害対策基本法の解釈では，大規模自然災害・事故時の応急対応の一次的責任は被災地の市町村にあるとされてきた。よって大規模自然災害・事故が発生した場合，地域によっては小規模消防本部が中心になって応急対応にあたらねばならない。またこの法解釈に沿えば，広域応援で救助にきた全国の消防や警察，自衛隊も小規模市町村に設置された災害対策本部の指揮命令下に入って救援活動を行わねばならないこととなる。しかし，数十人しか消防吏員がいないような消防本部に，そのような対応を求めるのは事実上不可能である。ここに従来，災害対策基本法や消防組織法が大原則としてきた大規模自然災害・事故時における被災地市町村中心の地域公助の限界がある。被災地行政機関も，被災するのである。そのような状況下，保有消防資源の少ない小規模消防本部が，被災者の救援から応援部隊の指揮命令まで全て行うことはできない。

ただ本点に関しては，阪神・淡路大震災の後に状況が大きく変わった。緊急消防援助隊の制度が創設されたからである。緊急消防援助隊は，事前登録制で市町村消防の一時的に動員可能な消防力を機能別に国に登録しておき，いざ大規模自然災害・事故が起きた時に，都道府県単位で編成し派遣されるという非常備の部隊である。また同時に，総務省消防庁長官に部隊の出動指示権の下に

出動する，事実上の国の実働部隊としての性格を持っている。これは総務省消防庁が，災害時の「市町村の一次的責任の原則」を保持しつつも「市町村消防の資源を用いた緊急消防援助隊による国家的対処」へと政策転換を図ったものといえる。その結果，大規模自然災害発生後の緊急消防援助隊の出動も，東日本大震災が発生するまでは，回を重ねるごとに迅速になり，大規模自然災害・事故時の地域公助の限界を補う制度として機能していた。

　ところが東日本大震災が発生したことで，解決済みと思われた地域公助の限界の問題が改めてクローズアップされることとなった。津波で，本来被災住民を助ける立場の地域公助が助けられる側に回り，被災者救助や応急対応に大きな支障が出た。これは，被災地市町村の一次的責任の原則を掲げる災害対策基本法も，市町村消防の原則を掲げる消防組織法も想定していなかった事態であった。被災した小規模消防本部の応急対応に混乱が生じることへの危惧はあっても，被災地の地域公助が機能不全に陥る事態までは考えていなかったのである。また，元々地域公助の補完として考えられた緊急消防援助隊も，東日本大震災のような広域複合災害は想定していなかった。このような広域複合災害では，災害発生から被災地到着までのタイムラグも当然大きくなることが予想される。緊急消防援助隊等の広域応援が到着するまでの間，被災した地域公助で如何にして応急対応を行う体制を維持できるかが今問われている。

3　垂直補完の現状と課題

（1）中央における消防行政に精通した人的資源不足
①消防行政における中央地方関係

　戦前，わが国の消防行政は，内務省警保局が行っていた。内務省警保局は企画立案，政策決定のみ行い，保有する消防資源のほとんどは，大都市に配置した地方の出先機関である地方官署（警視庁消防部，官設消防署）にまわしていた。ところが戦後，市町村消防制度が導入されると，これらの地方官署の消防資源は大都市消防本部に吸収され，国レベルの消防機関は大きく保有する消防資源を失った状況からの再スタートとなった。またGHQも，地方自治の観点から

国の消防機関の権限を弱く制度設計した。そのため、国の消防機関は法的資源も不足する状況となった。一方大都市部の消防本部は、戦前の官設消防の組織資源を受け継ぎ、また自治体消防制度の下で法的資源も強化された状況からの戦後スタートとなった。その結果、消防行政における中央地方関係においては、他行政分野とは異なり、国よりも地方の大都市消防本部の保有する資源の方が勝る状況が生じることとなった。国の消防機関は、法的資源不足と組織資源不足を解消するため、徐々に必要な資源を保有している大都市消防本部への資源依存を強めることとなる。また大都市消防本部の中でも、戦前の警視庁消防部の組織資源を全て受け継いだ東京消防庁は、消防組織間のネットワークの中で覇権を持つネットワーク・ヘゲモンとなり、国の不足した様々な資源を補完する上で、極めて大きな役割を果たすようになった。

　②消防庁の消防に精通した人的資源の不足と大都市消防本部からの人的資源の獲得

　そのような消防庁の保有する消防資源不足と、大都市消防本部への資源依存を特に象徴するのが、消防庁の消防に精通した人的資源の不足と大都市消防本部からの人的資源の獲得である。消防庁の本省である旧自治省や総務省自治行政局は、消防庁のプロパー職員の採用を行わず、さらに消防行政の専門性を持った事務官の育成も行わないので、外局である消防庁は本省からの出向組が比較的短期間在籍して、また異動するポストとなっている。地方行政を専門とする総務官僚が数年在籍しまた本省に戻ってしまうので、常に消防庁における消防に精通した人的資源の不足が生じることとなる。それを補うため、消防庁は長年市町村消防から人的資源を出向や研修という人事交流の形態で受け入れ、不足した資源の獲得を行ってきた。

　図9-3は、市町村消防から消防庁への出向者・研修生数の時系列的推移を、内政関係者名簿（1973～2004年）、自治省職員録（1961～2004年）、全国消防長会会報（1961～2003年）各年度人事データより割り出し作成したものである。わが国の中央地方間の人事交流は、地方分権改革までは中央から地方への出向人事はあっても、地方から中央への人事交流は研修に限定されていた。ところが、図9-3を見るとわかるように、消防行政においては、地方からの出向

第Ⅱ部　災害予防のためのリスク管理

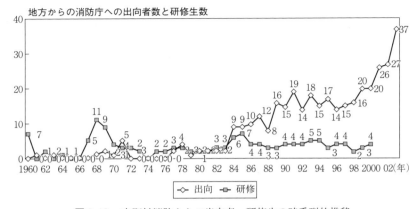

図9-3　市町村消防からの出向者，研修生の時系列的推移
（出所）　内政関係者名簿（1973〜2004年），自治省職員録（1961〜2004年），全国消防長会会報（1961〜2003年）各年度人事データより作成。

者・研修生が長期間にわたり数多く存在することがわかる。このような他行政分野に見られない異例な中央地方間の人事交流が行われた背景には，国が保有しない現場の情報資源を地方からの出向者・研修生を通して獲得するという目的があった。

(2) 国の保有する人的資源不足の垂直補完への影響
①消防庁の的外れな指示
　このような国の保有する人的資源不足は，現場活動についての情報資源の不足にもつながる。その結果，現場情報の不足から消防庁の垂直補完が的外れな指示になって現れる場合がある。1995年に発生した，地下鉄サリン事件の事後対応では，国における現場情報に精通した人的資源の不足が，次に述べるような関係機関への的外れな指示となって現れた事例である[7]。
　地下鉄サリン事件発生後に，消防庁救急救助課は消防職員が有毒ガスにより被災した事態を受け，「以後同様の事件が発生した場合において，消防職員の被災を防止することを目的として，事件発生時に消防職員が安全管理上留意すべき事項について通知した（平成7年4月6日消防救第43号）」（下線は筆者）。

第9章　災害時における消防行政の課題

その内容としては，（身を守るために）汚染物質を濾過する機能を持った呼吸保護器具，または空気呼吸器，酸素呼吸器で安全確保を行い，また毒劇物防護服を保有する隊を積極的に活用すること，そして防護用資機材をさらに充実させることというものであった。つまりこれは，全国の消防本部がすでにそれらの装備の保有をしていることを前提にした通達であった。ところが当時全国の消防機関で，これらの装備を保有していたのは，東京消防庁，横浜市消防本部，大阪市消防本部の3本部のみであった。よってこの通達内容は，その他の全国ほとんど（当時900-3）の消防本部にとっては，毒劇物防護服なしにサリンに立ち向かえという話になる。当然，全国から問い合わせが殺到した。状況にやっと気づいた消防庁は，技術的知識の提供，装備資機材の貸与を関係行政機関に求められるとの内容を1995年4月21日公布され即日施行された「サリン等による人身被害の防止に関する法律」の中に盛り込んだ。ところが当時，化学防護服を多く所有していたのは自衛隊だったが，武器科物品で戦闘装備品扱いとなり警察は借りられた（上九一色村の強制調査，地下鉄サリン事件時も迷彩仕様の化学防護服を貸与）が，消防は貸与のハードルが高かった（当時は購入もできなかった。後に可能となる）。またその後，幸運にも防護服の貸与を求める状況は生じなかったが，何かあったら消防庁に連絡をせよ以上の具体的な対応マニュアルは示されなかったので，現場は苦慮する結果となった。A消防本部は，法律施行後検討を行い，組織の性質上最も早く現場に到着するのは消防であるが，仮に貸与を受けるにしても自衛隊が到着するまでの間（短くても30分から1時間）どうするかで議論が起こった。通常どおり現場には出動するが何もできないので，消防はいるのに何をやっているのかという住民からの批判が出ないよう，サイレンを鳴らさずに駆けつけることに決定するといった事態が生じた。消防庁の保有する現場情報資源の不足から，国の垂直補完が混乱し，さらに現場での混乱につながった事例である。

②東日本大震災での垂直補完の混乱

東日本大震災でも，消防庁の垂直補完に人的資源不足は様々な影響を及ぼしている。東日本大震災では，消防庁は3月11日14時46分の震災発生直後に，消防庁災害対応本部（本部長：消防庁長官）を設置した。消防庁災害対応本部

第Ⅱ部　災害予防のためのリスク管理

表9-1　東日本大震災における兵庫県隊（第一陣）の動向

日	時間	移動状況	該当地での活動状況	震災発生からの経過時間
3月11日	23時30分	兵庫県出発東京方面へ向かう		約7時間30分
3月12日		移動中に消防庁から長野県への転戦指示	待機	
	4時05分	長野県飯山市着		約12時間
	10時45分	消防庁から福島県への転戦指示		約18時間45分
		移動		
3月13日	未明	福島県郡山市着	待機	約34時間
	9時55分	消防庁から宮城県山元町への転戦指示		約42時間
		移動		
	日没後	宮城県山元町着	待機	
3月14日	7時00分	沿岸部で捜索活動開始	捜索活動	約63時間
	8時30分	宮城県から宮城県南三陸町への転戦指示		約64時間30分
		移動		移動中に72時間経過
3月15日	朝	宮城県南三陸町着		

（出所）　神戸市「緊急消防援助隊（兵庫県隊）活動速報第1～4報」『朝日新聞』（2011年4月7日）より作成。

の初動体制における応急対応では，現場を知っている市町村消防本部からの出向者・研修生を中心に現場指示が行われ，総務省からのキャリア・ノンキャリア官僚の多くは，統計データの整理等デスクワークを中心に担当していたという。総務官僚の災害対応に関する専門知および能力の欠落と，災害対応時の市町村消防からの出向者・研修生への人的依存の大きさを示すエピソードといえよう。そのような状況下，東日本大震災では消防庁の指示により緊急消防援助隊の転戦が何度も行われ，消防庁側の混乱が浮き彫りとなった。その結果人命救助の時間的限界といわれる72時間以内に救命活動がほとんど行えなかった部隊もあった。発災直後，第一陣としては全国最大規模の緊急消防援助隊（252人が64台）を出動させた兵庫県隊は，消防庁からの転戦に次ぐ転戦指示で生き埋めになった人命救出のタイムリミットといわれる「72時間」のうち90分間しか活動できなかった（表9-1）。

また大都市消防本部への過度な資源依存を象徴する事例としては，発災後被災地にヘリコプターで直行し被災地地方自治体との調整を行う，初動体制における被災地先遣隊の責任者を東京消防庁からの出向者に任せたことである。なぜならば，国の側には災害対応に精通した，現場で的確な判断を下せる専門知，経験知を持った人材が存在しないからである。このように中央における消防行政に精通した人材の不在は，災害時の国の現場指揮能力に支障を及ぼすおそれがある。「われわれは，消防庁は基本的に素人集団だと思っているので……。」市町村消防本部の消防長で結成される全国消防長会への出向経験を持つ，市町村消防関係者の弁である。本状況は，大規模自然災害発生時や平常時に，果たして消防行政に精通していない消防庁職員に的確な対応が可能なのかという不安につながる。

4　水平補完の現状と課題

（1）消防行政で水平補完が以前より盛んだった背景

　次に，水平補完の現状と課題について見ていきたい。ここで最も大きな問題となるのは，地域公助同様に市町村消防本部間の極めて大きな地域間格差と小規模消防本部の多さである。その背景には，戦後に官設消防の消防資源を引き継いだか否かという歴史的経緯がある。大都市消防本部は，戦前の官設消防署の消防資源を戦後引き継ぐ所からスタートすることができたが，その他の地域の消防本部はゼロからのスタートとなった。スタート時で保有する消防資源に大きな差があったことが，その後の消防本部間の地域間格差の大きさにもつながっている。また，この地域間格差を長年解消できずにきたことが，わが国の垂直補完の弱さを象徴している。消防庁は，保有する消防資源の少なさゆえに，市町村消防本部間の極めて大きな地域間格差と小規模消防本部の多さを是正できずに，現在まできているのである。特に，地域公助を十分に廻すだけの消防資源に欠く小規模消防本部に対し，本来は消防庁が垂直補完を行うべきであるが，それが十分には機能しないため，消防行政においては市町村消防本部間の垂直補完が，他行政分野に比べ古くから盛んであった。災害時の広域応援の原

型も，昭和30年代から始まっている。つまり消防行政において，以前より水平補完が発達していたのは，消防庁の保有する資源不足で垂直補完が十分に機能しないからである。

(2) 平常時の水平補完の問題
①代表消防本部を通した水平補完

このように国の消防機関による不足資源の垂直補完が十分には機能しなかったことから，消防行政では消防本部間で足りない資源を補い合う水平補完が以前から盛んに行われてきた。そして消防行政における水平補完では，保有する組織資源や情報資源，財政資源が小規模消防本部に比べると豊富な大都市消防本部が，大きな役割を果たす。垂直補完で国の消防機関が補いきれない資源（特に現場が必要とする情報資源）を，代わりに水平補完で小規模消防本部に提供してきたのである。特に東京消防庁は，保有する圧倒的な資源量で，消防組織間におけるネットワーク・ヘゲモンとしての地位を占めているが，それは市町村消防本部間の水平補完においても同様である。

また東京消防庁は，消防組織間で唯一の全国的ネットワーク・ヘゲモンであるが，それぞれの地域においては，地域内で他消防本部に強い影響力を持つ地域限定のネットワーク・ヘゲモンが存在する。それが地域の代表（大都市）消防本部である。代表消防という用語は，元々は地域で影響力を持った消防本部を指すインフォーマルな業界用語であったが，緊急消防援助隊の法制化とともに，各都道府県隊を指揮する本部のことを指す用語として制度化された。長年，東京消防庁とともに，小規模消防本部への不足資源を提供してきた。政令指定都市，中核市の消防本部や，県庁所在市の消防本部が主に該当する。特に，旧官設消防の資源を引き継いだ大都市消防本部の，周辺消防本部に対する影響力は大きい。代表消防本部の中でも，保有する組織資源，財政的資源，情報資源の大小があり，影響力を持つ範囲の広さも異なる。また代表消防本部は，東京消防庁のように，全面的に全ての資源を保有しているわけではないので，どの分野の保有資源量が多いかで，得意分野も限定される。

第9章 災害時における消防行政の課題

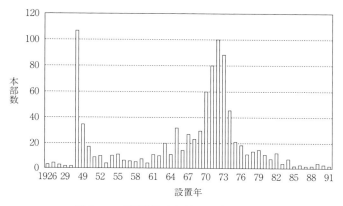

図9-4　新設消防本部数の時系列的変化
（出所）　自治省消防庁「消防年報（平成5年度）」より作成。

②代表消防本部を中心とした水平補完体制の成り立ち

東京消防庁は別格として，代表消防本部が周辺消防本部に対して，このように影響力を持ち始めるのは，特に「消防本部及び消防署を置かなければならない市町村を定める政令」（政令第170号）が1971年6月1日に出され，政令に定める市町村は消防本部，消防署が義務設置になって，新設消防本部が急増してからである。図9-4でもわかるように，戦後市町村消防制度が導入された直後と，上記の政令が発された時期に新設消防本部が急増している。

1960年代後半から1970年代前半にかけて新設されたこれら消防本部は，現場活動で求められる情報資源を全く保有していない。また情報資源を持った人的資源も保有していないので，代表消防との人事交流（図9-5）や，幹部候補として現場の情報資源に精通した代表消防職員を中途採用すること（図9-6）によって，人的資源や情報資源の獲得を行おうとした。

③暖簾分け方式に近い組織間のインフォーマルな水平補完のネットワーク

この暖簾分け方式に近い組織間のインフォーマルな水平補完のネットワーク（図9-7）により，人的資源および情報資源の提供を行った地域の代表消防は，強い影響力を周辺消防本部に対して持ち始める。特に，代表消防から転出した職員がいるケースでは，その職員は持っている情報資源ゆえに優遇され，

第Ⅱ部　災害予防のためのリスク管理

図9-5　代表消防からの職員派遣のケース

(出所)　ケース1：壱岐市消防本部「壱岐市消防年報（平成20年度）」4頁，ケース2：長崎市総務部人事課「長崎市職員録（昭和49年度）」85頁より作成。

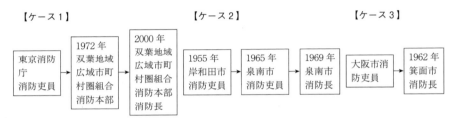

図9-6　代表消防から転出するケース

(出所)　ケース1：大熊町HP（2008年12月9日），ケース2：泉南市「消防年報（平成19年度）」5頁，ケース3：箕面市消防本部「消防年報（平成20年度）」2頁より作成。

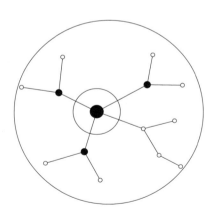

図9-7　代表消防を中心とした地域内の周辺消防本部とのインフォーマルな関係のイメージ

また本部内での出世競争でも有利なのでその後消防長になるケースが多い。代表消防からの派遣職員，転出職員は，出身代表消防本部において体得した情報資源にならい新設消防本部の体制整備を進めようとするので，装備の方式（東消方式，大消方式，名消方式，横消方式等），組織の運営方法，部隊の編成，先進的施策，先進的技術の導入等で代表消防を見ならうこととなる。そして代表消防の情報資源は地域内で一般化することとなる。全国的に影響力を持つのは，東京消防庁のみである。それは東京消防庁にしか開発できない情報資源があるからである。

④平常時の水平補完体制の問題

ただこの消防における資源（特に情報資源）の水平補完システムにも限界がある。一つは，代表消防本部が情報資源を囲い込む場合があるからである。小規模，中規模消防本部は欲しい時に，欲しい情報資源を何時でも獲得できるわけではない。例えば，東京消防庁が開発した壁面昇降ロボット（レスキュークライマー），遠隔自動制御ポンプ車，危険物判定・確認試験に用いる各種試験機器（大気中の毒ガス検出器等），濃煙等の不可視環境下でレーザー光を利用して物体を認識できる視覚装置等は，東京消防庁のみが保有している装備で，他消防庁への技術供与は許可していない。

また火災原因調査においても，代表消防による情報資源の囲い込みが見られる。火災原因調査は，同様な火災の再発予防を目的とする消防業務である。一般的に，小規模消防本部では上記のとおり不明火（火災原因が特定できない火災）が多い。これは，技術上小規模消防本部では，火災原因が特定できないので不明火として処理される火災が多いからである。火災の原因調査は，火災の再現実験等の研究機材や環境が必要となる。中核市以上の市は，保健所が持てるので，保健所付属の研究所や機材が使える。また大都市消防本部は，前述のとおり，独自の研究所を保有している場合もある。それに比べ小規模消防本部の場合，機材や環境といった組織資源が極めて乏しい。そして中核市レベルでも，保健所付属の研究所の研究機材等を使用しても手に負えないようなケースが生じる。そのような場合，近年は民間企業に依頼するようになってきている。これは研究所を自前で持っている代表消防本部に頼んでも，「議会に説明でき

ないと」と断られるケースが増えてきているからである。[13] 消防本部も，市の一部局である以上，仮に消防本部が協力したいと考えても，議会や首長部局の意向に縛られる。自治体経営の合理化が進んでいる現在，消防本部間の水平補完のシステムが機能しにくくなってきている部分もあるのである。本来そのような時のために，国に消防研究センターが設置されているはずである。しかし独立法人化や規模が縮小されて消防大学に吸収された後，その垂直補完機能が弱体化している。

（3）大規模自然災害・事故発生時の水平補完の問題
①阪神・淡路大震災時で明らかになった水平補完の問題

大規模自然災害・事故発生時にも，消防行政においては長年市町村消防本部間の水平補完が相互応援協定という形で行われてきた。ところが阪神・淡路大震災では，市町村消防本部が個々に整備する消防資源の互換性の問題が生じた。第一に，通信上の問題である。相互応援協定で，被災地に駆け付けた消防本部は，互いに消防無線の番号を知らず，その結果互いに連絡を取りあえず，個々の判断での活動を強いられることとなった。第二に，装備等の互換性も問題となった。消防は市町村消防なので，各消防本部での装備は規格が異なり互換性がない場合がある。その結果，消火栓とホースの規格が合わず，消火活動に支障をきたす事態が発生した。ホースを消火栓に差し込めず水をとることができなかったのである。これらの問題は，どちらも応援に駆け付けた消防本部間の組織的連携に課題を残すものであった。応援消防本部や受援消防本部の装備規格等に関する情報資源の共有化や，個々にではなくより組織的に救援活動を行う体制整備が求められた。

②東日本大震災で明らかになった水平補完の問題

そのような状況下，阪神・淡路大震災後に創設されたのが緊急消防援助隊である。本制度は垂直補完と水平補完両方の側面を併せ持つ「融合型補完」の制度である。本制度は，国が事実上自らの組織資源として用いようとしているという意味では垂直補完の制度としての側面を持つ。一方で，実際広域的な応援活動を行うのが市町村消防本部の組織資源を用いているという意味では，当然

水平補完の制度としての側面も持っている。緊急消防援助隊創設後，災害時の広域応援に必要な体制整備や，情報資源の共有化は進んできている。

　ただ災害時の緊急消防援助隊の制度が，従来の消防における水平補完の制度と異なる点が一つ存在する。それが，従来市町村消防本部間の水平補完の体制の中で，常に一方的に応援される側であった小規模消防本部が，応援する側に廻ることを消防庁によって任意ではあるが義務づけられたということである。その緊急消防援助隊制度の問題点が表面化したのが，東日本大震災であった。東日本大震災では，津波で被災地の地域公助がシステムダウンを起こしたことから，それを水平補完するため消防行政においても，圏域外の消防本部の消防資源を用いた大規模な広域応援が行われた。緊急消防援助隊の制度ができて以来初めてとなる，全都道府県の部隊が出動するという事態になった。それは全国の消防本部で多数派を占める小規模消防本部にとっては，極めて大きな負担となった。管轄区域の地域公助を切り詰めて，少ない消防資源を緊急消防援助隊に廻さなければならない。地域公助の方が手薄になるので，そこに大火事や大規模事故等が併発したら，対応できない可能性が出てくる。

5　共助の現状と課題

（1）圏域補完という視点からの消防団の必要性

　東日本大震災では，被災地の行政機関の多くが消防本部を含め被災し機能不全を起こしたことで，共助の重要性が再認識されるようになった。他地域からの応援（垂直補完および水平補完）も，発災後到着するまでにはタイムラグがある。加えて地域の公助がシステムダウンを起こした場合は，人々の助け合いで被災者救助を行うしかない。また地域の公助のダメージが少なくとも，大規模災害に応援が到着するまで，地域の行政機関が保有する資源のみで対応するのは不可能である。地域公助の保有する消防資源不足の補完（圏域補完）をする役割が，今共助に求められている。

　そのため共助体制の整備は不可欠であるが，わが国の共助体制において重要な役割を果たしてきた組織が消防団である。ただその消防団の衰退傾向に，現

在歯止めが掛からない。わが国では消防の常備化が進むまでは，多くの地域で消防団は唯一の消防組織として，地域の消防資源を独占する存在であった。ところが市町村消防による常備化が進展すると，常備の市町村消防本部との併存体制が生じ，今まで独占してきた地域資源の多くを消防団は市町村消防本部に奪われ，衰退現象が顕著となってきている。

（2）消防団に対する新しい社会的要請
①阪神・淡路大震災後の再評価

1971年の政令を契機に，市町村消防本部による消防の常備化が進展するようになると，消防団は過去の物という認識が社会的に広がっていった。その社会的認識を大きく変える転換点となったのが，阪神・淡路大震災であった。淡路において，倒壊した家屋からの被災者の消防団による救命率が高かった。地域住民でもある消防団員は，倒壊した家屋の被災者が普段どこに寝ているかまで知っていたので，ピンポイントで被災者の救助を行うことができたのである。これ以降，地域防災における消防団の存在意義の再評価が行われることとなる。それまでの公助組織としてではなく，共助組織としての消防団の重要性が再認識されたのである。

②マルチハザード時代の社会的要請

消防団の役割が再評価される中，消防行政以外の行政分野からの消防団に対する期待も高まった。例えば，国民保護法に基づく国民保護行政の下では，消防団は民間防衛組織としての役割を期待されている。未だわが国の国民保護体制は実効性を伴っているとはいい難いが，国家的緊急事態発生時の住民避難の誘導，武力攻撃災害の初期消火，被災者の救出等の活動は，制度運用上受け皿となる組織は消防団以外には見当たらない。

また住民が車に乗って地域を見廻る青色パトロール制度導入時には，警察庁がその活動の受け皿として，当初消防団に期待した部分があった。しかし消防庁が防犯活動中に団員が死傷した場合，公務災害補償の対象外になると懸念を示し，結果的に消防団員による青色パトロール活動は実現しなかった。さらに東日本大震災後は，災害対策基本法が改正され，地区防災計画策定の話が防災

行政の側面から出てきたことから，消防団の分団に対しコミュニティー防災体制の中核としての役割期待が出てきている。

③消防団を中核とした地域防災力の充実強化に関する法律

「消防団を中核とした地域防災力の充実強化に関する法律」は，当初消防団の再生を如何に実現するかという消防行政上の問題意識が先行されて議論がされていたが，出来上がった物を見ると，前述の地区防災計画との絡みで，消防団にコミュニティー防災の中核の役割を担うことを期待する防災行政上の問題意識が強く盛り込まれたものとなった。

本制度下では，原則学校区を単位とした地域コミュニティーレベルの共助体制の整備が重要な課題となってくる。地域コミュニティーには，住民防災組織として自主防災組織が存在するが，主に町内会や自治会の比較的高齢な役員をメンバーとする組織で，専門性や組織力には限界がある。地域コミュニティーに存在する様々な住民組織をとりまとめて，平常時から訓練等を行い災害に向けた共助体制整備を行う組織として，今後消防団の下部組織である分団の役割が重要になってくる。このように各方面から期待される消防団であるが，その団員の減少・高齢化に歯止めが掛からないと全てが絵に書いた餅になってしまう。

6 安全を守るための消防行政を目指して

以上，本章では消防行政における地域公助・公助（垂直補完・水平補完）・共助レベルの現状と課題について見てきた。各層において，様々な課題が存在することが明らかになったが，それらの問題は本章の冒頭で指摘した3点の課題（①中央における消防に精通した人的資源の少なさ，②市町村消防本部間の極めて大きな地域間格差と小規模消防本部の多さ，③消防団の衰退）につながる。これら3点の課題をどのように解決するかが，今まさに求められている。まず中央における消防に精通した人的資源の少なさは，実は戦前から続く根の深い問題である。戦前は，警察行政の中での消防行政に対する軽視が背景にあったが，現在も地方行政の中での消防行政に対するプライオリティーの低さが問題の根本

にあるように思われる。また東京消防庁を中心とした大都市消防からの出向者・研修生によって，欠けている組織資源，情報資源等を獲得しようとする体制は，本来別人格の組織に所属する人的資源を災害時に用いるという視点から限界があるように思われる。仮に，資源依存される側が期待どおりに機能しなかった場合に，国の対応が機能しなくなる危険性を孕んでいる。消防庁の本省である総務省は，消防行政に精通した人材育成に着手するべきである。

　また地域間格差の是正は，全国的な地域公助体制の強化，緊急消防援助隊に象徴される水平補完体制の強化という視点から，極めて重要である。全国的な消防力の平準化が求められる。現在消防の広域再編を推進中であるが，残念ながら当初の予定通りは進んでない。2013年4月1日に消防庁は，「市町村の消防の広域化に関する基本指針の一部を改正する告示」（平成25年消防庁告示第4号）を出し，2012年度末としていた広域化の実現期日を2018年4月1日に5年程度延長した。また広域化する際に目標とする消防本部の管轄人口規模を概ね30万以上としていたのを，「広域化対象市町村の組合せを検討する際には，30万規模目標には，必ずしもとらわれず，これらの地域の実情を十分に考慮する必要がある」と柔軟性を持たせた。さらに，「消防広域化重点地域」を新たに設けた。これは「広域化対象市町村の組合せを構成する市町村からなる地域のうち，広域化の取組を先行して重点的に取り組む必要があるものとして次に該当すると認めるものを都道府県知事が指定，国・都道府県の支援を集中的に実施」するとした。2007年時点で807あった消防本部数が，2014年6月時点では730本部にまで減少してきている。2018年までのさらなる広域再編の進展が望まれる。

　最後に，消防団の衰退状況への解決策を提示するのは非常に難しい作業であるが，その背景にあるといわれる団員層のいわゆる「サラリーマン化」等によるライフスタイルの変化や地域コミュニティーの崩壊のみならず，市町村消防本部と消防団の関係という視点も考慮した上での解決策の模索が必要である。消防団における常備消防部の再設置等，過度に組織管理を行政に依存する体制からの脱皮等が求められる。

注

(1) わが国の防災行政には、内閣府所管の防災行政と消防庁所管の消防防災行政の大きく二つのルートがある。

(2) 消防庁国民保護・防災部防災課「東日本大震災を踏まえた大規模災害時における消防団活動のあり方等に関する検討会報告書」2012年、172頁。

(3) 消防行政に限らず、防災行政は後追い行政といわれる。災害が起こってから、問題が新たに明らかになり改善されるのが一般的だからである。これをどのように先取り行政にするかが、防災行政全般の重要な課題である。

(4) 永田尚三「消防行政における組織間関係史の研究」『武蔵野大学政治経済研究所年報』第8号、2014年、143-173頁。

(5) 永田尚三「わが国消防における人事行政の研究——地方分権が進んだ行政分野における人事行政」『武蔵野大学政治経済研究所年報』第1号、157-176頁。

(6) 同上。

(7) 永田尚三「消防行政おける専門知——専門知の偏在は政府間関係まで規定するのか」『社会安全学研究』創刊号、2011年、129-152頁。

(8) よって現在、自衛隊と同じ型の戦闘用化学防護服の購入が可能であるが、ほとんど導入例はない。

(9) A市消防職員へのヒアリングより（2010年5月10日）。

(10) B市消防職員へのヒアリングより（2012年6月30日）。

(11) 元全国消防長会職員へのヒアリングより（2013年9月10日）。

(12) 救急行政は厚生労働省と相乗りの行政分野である。よって平常時の垂直補完においても、消防庁のみで決められない部分が多々ある。2004年の救急救命士の特定医療行為の拡大等では、省庁間の調整がかなり必要であった。その結果、特定医療行為は医師の具体的な指示を受けて実施しなければならないこととなった。ただし東日本大震災では、通信事情等の問題から医師の具体的指示が得られない場合は、医者の指示を受けないで特定行為を行っても違法性は阻却されるという見解を厚生労働省は示した。

(13) A市消防職員へのヒアリングより（2010年5月10日）。

第Ⅲ部

支援のあり方と予防への布石

第10章

被災者による被災者支援の効果
──宮城県多賀城市の事例から──

永松伸吾・元吉忠寛・金子信也

1 被災者による被災者支援の意義

　東日本大震災の復興過程に見られる特徴の一つは，被災者による被災者支援が大々的に実施されたことである。被災者が被災者を支援すること自体は決して珍しいことではないが，東日本大震災が決定的に違うのは，そうした被災者による被災者支援が，被災者の有償労働によって提供され，しかもそれが政府の制度によって担保されたという点である。

　東日本大震災の被災地域においては，緊急雇用創出事業（以下，「緊急雇用」という）と呼ばれる，失業者の就労機会を公的資金によって確保する仕組みが活用された。もともとは失業者対策としてリーマンショック後の2008年に創設された制度であるが，東日本大震災では膨大な災害対応業務や被災者支援業務などを担う人材確保に重要な役割を果たしている。

　例えば，仮設住宅の入居者を支援する業務はその一つである。仮設住宅の支援と一口に言ってもその業務内容は多様である。施設の管理運営やコミュニティ支援，警備，清掃，入居者の見守り，声かけ，あるいは健康相談，心理相談など幅広い。緊急雇用による仮設住宅入居者支援は，筆者が直接ヒアリングをしただけでも，岩手県大槌町，釜石市，大船渡市，宮城県石巻市，東松島市，多賀城市，亘理市，福島県南相馬市，飯舘村などがある。緊急雇用とは別の財源を用いて被災者を雇用している事業もある。とりわけ，岩手県大槌町，釜石市，大船渡市では90名前後の被災者を雇用するなど大規模である。事業体制も民間事業者が担っているケースや，NPO・社協が担っているケース，行政が直接雇用しているケースなど様々である。

さて、こうした取り組みはどう評価されるべきなのであろうか。東日本大震災という巨大災害において、人的資源が不足した中で、たまたま緊急雇用という制度が活用できたことで、たまたま実施された制度であると考えることもできよう。しかし、筆者らは、被災者による被災者支援にはより積極的な意味があり、今後の災害においても実施されるべきものであると考えている。

その理由は、被災者の雇用が確保され、彼ら・彼女らの生計支援となるということはもちろんであるが、ここではむしろ被災者支援そのものの質が向上する可能性を指摘しておきたい。そもそも、被災者支援とは互恵的であるということである。被災者であった人々が、被災者を支援する立場になって元気になるということは、過去の様々な災害において経験的に明らかになっている。支援される側も、自らが逆に相手を支援していることを実感して元気になっていくということは、様々な場面でしばしば観察される現象である。

また、同じ境遇にある被災者同士による支援が、専門家による支援よりも時に有効に機能するということは、心理学の分野では早くから知られている[1]。被災者支援においても、同じ境遇にある被災者が支援を行うことによって、相互の信頼関係が早期に構築されたり、相手の抱える問題を的確かつ早期に把握できたりといったメリットがあると考えられる。

以下では、被災者による被災者支援にはこうしたメリットが果たして存在するのか、またそうしたメリットを最大限に発揮するには、事業構築にあたってどのような配慮が必要なのかを、多賀城市における仮設住宅支援事業の事例から明らかにしたい。

2 多賀城市における被災者支援事業

多賀城市は人口約6万3000人を擁し、ソニーなどをはじめとするメーカーの工場や事業所が立地し、しかも仙台へのアクセスも良くベッドタウンとしても発達した地域である。東日本大震災時には仙台港に押し寄せた津波が市中心部に流れ込み、多くの住宅を破壊した。2013年3月末時点で約350世帯がプレハブ仮設住宅に入居している。

多賀城市のプレハブ仮設住宅には，社会的弱者が特に集中して入居している。多賀城市全体の生活保護世帯率は10％程度だが，仮設入居者に限定すると実に73％を超える。阪神・淡路大震災の仮設住宅においてはおよそ20％といわれており（兵庫県社会福祉協議会，1997），その集中ぶりは顕著である。

　その背景として二つの大きな要因がある。一つは「みなし仮設住宅」である。東日本大震災では民間賃貸住宅へ入居した被災世帯について，その賃貸住宅を仮設住宅とみなし，家賃補助を一定期間行う制度が新たに創設された。多賀城市は，仙台市のベッドタウンとして，市内あるいは近隣市町において賃貸住宅が豊富に存在しているから，制度終了後にそのまま家賃を負担して居住を継続できる被災世帯は，プレハブ仮設住宅よりもみなし仮設住宅に居住することを積極的に選択したと思われる。

　もう一つの要因は，多賀城市が三陸の被災自治体と異なり，現地再建による復興を選択したという点である。自力再建が可能な世帯は，早くから自宅の再建にとりかかることができたため，そうした世帯もまたプレハブ仮設住宅に居住することはなかった。

　こうしたことから，多賀城市で供給されたプレハブ仮設住宅の数は，全壊家屋数のわずか21％となっており，他自治体と比較すると仙台市に次ぐ低さである。それだけ，多賀城市のプレハブ仮設住宅には自力再建が困難な世帯が集中しており，その支援にも相当な困難があることが想像される。なお，以下で単に「仮設住宅」という場合は，プレハブ仮設住宅を指すものと理解されたい。

　なお，多賀城市では，プレハブ仮設住宅団地の入居者支援については，先に述べた緊急雇用創造事業によって，株式会社共立メンテナンスに委託された。共立メンテナンスは，被災者を支援員として雇用し，入居者への安否確認の意味も含めた声掛けやコミュニティ支援業務を実施している（図10-1）。なお，みなし仮設住宅に居住する被災者のケアについては，多賀城市社会福祉協議会に委託され，同協議会が設置した「支え合いセンター」が実施している（以下，「社協」という）。こちらは緊急雇用とは別の財源で実施されているが，臨時に雇用された被災者によって運営されているという点ではほぼ同じである。

図10-1　支援員による仮設住宅入居者
　　　　への声掛けの様子
（出所）　筆者（永松）撮影。

3　仮設住宅団地入居者による支援員の評価

　筆者らと関西大学社会安全学部に所属する学生11名（2年生〜4年生）は，2013年9月2日から6日にかけて多賀城市内の仮設住宅団地内に宿泊し，アンケート調査およびヒアリング調査を行った。以下では，その調査結果を紹介する。調査の詳細については，永松・元吉・金子・岡田（2014）を参照してほしい。
　そもそも仮設住宅団地入居者は，支援員の活動をどう評価しているのだろうか。そして，入居者はこうした支援員の活動によってどういった影響を受けているのだろうか。これを明らかにするために，筆者らは入居者に対するアンケート調査を実施した。調査対象者は，多賀城市のプレハブ応急仮設住宅の約330世帯の入居者583名のうち，18歳以上の者で，事前に本調査への同意を得られた115名である。有効回答数は105票であった。

第**10**章　被災者による被災者支援の効果

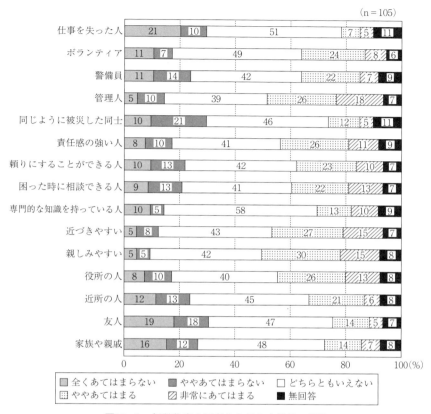

図10-2　仮設住宅入居者から見た支援員の認識

(出所)　筆者(元吉)作成。

(1) 支援員のイメージについて

まず，アンケートでは，支援員のイメージについて尋ねている。その結果を図10-2に示す。これによれば，本来支援員の特性であるところの，「仕事を失った人」「同じように被災した人同士」というイメージについて，入居者の多くは必ずしもそう思っていないということがわかる。むしろ，「役所の人」「管理人」といった近づきがたいイメージを持っている人が少なからずいることが伺える。この点についての考察は最後に改めて行いたい。

第Ⅲ部　支援のあり方と予防への布石

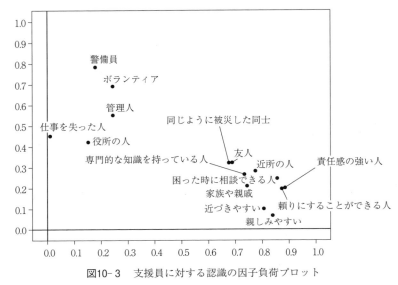

図10-3　支援員に対する認識の因子負荷プロット

（出所）　筆者（元吉）作成。

　これらの回答について因子分析を行ったところ，回答傾向には二つの因子が存在することが明らかになった（図10-3）。第一因子として，横軸で示される因子は，その得点の高い質問項目の内容から支援員への「親しみやすさ」と解釈した。第二因子として，縦軸で示される因子は，その逆に「管理者的な認識」と解釈した。図10-2に示される回答は，それぞれの入居者がどちらの因子をどれだけ有しているかによって回答傾向が左右されているものと理解してほしい。

（2）入居者の心理状態：GHQ30とPTGI-J
　アンケートでは入居者の心理状態について二つの指標を作成することを意図した。まず，もっともよく用いられている調査票の一つである精神健康調査票（The General Health Questionnaire 30：以下，「GHQ30」という）[(2)]への回答を求めた。
　もう一つの指標は，日本語版外傷後成長尺度（The Japanese version of the

第**10**章 被災者による被災者支援の効果

表10-1　GHQ30の因子別平均得点と旧山古志村との比較

	東日本大震災被災（多賀城市）	新潟中越地震被災（旧山古志村）
GHQ30	11.42（±8.79）	18.22（±7.05）
一般的疾患傾向	2.16（±1.65）	3.59（±1.38）
身体的症状	1.85（±1.71）	2.79（±1.72）
睡眠障害	2.76（±1.97）	3.18（±1.62）
社会的活動障害	1.51（±1.66）	4.33（±1.02）
不安と気分変調	1.88（±1.92）	2.62（±2.04）
希死念慮　うつ傾向	1.15（±1.79）	1.72（±1.91）
サンプル数	95	85

（注）　平均得点（±標準偏差）
（出所）　筆者（金子）作成．旧山古志村については金子・永幡・福島（2008）による．

Posttraumatic Growth Inventory：以下，「PTGI-J」という）に 6 件法により回答を求めた．外傷後成長尺度とは，人生を揺るがすような外的な困難に直面した個人が，心理的な成長を体験する程度を測定する指標を指す．これらの質問項目には例えば「人生において，何が重要かについての優先順位を変えた」，「トラブルの際，人を頼りにできることが，よりはっきりとわかった」などが含まれる．

　まず，GHQ30 の得点分布について紹介しよう．GHQ30 の区分点は臨床的に 6 点以内が望ましいとされている．集計の結果，26 名（37.7％）が健常者の区分点である 6 点以下を示した．何らかの精神神経症状を有するとされる「半健康レベル」以上の悪化状態，すなわち健常者群と問題あり群とを弁別するカットオフポイントを超えていた者は 43 名（62.3％）に上った．その中で比較的軽度と考えられる状態の者が 17 名（24.6％）．「要受診レベル」とされる 13 点以上の者は 26 名（37.7％）．その中で「神経症者の平均値」とされる 15 点以上を示した者は 23 名（33.3％）であった．

　対象者全員における各因子別の平均得点（±標準偏差）を算出したところ，下位因子分析が可能であった 95 名からの調査結果として「一般的疾患傾向」が 2.16（±1.65）で軽度の症状，「身体的症状」が 1.85（±1.71）で病状なし，「睡眠障害」が 2.76（±1.97）で軽度の症状，「社会的活動障害」が 1.51（±1.66）で軽度の症状，「不安と気分変調」が 1.88（±1.92）で病状なし，

表10-2 PTGI-J の全体および各下位因子得点の平均と Taku et al. (2007) との比較

	東日本大震災のデータ	Taku et al. (2007)のデータ	
	仮設住宅の居住者 (n=79～93)	大病などを経験 した大学生 (n=39)	身近な人の死を 経験した大学生 (n=57)
PTGI-J	43.99(19.8)	38.9 (SD=20.8)	
他者との関係	2.38(1.2)	2.06 (1.3)	2.26 (1.3)
新たな可能性	2.35(1.2)	1.60 (1.4)	1.87 (1.3)
人間としての強さ	2.40(1.2)	1.51 (1.3)	1.50 (1.3)
精神的変容と人生に対する感謝	2.48(1.1)	1.38 (1.3)	2.32 (1.1)

(注) （ ）内は SD。
(出所) 筆者（元吉）作成。

「希死念慮　うつ傾向」が 1.15（±1.79）で軽度の症状という結果であった。これらは，第三筆者（金子）が過去に実施した旧山古志村の被災者調査（金子・永幡・福島，2008）と比較しても低い得点となっている（**表10-1**）。全村避難を強いられたことで，長期にわたり不慣れな場所での生活を余儀なくさせられた結果，GHQ30 得点，下位因子別得点において高いストレス状態を示した新潟中越地震被災者とは異なり，一時の津波浸水被害の後，長年住み慣れた地で生活を続けることができた本調査対象者においては，比較的に精神の安定が守られた可能性が高かったものと考える。

　次に PTGI-J についても，下位因子について平均得点を算出した（**表10-2**）。「他者との関係」は 2.38（SD=1.2），「新たな可能性」は 2.35（SD=1.2），「人間としての強さ」は 2.40（SD=1.2），「精神的変容と人生に対する感謝」は 2.48（SD=1.1）であった。Taku et al. (2007) では，大学生に過去のトラウマ的な出来事をたずねた上で，その後の外傷後成長について調査している。今回の結果をそのデータと比較すると，仮設住宅居住者の外傷後成長の得点は，大病や事故などを経験した大学生や，家族や恋人など身近な人の死を経験した大学生と比べて，どの因子においても高くなっていた。また，トラウマ的な出来事を経験した大学生全体の PTGI-J の平均が 38.9（SD=20.8）であったのに対して，仮設住宅の居住者の平均は 43.99（SD=19.8）と高くなっていた。ただし，この結果は，年齢の違いが影響していて，年をとるほど外傷後成長を感

じやすくなるという可能性が指摘できる。

（3）入居者の心理状態の決定要因

　さて，入居者らのこれらの心理状態を決定するものはいったい何であろうか。われわれはこの点について明らかにするために，アンケートの中で，入居者が置かれた境遇についても質問した。

　例えば，家族，一般，友人からの知覚されたサポートがそれぞれどの程度得られるか，被災前と被災後に居住していた地域にはそれぞれどの程度のソーシャルキャピタル（社会関係資本）が存在するか，被災前と被災後で社会参加をそれぞれどの程度行っていたか，自分が誰かの役に立っているという実感が得られるサポートの提供を行っていたか，他者がどれだけ自分に依存しているか，対人的なつきあいに満足しているか，将来の見通しはどうか，仕事のストレスはどうか，日常のストレスはどうか，といった13の側面についてそれぞれあてはまる質問を複数用意し，5件法による回答を求めた。これらに加え，前述の支援員への認識に関する因子得点（「支援員への親しみやすさ」「支援員への管理者的な認識」）についても，心理状態の決定要因として検討する。支援員の活動と日々の接触を通じて形成される印象が，入居者の心理状態に影響を及ぼしているとすれば，これらの因子得点と精神的健康の諸変数には統計的に有意な関係が導かれるはずである。

　そこで，GHQ30とPTGI-Jの二つの得点と，支援員への認識に関する二つの因子得点，および被災者の置かれた境遇に関する13の尺度との相関係数について見てみよう。これらを表10-3中の「単相関係数（r）」列に示す。GHQ30について見ると，支援員に対する認識の2因子（親しみやすさ，管理者的な認識），家族，一般，友人のサポートなどの変数では有意な相関が確認されなかった。その一方で日常ストレスとの相関係数が最も高い。PTGI-Jについては，支援員の親しみやすさ，家族，一般，友人のサポートは，有意な正の相関が認められた。

　ただし，これらの相関係数は他の変数の影響がコントロールできていないので，GHQ30およびPTGI-Jを被説明変数とし，13の尺度を説明変数とする重

表10-3 重回帰分析の結果(標準偏回帰係数,単相関係数)および平均と標準偏差

	標準偏回帰係数(β)		単相関係数(r)		平均(標準偏差)	得点の範囲
	GHQ30	PTGI-J	GHQ30	PTGI-J		
支援員への親しみやすさ		.18*	-.15	.47**	3.1 (0.90)	1〜5
支援員への管理者的な認識			-.06	.12	3.1 (0.73)	1〜5
家族サポート		.31**	-.20	.51**	7.4 (2.65)	2〜10
一般サポート			-.18	.56**	7.3 (2.40)	2〜10
友人サポート			.07	.60**	6.8 (2.22)	2〜10
被災前の社会関係資本			-.16	.45**	8.9 (3.16)	3〜15
被災前の社会参加			-.02	.30**	5.6 (2.49)	2〜10
現在の社会関係資本			-.23	.60**	8.2 (3.03)	3〜15
現在の社会参加	-.26**		-.32**	.59**	5.8 (2.55)	2〜10
サポート提供		.47**	-.28*	.60**	11.8 (3.45)	4〜20
他者依存性			-.31*	.38**	10.8 (3.16)	4〜20
現在の対人満足度			-.32**	.48**	8.9 (2.89)	3〜15
将来の見通し			-.45**	.40**	4.8 (2.03)	2〜10
仕事ストレス			.57**	.05	8.3 (3.00)	3〜15
日常ストレス	.72**		.72**	-.19	8.8 (3.15)	3〜15
自由度調整済み R^2	.60	.53				
F値	43.02**	42.43**				

(注) 1:* $p<.05$, ** $p<.01$
    2:空欄は,ステップワイズ法により除去された変数。
    3:( )内はSD。
(出所) 筆者(元吉)作成。

回帰分析を行った。その結果を表10-3中の「標準偏回帰係数(β)」列に示す。これによれば,支援員への認識はGHQ30については統計的に有意な影響を与えていない。このことは,支援員の存在が直接的に入居者の精神的健康状態を改善させているとはいえないことを示している。ただし,日常ストレスがGHQ30に与える影響が大きく,もしも支援員がその活動を通じて入居者のストレス軽減に寄与することができれば,間接的に精神的健康状態の改善に寄与している可能性はある。しかし,この分析ではそこまで明らかにすることはできない。

むしろ注目すべきは,PTGI-Jに対して,支援員への親しみやすさが,直接的な正の影響を与えていたという点である。被災経験を通しての心理的成長に対して,被災者による被災者支援が寄与する可能性を示す結果である。さらに,

援助されている側の仮設住宅入居者自身が誰かの役に立っているというサポート提供が外傷後成長に寄与することも確認された。このことは，支援員が入居者に支えられているという感情を持った時には，それが入居者の外傷後成長にも寄与している可能性を示唆している。

以上の結果から，被災者支援においては，管理者的ではなく親しみやすさを認知してもらうこと，また支援される側も何らかのサポートを提供しているという認識を育むことが重要であることが示唆された。もしも，同じ被災者である支援員による支援が，信頼関係の構築や互恵的な関係の構築において他と比較して有利であるとすれば，被災者による被災者支援はより入居者の外傷後成長に寄与しやすいといえよう。そこで，以下では支援員へのインタビュー調査から，この点について明らかにしていく。

4　支援員による支援業務の評価

前述のアンケート調査に加え，支援員に対するインタビュー調査を行った。調査対象となった支援員の年齢・性別構成は**表10-4**のとおりである。インタビューは個別面談方式で，他の支援員や居住者らと隔離して行った（**図10-4**）。年齢・性別ともに幅広くほぼ均等に分布していることがわかる。また，自宅の被災については**表10-5**に示される。全壊・大規模半壊など大きな被害を受けた人々もいるが，一部損壊・無被害の者が半数以上であり，入居者に比べると被災程度は小さく，それ故に自分自身を被災者と自覚しない支援員も少なくない。

インタビュー内容はカード化され，KJ法にて整理した。その結果が**表10-6**である。共立スタッフと社協スタッフでは業務内容が異なるため，両者を比較する形で集計した。分析の関心は共立スタッフである。ここから，全体的な傾向として，以下について指摘することができる。

（1）業務の中で困ったことについて

第一に，共立スタッフについては，「業務の中で困ったこと，やりにくかったことは何ですか？」「自分自身がストレスを感じることはありましたか？」

第Ⅲ部　支援のあり方と予防への布石

表10-4　調査対象支援員の年齢性別分布

	共立	社協	総計
20代男	2		2
30代女	3		3
30代男		2	2
40代女		1	1
40代男	1		1
50代女	2		2
50代男	2		2
60代女	3	2	5
60代男	2	3	5
70代男	2		2
不明女	2	4	6
総計	19	12	31

（出所）　筆者（永松）作成。

表10-5　自宅の被災程度

	共立	社協	総計
全　壊	2	1	3
大規模半壊	4	2	6
半　壊		1	1
一部損壊	5	7	12
被害無し	7	1	8
不　明	1		1
総　計	19	12	31

（出所）　筆者（永松）作成。

図10-4　支援員（左側）へのインタビューの様子
（出所）　筆者（永松）撮影。

という質問に対しての回答数が66存在し47％，全回答の半数近くを占めるなど，非常に苦労が多い様子が伺える。社協スタッフの回答数は全体の35％であることと比較すると，その多さは特徴的である。なお，元々これらの質問は別々の項目だったが，前者を質問した際に後者に該当すると思われる回答がなされる場面も多く，回答内容も酷似していることから，両者を区別せずにまとめて整理を行っている。

共立スタッフにおいてこれらの質問に対する回答率が高い理由は，その業務

形態や内容によるものが大きいと考えられる。みなし仮設住宅への訪問巡回が主な業務である社協スタッフに比較して，共立スタッフは仮設団地に常駐して毎日個別に安否確認を行うため，支援員と入居者との距離が近く，そのことが支援員のストレスの原因の一つになっている。とりわけ，ストレスの原因として「住民との関係」について回答した意見は 38（27％）にも及び，具体的には「住民の不当な要求を受ける」といった内容が 9 件と突出している。例えば「住民からの，壁が薄くて隣の家の物音が聞こえてくるから何とかしろなどといった支援員の守備範囲を超えるような無理な苦情を住民側から寄せられた」（女性，年齢不明）といった意見や「ちょっと冷たい態度を取ったりすると，文句や苦情につながる」（女性，50 代）という意見が含まれる。日常の生活における不平や不満，あるいは将来への不安が，支援員への攻撃的態度として表面化している様子が明らかになった。とりわけ，前述したように，多賀城市の仮設住宅には相対的に自力再建が困難な世帯が集中している可能性が高く，そうしたことも支援者への依存が起きやすい要因の一つであると推測される。

　また，被災者による支援だからこそ生じる課題も明らかになっている。例えば，「住民から嫉まれる」（6 件，4％）という意見はその最たるものである。具体的には「同じ被災者ではあるが，被災の程度が違うために，『どうせ津波にあってないもんね』など言われたことが，ショックであった」（女性，20 代），「おまえら金もらっているんだろといわれた」（女性，50 代）などと，被災者であるものの，被災程度のギャップやその立場の違いから生じる溝が支援者を苦しめている側面も伺える。

　加えて，業務体制に起因する意見も 22 件（16％）と多い。とりわけ委託元である多賀城市との連携が取れないという意見が 6 件見られた。また，行政との板挟みになるという意見も 5 件あった。これらは多賀城市が民間委託により実施していることと深く関係している。すなわち，まず，支援員事業は共立メンテナンスへの業務委託として実施しているため，個々の現場の問題や判断について，行政職員の指示や判断を直接仰ぐことができないという制約がある。定期的にスタッフと市職員との連携会議は開催されてはいるものの，スタッフを多賀城市が直接雇用する場合と比較すれば，意思の疎通が難しかったであろう。

表10-6 KJ法で抽出された支援員の意見

質問内容と意見	共立(%)	社協(%)
業務の中で困ったこと，やりにくかったことは何ですか？／自分自身がストレスを感じることはありましたか？（A）		
業務体制（①）		
技術不足		1(1)
初期の活動の不便さ		1(1)
他組織との連携が取れない		3(4)
組織内の運営体制に問題がある	4(3)	1(1)
市との連携が取れない	6(4)	2(3)
行政との板挟みになる	5(4)	
スタッフ間で意識の差がある	7(5)	2(3)
小　計	22(16)	10(13)
住民との関係（②）		
手のかかる入居者への対応	3(2)	
住民の業務内容への無理解	3(2)	4(5)
住民の不当な要求を受ける	9(6)	1(1)
住民の話を聞くのが負担	4(3)	1(1)
立場が軽んじられている	4(3)	2(3)
住民の心情や被災体験を理解すること	2(1)	1(1)
住民から理解を得られない	5(4)	(0)
住民から妬まれる	6(4)	1(1)
中立性を保つこと	2(1)	
小　計	38(27)	10(13)
業務内容（③）		
守秘義務によるストレス	2(1)	
無力感に悩まされる	4(3)	6(8)
プライベートと仕事の線引きが困難		2(3)
小　計	6(4)	8(10)
合計（①+②+③）	66(47)	28(35)
どうやってそれを克服しましたか？（B）		
克服できていない（できないと感じている）	5(4)	2(3)
仕事だと割り切って考える	3(2)	1(1)
仕事とプライベートの切り替えをする		1(1)
趣味に没頭する	2(1)	3(4)
踏み込んで良いところと悪いところを区別する	1(1)	
話し合うことによって克服した	6(4)	5(6)
合　計	17(12)	12(15)

第10章　被災者による被災者支援の効果

質問内容と意見	共立(%)	社協(%)
被災者支援の専門的技術もなく，同じ被災者としてこの業務に関わったことの良かった点は何ですか？(C)		
被災者としての意識は薄い	2(1)	3(4)
先入観なく入居者と接することができたこと	5(4)	1(1)
前職のキャリアが生かされたこと	3(2)	3(4)
地元民なので信頼を得やすかったこと	2(1)	1(1)
被災経験を共有しているため入居者を理解しやすかった	5(4)	5(6)
合　　計	17(12)	13(16)
逆にそれゆえに難しかったことは何ですか？(D)		
ケアに関する専門的知識の欠如	6(4)	5(6)
医療的専門知識の欠如	2(1)	1(1)
感情移入しすぎてしまう	3(2)	2(3)
言って良いこと良くないことの線引き		1(1)
特になし		1(1)
被災者支援制度に関する知識の欠如	1(1)	1(1)
		2(3)
被災程度によって，被災者とかえって距離ができる	2(1)	2(3)
住民から嫉まれる	2(1)	
その他	1(1)	
合　　計	17(12)	14(18)
この業務を通じて一番嬉しかったことは何ですか？(E)		
スタッフにめぐまれたこと	1(1)	1(4)
住民の問題解決した時		1(4)
復興や支援に関われたこと	3(2)	(4)
自立する入居者を見ること		(4)
入居者から信頼を得ていると感じたこと	2(1)	3(4)
入居者から感謝されたこと	7(5)	4(4)
イベントを通して入居者が喜んでくれたこと		1(4)
自分の勉強になったこと	1(1)	(4)
入居者が喜んでくれることでやりがいを感じたこと	3(2)	2(4)
入居者と仲良くなれたこと	2(1)	
入居者からねぎらわれたりはげまされたりしたこと	4(3)	
合　　計	23(16)	12(4)
合計意見数(A〜E)	140(100)	79(100)

(出所)　筆者（永松）作成。％は端数処理の関係上，合計値は必ずしも一致しない。

また，共立メンテナンスにとっては，多賀城市がクライアントであり，その指示は絶対である。他方で，支援員は日常から入居者と接しており，とりわけ支援員も被災経験があるため，入居者の心情をよく理解できるがゆえに，仮設住宅入居者と行政との相反する要求の中で苦悩する場面が少なくない。

（2）同じ被災者として業務に関わったことのメリット・デメリットについて

次に「被災者支援の専門的技術もなく，同じ被災者としてこの業務に関わったことの良かった点は何ですか？」という質問に対しては「先入観なく被災者と接することができたこと」「被災経験を共有しているため，入居者を理解しやすかった」（それぞれ5件，4％）という肯定的な評価がある。より具体的には前者について「専門的知識がないから，先入観を持たずに接することができること。会話も，より自然に話すことができる」（女性，30代）といった意見や「顔見知りで同じ様な経験をしたことを面談時に実感したことが良かった」（男性，50代）といった意見が見られる。

他方で，それゆえに難しかったことについて，最も多かったのも「ケアに対する専門知識の欠如」という意見であった（6件，4％）。「毎日の面談でおかしいなと思ったことを訴えても，専門家が来て，普通ですといえばそのままで自分の訴えが通らない」（女性，30代）という意見のように，専門性がないゆえに業務に限界を感じている支援員もあり，専門性のないことは諸刃の剣であるといえよう。また「研修と呼べるものがなかったため，被災者支援が何なのかがわからなかった」（女性，30代）という声もあり，被災者支援業務そのものに対する当初の戸惑いも感じられる。

また，少数であるが，同じ被災者であるがゆえに「感情移入しすぎてしまう」（3件，2％）という声や，前の項でも紹介した「住民から妬まれる」（3件，2％）という声もここでも再び聞かれた。

（3）業務を通じて一番嬉しかったことについて

「この業務を通じて一番嬉しかったことは何ですか？」という質問に対して，共立スタッフの意見は23件（16％）と，それなりの回答を集めている。これ

は，社協スタッフの回答と比較してもかなり多い。共立スタッフは，困ったことについての回答も多かったが，同時に嬉しかったこと，やりがいがあったことも多いことがわかる。

　具体的に見てみると，最も多いのは「入居者から感謝されたこと」（7件，5％）である。具体的には「住民さんに名前で呼んで頂ける時。些細な出来事で「ありがとう」といわれる時。住民さんが笑顔で過ごしている様子」（男性，40代）といったように，入居者とのコミュニケーションが，入居者だけでなく，支援者にとっても精神的な充足をもたらしていることがわかる。また「入居者からねぎらわれたりはげまされたりしたこと」（4件，3％）という内容の意見は，逆に入居者から励まされたなど，被災者支援に互恵性があるということをはっきりと示している。

5　業務としての被災者支援の課題

　これまでの分析をまとめると，以下のようになる。まず，仮設住宅入居者が支援員に対して有する印象には大きく分けて二つの因子が存在した。それは「親しみやすさ」と「管理者的な認識」と名付けられる。このうち，「親しみやすさ」の因子が高い入居者ほど，日本語版心的外傷後成長尺度（PTGI-J）が有意に高いという事実が明らかになった。

　この事実に加え，支援員に対するヒアリング結果からは，同じ被災者であったり，専門的知識がないことによって被災者と距離を近づけやすいといった趣旨の意見が多数見受けられた。これらを総合すれば，被災者による被災者支援は，被災者の精神的な成長にとってプラスの効果を持つ可能性が示されたといえよう。

　ただし，図10-2で示されたように，多賀城市においては，支援員に対して親しみやすさを感じた被災者も多い一方で，「管理人」「役所の人」といったイメージを持つ入居者も少なくない。この点において，多賀城市の取り組みが，被災者による被災者支援のメリットを十分に発揮できたというには，若干のためらいが残る。

第Ⅲ部　支援のあり方と予防への布石

　仮設住宅支援事業を受託した共立メンテナンスは，いわゆるサービス業の企業であり，行政事務のアウトソーシング等においては十分な実績がある企業であったが，福祉的な業務，しかも被災者の自立支援やコミュニティ支援については必ずしもそうではなかった。また，支援員の役割があくまでもコミュニティの支援であって，個人の支援ではないということについての理解が，当初住民にも共有されていなかったといわれる（労働政策研究・研修機構，2014）。このことが，インタビューにも聞かれた「住民による不当な要求」の一因にもなったと思われる。これらは事業を遂行する中で修正され，改善されていったとはいえ，本調査における支援員の印象形成にも影響している可能性はある。

　加えて，冒頭にも述べたように，多賀城市の仮設住宅は生活保護世帯の割合が著しく高く，同じ被災者といっても，一方で仕事を有するものと，片や生活保護を受けなければならないものとの間には，大きな溝があった可能性も否定できない。とりわけ，住民から不当な要求を受けることについてストレスを感じると回答した支援員らは，それらの要求をはねのけるためには，ある意味管理者的にふるまう必要性もあったものと考えられる。

　その意味では，本研究は被災者による被災者支援が有効に機能する可能性を示したものとはいえるが，実際にそれを有効に機能させるためには，様々な配慮が必要であることも同時に明らかにしているといえよう。とりわけ，支援員に被災者が依存しすぎないように，その立ち位置について，入居者や委託元の行政との間に十分にコミュニケーションを確保しておくこと，また，支援員そのもののストレスマネジメントをしっかり行うことなどは今後の災害に向けた重要な課題であろう。

［謝辞］　本章は 2013 年度 JR 西日本あんしん社会財団助成研究「被災者による被災者支援に関する研究」（研究代表者：永松伸吾，助成番号 westjrf13R017）の成果である。また，科研費基盤研究(B)「東日本大震災における CFW の実態調査と災害対応技術としての確立」（研究代表者：永松伸吾　課題番号 25285162）の成果の一部を含む。また，筆頭著者（永松）が労働政策研究・研修機構（JILPT）のプロジェクト研究「東日本大震災からの復旧・復興と雇用・労働に関する JILPT 調査研究プロジェクト（震災記録プロジェクト）」（2012〜14 年度）に参加して調査研究を実施した成果の一部も含む。

本研究の実施に関しては，多賀城市生活再建支援室，株式会社共立メンテナンス，および多賀城市社会福祉協議会の協力を得た。ここに記して感謝する。但し，本稿に含まれる主張や誤りは全て筆者らの責によるものである。

注

(1) 例えば心理学者カプランは，未亡人による相互支援ネットワークの観察から，同じ境遇にある者同士の支援の有効性を指摘している（Caplan, 1974）。
(2) GHQ30は，下位尺度として，一般的疾患傾向，身体的症状，睡眠障害，社会的活動障がい，不安と気分変調，希死念慮とうつ症状などで構成される。詳しい解説は，例えば中川・大坊（1985）を参照のこと。
(3) PTGIは，下位尺度として，他者との関係，新たな可能性，人間としての強さ，精神的変容と人生に対する感謝などによって構成される。詳しい解説は，Tedeschi and Calhoun（2004）を参照のこと。またその日本版のPTGI-Jについては，Taku et al.（2007）を参照のこと。

参考文献

金子信也・永幡幸司・福島哲仁「新潟中越地震により被災した仮設住宅生活者の精神健康調査」『平成17年中越地震による全村避難地域復興にかかわる文理融合総合研究』福島大学生協印刷，2008年，88-94頁。

中川泰彬・大坊郁夫『日本版GHQ手引き』日本文化学社，1985年。

永松伸吾・元吉忠寛・金子信也・岡田夏美「被災者による被災者支援業務の評価と課題——多賀城市仮設住宅支援業務を例として」『地域安全学会論文集』第24号，2014年，183-190頁。

兵庫県社会福祉協議会『仮設住宅に暮らす壮年層の健康と生活に関する調査中間報告』1997年。

労働政策研究・研修機構『復旧・復興期の被災者雇用——緊急雇用創出事業が果たした役割を「キャッシュ・フォー・ワーク」の視点からみる』労働政策研究報告書，第169号，2014年。

Caplan, G., *Support Systems and community mental health : Lectures on concept development*, New York : Behavioral Publications, 1974.

Taku, K., Calhoun, L. G., Tedeschi, R. G., Gil-Rivas, V., Kimer, R. P. and Cann, A.,"Examining posttraumatic growth among Japanese university students," *Anxiety, Stress & Coping*, 20, 2007, pp. 353-367.

Tedeschi, R. G. and Calhoun, L. G., "Posttraumatic growth : Conceptual, foundations and empirical evidence," *Psychological Inquiry*, 15, 2004, pp. 1-18.

第11章
ポスト3.11における災害ジャーナリズムの役割

近藤誠司

1 取材者と被災者の関係性

　大きな災害や悲惨な事故が起きると，メディアが好んで流布する言葉の一つに「希望」がある。厳しい現実を目の当たりにして，なんとしても早く「希望」を見出したい。そんな強い思いに駆られて報道の従事者たちが半ば無意識のうちに使ってしまう，いわば"マジックワード"である。

　筆者も，かつてそうであった。東日本大震災が起きて，まもなく3年になろうとしていた時のこと。当時，テレビ局のディレクターをしていた筆者は，岩手県沿岸部の小学校に足を運んだ折り，子どもたちに『将来の夢はありますか』と愚かにも尋ねてしまった。教室にいた子どもたちは，一斉に手を挙げてくれた。『この町でケーキ屋さんをやりたい』『大工になって町の復興を手伝いたい』『この学校の先生になって震災のことを伝えたい』……。「被災地の小学校に希望の光」といった古色蒼然としたタイトルが，脳裏に浮かぶ。そして，すぐにこう思い直す。こうした「希望」をめぐるやりとりは，これまで被災地において，何度も何度も繰り返されてきたはずである。マスコミという部外者が"等身大の希望"を持つことを求めてくるから，子どもたちはその意を汲んで，敢えて即興的に期待に応えているだけなのではないか。

　この問題を考えるに当たって，ひとまずのところ，災害救援ボランティアの研究を続けてきた渥美（2008）の鋭い指摘を参照しておこう。渥美公秀は，ボランティアが被災者に関わる際の「権力性」の問題を，「誰が誰の生をどこまでコントロールできるのかという問いに無頓着なまま，いかにも善意を装って制度という圧倒的な力を持ち込む密やかな＜暴力＞」（238頁）として位置付け

ている。「被災者／被災地のために」という耳触りのよいフレーズも，ひとたびバランスを崩せば＜暴力＞にさえ転じるおそれがあるというのだ。それでは，同じ構図を，取材者と被災者の関係性にあてはめてみた場合に，この＜暴力＞の陥穽を，どのように超克していけばよいのだろうか。

　その答えを急ぐまえに，以下，まず次節で，「災害ジャーナリズム」とは一体どんな役割を担うべきものなのか概観し，次に第3節から第5節で東日本大震災をめぐる災害報道の課題を整理して，今後，「災害ジャーナリズム」がどのように変容していくべきか見通しを述べていく。それらの論考を踏まえた上で，あらためて第6節で，「希望／暴力」の問題を検討することにしたい。

2　災害ジャーナリズムとは

　中村（2012）によれば，災害報道は，「災害の状況を伝えたり論評するジャーナリズム機能」と「災害の被害を軽減するための情報を提供する防災機能」をあわせ持っているという（473頁）。本章では，この定義を参考にしながらも，"被災者の視点"を最重要視して，「災害ジャーナリズム」の再定義を行う。

　「災害ジャーナリズム」は，一義的には「被災者／被災地のために」行われる。ただしそこには，眼前の被災者のみならず，未来の被災者――"未災者"ともいう――も含まれる。このことを念頭に置いて，災害マネジメントサイクルに沿って機能別に再整理したものが，以下の三つである（近藤，2009；2012）。

　①災害発生の直前・直後に行われる「緊急報道」
　②その後の復旧・復興期に行われる「復興報道」
　③おもに平常時に行われる「予防報道」

　上記，「災害ジャーナリズム」の三機能――「緊急報道」・「復興報道」・「予防報道」――に，もう少しだけ説明を加えておこう。①「緊急報道」の使命は，危難が迫る中，もしくは災害の渦中において，ひとりでも多くの命を救うこと，②「復興報道」の使命は，被災者／被災地の暮らしに資すること，③「予防報道」の使命は，防災・減災の取り組みを進めることである。平易な述

語でいい表せば，①「救う」，②「支える」，③「守る」ということになるだろう。それぞれの述語の目的語には，究極的には「いのち」が当てはまる。

なお，これらの分類は，あくまで便宜的なものであり，一つの被災地においてさえも，それぞれの局面が，単線的・不可逆的に変遷していくとは限らない点には，注意が必要である。「緊急報道」と「復興報道」が並行して行われたり，「復興報道」のさなかに「緊急報道」が行われたりすることも，しばしばである。また，「緊急報道」や「復興報道」が，「予防報道」の機能を担っていることも少なくない。

したがって，報道の現場では，「緊急報道」「復興報道」「予防報道」，そのいずれにおいても，①時宜を得て，②求めている人に，③求めている情報を，④わかりやすく伝えることが必要であるとされてきた。換言すれば，①「適時」，②「的確」，③「適切」，④「丁寧」となる（小田，2004）。これを，古参・中堅の報道人は，各語をローマ字表記した際の頭文字をとって「四つのＴ」と呼び慣わしてきた。

さて，ここまで読み進んだ読者はすでにご賢察のとおり，本章では，「災害報道」という用語を，意図的に「災害ジャーナリズム」という造語に置き換えている。ここには，従来どおりの「災害報道」や，既定路線の「ジャーナリズム」とは異なる，もう一つのアプローチを探索していこうとする筆者のねらいが込められている。結論を先取りするならば，"単なる情報伝達機能としての災害報道"ではなく，また，"客観・中立を擬制するジャーナリズム"でもない，"「リアリティの共同構築モデル」を基礎に据えた災害ジャーナリズム"を志向するということになる。順を追って説明しよう。

もし，従来どおりの災害報道であれば，先に述べた「四つのＴ」を遵守してさえいれば，それでよかったといえる。適時・的確・適切・丁寧に情報発信していれば，報道機関の職責を全うしたことになる。報道機関が警報（や，その意味）を伝達しても，視聴者／読者が「逃げずに津波にのまれた」のであれば，それはもはやその人の責任である。報道機関が防災効果を力説しても「住宅の補強をしなかった」のであれば，やはりそれはその人の選択にすぎない。事態の顛末に関して，報道機関はなんら責任を負う必要がない。誤報や虚報がなけ

第11章 ポスト3.11における災害ジャーナリズムの役割

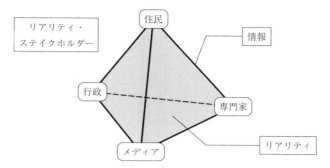

図11-1 リアリティの共同構築モデル
(出所) 岡田・宇井 (1997) を修正。

れば，非難される瑕疵はどこにもなく，反省すべき余地などないということになる。

さらにもし，既定路線のジャーナリズム，いわゆる"客観報道"を目指す構えを墨守するのであれば，同様に，事態の帰結に心を砕いて，主観を前面に出して状況に関与していく必要はない。いや，そうすることなど決して許されない。「非当事者宣言は，ジャーナリスト活動の出発点」(原, 2009) というのであれば，記者であれアナウンサーであれカメラマンであれ，単なる観察者／報告者——心理学にいう，"壁の花"——に徹していなければならないはずである。

しかし，そうした"われ関与せず"のスタンスでいることを是として割り切ってしまうと，とどのつまり，"無責任"という特権的な安全圏を構築することにつながりかねない。事実，東日本大震災では，「デタッチメント (detachment)」の姿勢だけでは，いのちを「守り」「支え」「救う」ところまで，しっかりとアクションを進めることができなかった。

そこで，せめて半歩だけでもベターメントを図るために筆者が提案しているのが，事態に「コミットメント (commitment)」するスタンスを組み込んだ「災害ジャーナリズム」である。これは，火山災害の知見から提起された「減災の正四面体モデル」(岡田・宇井, 1997) を援用した，「リアリティの共同構築モデル」(図11-1) が理論的なベースとなっている (近藤, 2012)。端的にい

213

えば，災害対応の主たるプレイヤーである，住民・行政・専門家・そしてメディアが，ともに「リアリティ」——例えば，災害リスクの切迫性などの現実味——を構築していき，総力を挙げて事態の改善を図っていこうとする構えである。この点において，「災害ジャーナリズム」の従事者は，必然的に"当事者性"を強く帯びることになる。そのことに無自覚であってはならない。

"ともにコトをなすこと"（矢守，2013）においてはじめて感得されたリアルな情報を——すなわち，リアリティの断片を——，ひとりのプロフェッションとして責任を持って世に送り続けることが求められる。

以上のような，新たに定立しようとしている「災害ジャーナリズム」の観点を踏まえて，次節以降（第3節＝緊急報道，第4節＝復興報道，第5節＝予防報道），東日本大震災が日本のマスメディアに突き付けた課題群を，あらためて検討していこう。

3 緊急報道をめぐるリアリティの構築

死者・行方不明者数が1万8000人を超えた東日本大震災（震災関連死を除く集計値）では，死因の9割以上を「水死」が占めた（警察庁，2011）。これまでに経験したことがないほどの強く長い揺れに見舞われたにもかかわらず，なぜ多くの人が，適切な避難行動をとることができなかったのか。大津波が迫る中で，どうして，「いますぐ逃げなければ命にかかわる」という「リアリティ」を共同で構築することがなしえなかったのか。

当時，現場において，危難を伝える警報が「伝わっていなかった」わけではない。例えば，内閣府・消防庁・気象庁（2011）では，被災沿岸住民の大半は警報を覚知していたことが判明している（岩手県87％，宮城県79％）。したがってそこには，例えば2010年チリ地震津波の際に列島各地で見受けられたような，「情報あれど避難せず」（近藤ほか，2011；金井・片田，2011）の状況が発生していた可能性が示唆される。このことを，NHK（日本放送協会）の「緊急報道」を検証することで確かめてみよう。なお，ここでNHK1局を分析対象とするのは，①災害対策基本法上の指定公共機関である，②災害時において

第11章 ポスト3.11における災害ジャーナリズムの役割

常々視聴率が最高位にある，③日本全国をカバーしている，④テレビとラジオの内容が初動期は原則同一である，⑤東日本大震災を経た日本社会においてNHKテレビの災害報道の注目度が増している（野村総合研究所，2011）といった理由からである。

岩手県釜石港を例にとれば，致命的な大津波が陸域に浸入したのは，地震発生から30分経ってからのことだった。そこで，その時点までの「猶予時間」内において，どのような放送がなされていたのか「内容分析」（Krippendorff, 1980=1989）を試みた。まず，映像に関して結果をまとめたのが，図11-2である。

テレビの画面に映っていた内容を量的に把握してみると，宮城県内の様子を捉えた中継映像が全体の42%を占めており，その次に多かったのは，東京都内の中継映像であったことがわかった（全体の27%）。具体的には，お台場のビル火災の模様や，新橋駅前に集まってきた人々の様子，そして，警視庁にいる記者が都内の被害状況をとりまとめて報告するといった内容だった。

もう少し詳しく映像の傾向を分析するため，10分ごとの変遷をまとめたものが，図11-3である。これを見ると，地震発生当初は宮城県内の中継映像が優勢であったところに，20分後以降は岩手県内の中継映像が加わってきたこと，しかしそれを上回る勢いで，東京都内の中継映像が増えていったことがわかる。①東京のテレビスタジオも地震で確かに大きく揺れた，②東京を本拠にしているため都内の情報ほど入手しやすい，③宮城県内の港の映像にはまだ津波が見えず静的に過ぎる，こうした複数の理由から，東京都内の映像が選択されたことがうかがえる。こうして，視聴者からすれば，「東京中心のリアリティ」が構築されやすい状況が生まれていったと考えられる。

次に，音声の分析結果も見ておこう。図11-4は，地震発生からの30分間で，どのような「呼びかけコメント」がアナウンサーから発信されたのか，内容を分類して度数を積算し，その推移を5分ごとに示したものである。なお，上述したとおり，初動期は，NHKにおいてはテレビとラジオの放送内容は原則同一であり，テレビの音声がそのままラジオに流れることになっている（この措置を"T-Rスルー"という）。

グラフに目をやると，最初の15分間は，地震や津波に関する注意を繰り返

第Ⅲ部　支援のあり方と予防への布石

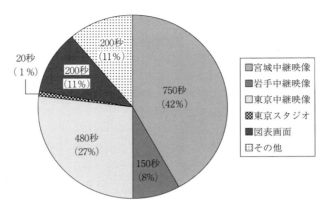

図11-2　地震発生から30分間における映像内容
（出所）　近藤・矢守・奥村・李（2012）。

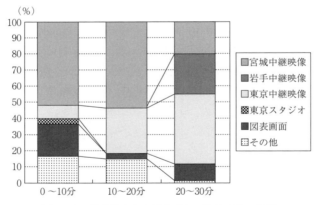

図11-3　地震発生から10分ごとの映像内容の推移
（出所）　近藤・矢守・奥村・李（2012）。

し喚起しようとしていたことが見てとれる。「高台に避難してください」というコメントは，地震発生5分後から10分後にかけては，ほぼ1分に1回の頻度で発していた。しかし，気になるのは，やはり地震発生20分前後の頃である。グラフ上，y軸の値はゼロに集中している。実は，地震発生14分後から21分40秒後までの7分40秒間，何らかの注意を促すコメントは，一度も発信されていなかったことがわかった。この「空白の時間」には，お台場のビル

第11章 ポスト3.11における災害ジャーナリズムの役割

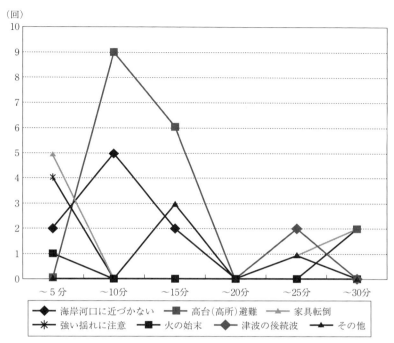

図11-4 地震発生から5分ごとの「呼びかけコメント」の推移(一部省略)
(出所) 近藤・矢守・奥村・李 (2012)。

火災の実況中継や，沿岸自治体の防災担当者の電話インタビューなどが放送されていた。後者は，津波の危難を視聴者に想起させる材料ともなりそうだが，しかし，実際に放送されたやりとりは，「まだ（役場には）情報が入ってきていません」という内容だけだった。こうして限られた「猶予時間」は，切迫感も訴求力も失われていく中で費消されてしまった。

陸前高田市の戸羽太市長は，地震発生直後，庁舎前の駐車場に移動して，カーラジオに耳を傾けていた。回顧録には，次のように記している。「この段階ではまだ，本当に大津波が来ると思っていた市民は少なかったと思います」（戸羽, 2011, 24頁）。居合わせた行政職員も地域住民も，大津波警報が発表されていること自体は知っていたが（そして，その用語の意味も頭では理解してい

たはずだが),本当に危難が自身に迫っているという「リアリティ」は構築されていなかったことが強く示唆されている。

　もちろん,こうして事態をレトロスペクティブに振り返ってみたところで,すべては所詮,「後知恵（hindsight）」（Freeman, 2010=2014）だとして,課題抽出の作業自体に再批判することもできよう。従来どおりの「災害報道」としては,さほど破綻はしていなかった。「ジャーナリズム」としての機能も,おそらくは損なわれていなかった。

　しかしそれでも,"問わずにはいられない"という声が,まさにメディアの内部で渦巻いている。もっと何かできたのではないか。もっと他に手立てがあったのではないか。「災害ジャーナリズム」の視座に立てば,住民・行政・専門家・メディアが各々,この事態にどこまで深くコミットメントできたか,もう一度,洗い直すことが起点となる。例えば,東京による「集権的再配分」（宮台・飯田, 2011）の編成をいち早く脱して,盛岡放送局から岩手県民に向けて,仙台放送局から宮城県民に向けて,土地ごとの方言を使って呼びかけていたらどうだったか。もっと語調を荒げて呼びかけていたらどうだったか。命令口調だったらどうか（井上, 2012）。異常な引き波を目撃した住民の声を,そのまま放送に使っていたらどうだったか。広帯域地震計が解析不能となった前代未聞の事態に陥っていることを,気象庁が切迫感をもって伝えていたらどうだったか（気象庁, 2011）。

　こうしたアイデアを統一的に吟味する「理論フレーム」を提示することが,ポスト3.11の時代に要請されている。上述した提言の"肝"に関する考察は第6節にゆずることにして,先に東日本大震災の検証を進めていこう。次は,「復興報道」である。

4　復興報道をめぐるリアリティの構築

　東日本大震災の「復興報道」は,まさにいま"進行中"である。現時点で（本章の執筆は2014年の夏）何らかの評価を下すことは,拙速に過ぎるきらいがある。そこで,本章では,局面を発災からの3か月間程度に区切って,全体

第 11 章　ポスト 3.11 における災害ジャーナリズムの役割

の傾向を分析することにしたい。

　東日本大震災は，被災したエリアが広域で，かつ被害が甚大・複雑な様相を見せるという，いわゆる「スーパー広域災害」だった。その全容に迫るため，被災した全ての地域に関して，被害の状況や復興の進捗を均しく報道しようとしても，リソースには限りがあり，とても太刀打ちできない。当初から，取材活動に偏りが出ることが懸念された。そこで総務省は，NHK と日本民間放送連盟に対して，放送法第 6 条の 2 の趣旨に鑑み，「正確かつきめ細かな情報を国民に迅速に提供する」とともに，「できる限り，多くの被災地域の情報を偏りなくとりあげる」ことを要請していた（総務省，2011）。

　結果は，どうなったのであろうか。地震発生からしばらくの期間は，国を挙げて「原発事故対応」と「地震津波災害対応」が"二正面作戦"で展開されていた。このうち，本章では後者のバランシングを確かめるため，岩手県下で災害救助法の適用を受けた沿岸 12 市町村を対象として，報道量の分析を行うことにした。新聞記事データベース「日経テレコン」の一括検索機能を活用して，全国紙（読売・朝日・毎日・産経）および NHK ニュースにおいて，被災自治体名が出現する該当記事本数を積算した。約 3 か月間にわたる 1 週間ごとの推移をグラフ化したものが，図 11-5 である。ちなみに第 0 週目は，地震が起きる前の 1 週間の記事本数を示している。

　これを見ると，全体の傾向が一目瞭然である。陸前高田市が最も出現度が高く――すなわち，報道量が多く――，釜石市・大船渡市・大槌町も頻出していたことが見てとれる。その一方で，久慈市・野田村・岩泉町・普代村・洋野町は，圧倒的に少なかった。陸前高田市と洋野町では，おおよそ 20 倍の開きがあった。どの自治体も，最初の 2 週間ないし 4 週間でピークを迎えると，あとは漸減していたことがわかる。ここで見逃せないのは，「大幅な順位の入れ替えがなかった」という事実である。被災地／被災者の立場からしてみれば，最初に注目された地域はずっと注目され続けており，"敗者復活はない"ということになる。

　もちろん，被害がシビアなところが，手厚く取材・報道されているのであれば，それは致し方ないと考えることもできる。そこで，次に，「人口」，「死

第Ⅲ部　支援のあり方と予防への布石

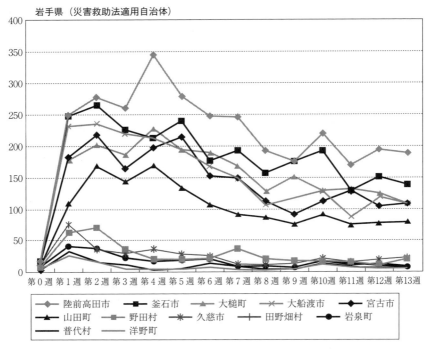

図11-5　岩手県の被災沿岸自治体における報道量の推移
（出所）　近藤・矢守・李（2011）。

者・行方不明者数」「死亡率」「面積」「浸水域の広さ」「浸水率」の六つの要因別順位と、報道量の順位を比較・検討してみることにした（図11-6）[1]。

　予想どおり、「死者・行方不明者数」や「死亡率」と報道量の順位相関は高かった（スピアマンの順位相関係数は、それぞれ $\rho = .944$, $\rho = .874$ で、いずれも1％水準で有意）。また、「浸水率」と報道量の順位相関も、比較的高かった（$\rho = .608$, 1％水準で有意）。

　しかし、例えば、「浸水率」が第2位だった野田村は、報道量は第7位と低調であり、この点に限ってみると、相対的に「過少報道」だったといえるかもしれない。「浸水率」は、海岸部に低平地が広がっている場合には高くなりやすい傾向があるため、被害の深刻さを忠実に表した指標とはいい難い。ただし、

第11章 ポスト3.11における災害ジャーナリズムの役割

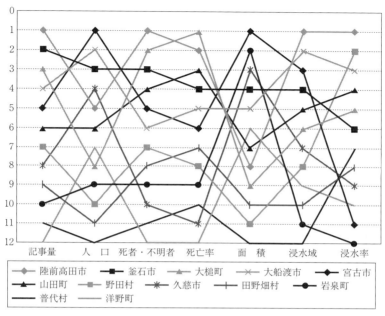

図11-6 報道量と6要因別の順位相関
(出所) 近藤・矢守・李 (2011)。

復旧・復興の作業を考えるかぎり、手ごわい地形であるともいえる。野田村は、海際を走っていた北リアス鉄道を失い、低平地の中心市街地が水にのまれ、町役場付近も浸水した。より多くの救援を呼び込むために、報道の力を借りたい状況にあったといえるはずである。

ここで、報道の量と支援の量に関して、気になる数値を見ておきたい。それは、被災自治体に直接寄せられた義援金の額である（河北新報、2011年5月27日）。参照した新聞記事の見出しにもあるとおり、「義援金受付額、格差浮き彫り」となっている。例えば、陸前高田市では2億551万円であるところ、洋野町では3951万円となっている。これは、津波の浸水被害が無かった北上市の4905万円よりも低い値である。報道格差が支援格差を招く場合があることは、将来の巨大災害の発生リスク（南海トラフ巨大地震や首都直下地震など）を見据えたとき、極めて重要な、そして切実な問題であることがわかるだろう。

ところで，それでは，報道量のバランシングは，誰がどのようにしてとればよいのかという，実際的／実務的な問題を考えてみると，これが極めて扱いの難しいアポリアであることに気づくはずだ。例えば，野田村——ちなみに，先の記事によると，義援金額は 6960 万円——の役場職員に筆者がヒアリングした際には，「報道の量が少ないと感じたことはなかった（そもそも余所と比較する余裕など無かった）」という回答とともに，「たくさんのメディアが来て混乱するよりも，少ないくらいがちょうどよかった」といった回答さえあった。この素朴な証言が示唆しているのは，報道量に関して，客観的かつ絶対的な「適量」がどれほどなのかは，少なくとも部外者には決められないということである。逆にいえば，事態に内在し，沈潜し，状況に深くコミットメントする中においてしか，報道量の適否を感得することはできないということである。

ここで，「復興報道」における類似したアポリアを，もう一つだけ端的に示しておきたい。それは，"「風評被害」の報道による風評被害" という問題である（詳しくは，李ほか［印刷中］）。例えば，北関東の沿岸部にある町で，若手の漁師たちがフェイスブックで情報発信を行い地元漁業の振興を図ろうとした取り組みを，報道機関が「原発事故による風評被害を乗り越えようと奮闘している」といった構図で捉えたことに対して，地元住民が強く反発した事例がある。"どこそこに風評被害がある" と記事で名指しされただけで，本当にその地域において風評被害が固定化してしまうおそれがあるというのだ。それでは，実際に風評被害が無いのかといえば，そんなことはない。海水浴客の減少や漁協の水揚げ高の低迷を見れば，確かにそこには「経済的な被害」が生じている。関谷（2011）による「風評被害」の定義によれば，これこそがまさに「風評被害」の典型なのである。

先に見た報道格差のケースと同様に，風評被害に関する報道の量や質の適否を，客観的に，すなわち事態に外在したままの安全圏から指し示すことはできない。やはり，その場に身を置きながら，よりポジティブな報道——例えば，港で行う祭りや，若者が集うアニメ・イベントの活況など——にも十分に尽力して，文脈に依拠したかたちでバランシングを図る以外，他に手はないであろう。ポスト 1.17——阪神・淡路大震災以後——でも，同様の議論は，なさ

れていた．例えば，神戸市では，"悲惨な被災地"というイメージだけに押し込められないよう，多くのメディアが，観光都市，ジャズのまち，グルメのまち，おしゃれなまち，世界につながる港町・KOBE としての魅力を伝える報道にも傾注していた．ポスト 3.11 の「災害ジャーナリズム」においては，それはもっと自覚的に，より戦略的に，さらにいえば共同構築的に展開されてしかるべきものとなっている．

5 予防報道をめぐるリアリティの構築

「緊急報道」，「復興報道」の課題を，順に見てきた．次に「予防報道」に移ろう．まず，ポスト 3.11 に限定して概括すれば，中央防災会議による相次ぐ「新想定」の発表や，津波対策に関する法体系の整備などの動きを受けて，「予防報道」のあり方も大きくシフト・チェンジした点に注視しなければならない．

「想定外を出さない」「二度と惨禍を繰り返さない」といった掛け声の下，例えば，南海トラフ巨大震災に関する国の新想定では，最悪の場合，32 万人超の死者が出るという試算が示された．これに相前後するかたちで，都道府県レベルでも次々に新想定が公表された．その多くが，国の新想定をはるかにしのぐ "最悪の最悪" という内容であった．さらに，日本海側においても，東日本大震災クラスの津波発生を仮定した被害想定が行われるようになった．「対応を丸投げされた格好の市町村からは，想定の精度や目的にも疑問の声が出ている」（『河北新報』2013 年 9 月 24 日）といった記事が出るほどの過熱ぶりを示していた．

このようなポスト 3.11 の社会的な文脈について，近藤・孫・宮本・鈴木・矢守（2012）は，高知県のフィールドワークをもとに，次のような「三つのドライブ」が生じていると概括している．まず一つ目は，「想定の "信／不信" に根差した諦めムード」のドライブである．この謂いは，「どうせ津波対策に取り組んでも徒労に終わる」といった後ろ向きの発言に集約されている．背景には，想定というものに対するアンビヴァレントな感情があると考えられる．

すなわち，"信／不信"の相克である。新想定を信じている人たちには，「もはや手の打ちようがない」といった失望感が広がっていた。一方，信じていない人たちは，「想定なんてあたりっこない，来たときは来たときだ」といった，投げやりな態度が散見された。次に二つ目のドライブは，「情報過多の渦中における疎外感のムード」である。これは，主にメディアを介して，国や行政，そして専門家がブラックボックスの中で作った数値データが，まるで津波のように押し寄せてくることに対する反感であり，そもそも蚊帳の外に立たされていること——すなわち，事態から疎外されていること——についての苛立ちである。なかには，「あとは専門家のみなさん，どうぞよろしく」という発言に見られるように，防災の主人公たることを"降りて"しまう人もいた。最後に三つ目のドライブとして，「ローカリティの欠如による不全感ムード」のドライブがある。これは，例えば，「高台避難」という言葉一つとっても，自分の居住地に引き付けて考えてみた時，どこがその「高台」に該当するのかよくわからないといった事態を指している。傾斜の具合，坂道や階段の状況，見晴らしの良さ，雨風がしのげるスペースの有無など，実際には，「高台」をめぐるリアルな肌触りをもっとしっかりと把握しておきたいのに，肝心のその情報が伝わってこない。一律に，判を押したように「た・か・だ・い」といわれても，隔靴掻痒だというのだ。

　報道従事者の中にも，こうしたミスマッチな雰囲気が醸成され始めていることに気づいている人たちはいた。しかし，どうにも追い付けないきらいがあったという。すなわち，新想定にふんだんに盛り込まれた，もっともらしい数値を，とにかく一つひとつ間違えずに読み上げることに終始しているうちに，紙面は尽き，放送時間は終わりを迎えてしまうというのだ。

　さてここで，上述したようなポスト3.11における「予防報道」の閉塞を超克するために，新たに実施されている一つの試みを紹介したい（孫ほか，2013）。その取り組みのポテンシャルを整理することで，結びの第6節の提言へとつなげていこう。

　取り組みが行われている場所は，高知県四万十町興津地区である。南海トラフ巨大地震の新想定では，わずか15分で20m超の津波が襲来すると予想され

第11章 ポスト3.11における災害ジャーナリズムの役割

図11-7 動画避難カルテのスナップショット
(出所) 孫・近藤・宮本・矢守 (2013) (制作協力：京都大学防災研究所・NHK 大阪放送局・タニスタ)。

ている。ここでは，地域住民を対象として，1日のうちで最も長い時間を過ごす場所から，自分が最適と思う避難場所まで実際に逃げてみる「個別訓練タイムトライアル」が展開されている。訓練時には，地元の小学生がビデオカメラとストップウォッチ，さらには GPS ロガーを持参して随行する。何分何秒で移動できたのか，どのような経路を通ったのか，あとから検証するためである。

図11-7は，訓練後に制作された成果物，「動画避難カルテ」である。中央にあるタイマーは，地震発生時刻からの経過時間を示している。このタイマーと連動するかたちで，全ての動画を再生することができる。左上は訓練実施者の表情を捉えた映像，右下は使用した経路の様子を捉えた映像である。左下は，津波浸水シミュレーション上に GPS ロガーで採取した訓練実施者の位置情報をプロットしたアニメーションである。そして，右上には，訓練実施者のつぶやき――心配に思うことや疑問点など――と，それに応答する小学生たちのコメントが表示されるようになっている。

第Ⅲ部　支援のあり方と予防への布石

　さて，こうした取り組みに，どのようなポテンシャルがあるというのか。ここでは，大きく四つ指摘しておこう。まず第一に，訓練には，地域住民，学校関係者のみならず，実は，報道従事者，行政職員，専門家が揃い踏みで参加している。このうち報道従事者は，「動画避難カルテ」の編集作業を担っていた。こうした"協働"の作業によって，文字どおり，「リアリティの共同構築」が図られようとしていた。皆が皆，「間に合うかな」「足元は大丈夫かな」と，思いを一つにしていく。第二に，「動画避難カルテ」に盛り込まれた数値は，全て「自分の」，すなわち訓練実施者によるものだったことが重要である。歩行速度は，専門家が決めた平均値などではなく，自分の足で歩いた実測値である。経路も自分の判断によるもの，目的地もそうである。新想定に疎外された事態を，極力是正していることがわかる。「動画避難カルテ」の映像を見れば，さらにそれが印象づくだろう。主人公は，画面に映し出されている，まさに「自分」なのだから。第三に，こうしてローカルな「高台」の実際を，行政も専門家も，そして報道従事者も，ともに歩いて体感した点を指摘することができる。さらに第四に，その「高台」にのぼるのは，抽象的な存在としての「要援護者」などではなく，ともに訓練を実施した具体的なAさん，Bさんであった。顔が見える関係性が，そこに生まれたことの意義は大きい。時には，あだ名で呼び合うこともあった。報道従事者自身も，所属している会社の名前で呼ばれるのではなく，具体的なCさんとして声をかけてもらえる仲になった。繰り返せば，このようにして，現場で徐々に「リアリティの共同構築」が図られていったプロセスにこそ，従来の「予防報道」では得ることのできなかったポテンシャルが秘められている。

6　もう一つのジャーナリズムを目指して

　ポスト3.11における「災害ジャーナリズム」では，デタッチメント（detachment）の構えからコミットメント（commitment）の構えに軸足を移して，「リアリティを共同構築」していくことが要請されている。さらにいえば，この終わりなきプロセスの総体を，「災害ジャーナリズム」と呼んではどうか。

第**11**章　ポスト 3.11 における災害ジャーナリズムの役割

　これが，本章における提言の骨子であった。さらに重要な視点を二つ示して，補強をしておこう。

　「緊急報道」「復興報道」「予防報道」の課題から見えてきたことは，コミットメントの必要性，すなわち，事態に内在することのポテンシャルであった。ここで意識しておかなければならないことは，第一に，「ローカリティ（locality）」である。個別具体的な「その場所」のことである。正確であるがゆえに抽象的であっては，「その場所」の危難は，人のこころには伝わらない。より具体的でなければ，届かない。「日本列島の太平洋側沿岸部」を出発点にしたとしても，X 県の中の，Y 町の中の，中心に位置する，Z 港，普段は釣り人で賑わうあの突堤……，このように引き寄せて，事態の当事者に行動を促す契機を作っていく――こころのスイッチを押すといってもよかろう――必要がある。それは，復興のフェーズでも，平素においても，同様である。他でもない「その場所」であることを，互いにまず感得しなければならない。第二の視点は，さらに上記の構えを深化させた要諦である。すなわち，個別具体的な，特個の「あなた」と手を結ぶことである。「予防報道」のプロセスにおいて，実際にAさん，Bさんと訓練をした経験が，「緊急報道」のプロセスにおいて，Aさん，Bさんを救うための"最後の一手"を生むポテンシャルとなる。そして，「復興報道」のプロセスにおいても，Aさん，Bさんの暮らしに思いを馳せるがゆえに，当事者性を帯びるまでに事態に向き合い，それが，ともにベターメントを目指すドライビング・フォースとなっていくのである。

　もちろん，「理論フレーム」は，物事を整理するための，一つの道具にすぎない。それは，実践の現場において妥当性が検証され，鍛え上げられていくものである。だから，まずはその無謬性を，強く疑っておかなければなるまい。本章に説く「リアリティの共同構築」モデルの限界と課題も，ここでしっかり見極めておこう。

　ここには，以下に五つ――もちろん，まだまだ不足している視点もあるはずだが――明記しておく。まず一つ目は，リアリティを共同で構築したからといって，「正解」にたどりつくとは限らない点が挙げられる。わかりやすい例を挙げるならば，すぐに思いつくのは「原子力ムラ」である。産・官・学・

政、そしてメディアが、"鉄の結束"を築いていたともいわれる「原子力ムラ」は、当事者たちにとってみれば、同じ夢——ある種のリアリティ——を描いていたはずである。そこには何が不足していたのかといえば、意見を異にする部外者に向けた「開放性（openness）」だったと指摘することができる。「リアリティの共同構築」モデルは、だから、仲間内で閉じてはいけない。俗にいう、"よそ者・若者・バカ者"——多様な他者たち——に、常に開いていかなければなるまい。次に二つ目として、だからたゆまず「成解（社会的成立解）」（松田・岡田，2006）を探索し続ける努力が求められる点を挙げておこう。そこに、終わりなどない。限界を自覚した上で、ともに歩むしかない。三つ目に、立場を異にするプレイヤーの共同性を主張するからといって、それぞれのプロフェッションを低く見積もってはならない点も重要である。行政担当者や専門家の"専門知"、そして、地域住民のローカルな"実践知"、さらにいえば、互いの"暗黙知"に、まずはきちんとリスペクトすることが大前提となる。事態にコミットメントするからといって、闇雲に迎合するだけでは、そこには何も生まれない。四つ目に、だからこそ、現場と立場を"往還"することが要請される。ジャーナリストが事態にコミットメントした際には、やはり引き戻ってくる余地が必要になる。"ミイラとりがミイラになる"という陥穽が、そこには常に待ち受けているからである。最後に五つ目は、これは根本的な疑義になるのだが、"ともにコトをなす"からといって、「リアリティが共同構築できているはずだ」と思い込むことにも、いったん留保してみる必要がある。「共約不可能性」（川野ほか，2014）を前提にして、それでも同じ事態をめぐって「共振」できる次元があることに、筆者は賭けている。

　さて、ようやくここまで来て、冒頭に掲げた問題に立ち戻る準備ができた。被災地の小学生たちが口にした「希望」は、果たして真正なものだったのか。それとも、それを尋ねたこと自体が、筆者の＜暴力＞だったのか。その答えは、本章の考察をもとにすれば、おのずと見えてくる。事態に外在している限りにおいて、このエピソードは、ヒット・アンド・アウェイの＜暴力＞として終わる危険性が高いといわざるをえない。しかし、爾後、継続してコミットメントしていくのであれば、「希望」の言葉の数々を、内実を伴った確かな現実へと

変えていく可能性が生まれるに違いない。「共同体にかかわる複数の個人によって共有された希望とは，社会の望ましい変革の方向としての，社会における一つの物語である」（玄田・宇野，2009）のだから。彼らの「希望」は，わたしの「希望」となる。そしてその逆もまた，真となる。こうして希望は，共同的に構築され，成就される。

　最後に，本章に縷々述べてきた，新たな「災害ジャーナリズム」像も，ポスト3.11におけるひとつの「希望」のあらわれであることを付言しておきたい。

注
(1) 【人口】総務省統計局「平成22年国勢調査」（人口速報集計結果・2011年2月25日付け），【死者・行方不明者数】岩手県総務部総合防災室発表（2011年8月12日現在），【死亡率】死者・行方不明者数を人口で除した数値，【面積】国土地理院「平成22年面積」（なお，大船渡市と釜石市は境界未定があり参考値を使用），【浸水域】国土交通省都市局「東日本大震災による被災現況調査結果について（第1次報告）」（2011年8月4日版），【浸水率】浸水域を面積で除した数値。

参考文献
渥美公秀「剥き出しの被災者と向き合うこと」菅磨志保・山下祐介・渥美公秀編『シリーズ災害と社会5　災害ボランティア入門』弘文堂，2008年，237-241頁。
井上裕之「大洗町はなぜ『避難せよ』と呼びかけたのか——東日本大震災で防災行政無線放送に使われた呼びかけ表現の事例報告」『NHK放送文化研究所年報』2012年，304-325頁。
岡田弘・宇井忠「噴火予知と防災・減災」『火山噴火と災害』東京大学出版会，1997年，79-116頁。
小田貞夫「災害とマス・メディア」『シリーズ情報環境と社会心理7　災害情報と社会心理』北樹出版，2004年，102-122頁。
金井昌信・片田敏孝「津波襲来時の住民避難を誘発する社会対応の検討——2010年チリ地震津波の避難実態から」『災害情報』第9巻，103-113頁。
川野健治・八ッ塚一郎・本山方子『質的心理学フォーラム選書2　物語と共約幻想』新曜社，2014年。
気象庁「東北地方太平洋沖地震に対する津波警報発表過程と課題」『平成23年6月13日東北地方太平洋沖地震を教訓とした地震・津波対策に関する専門調査会資料』2011年，8頁（http: //dl. ndl. go. jp/view/prepareDownload? contentNo=4&itemId=info%3Andljp%2Fpid%2F6016468　2014年8月29日閲覧）。

第Ⅲ部　支援のあり方と予防への布石

警察庁「平成23年度警察白書（要約版）」2011年（http://www.npa.go.jp/hakusyo/h23/youyakuban/youyakubann.pdf　2011年9月4日閲覧）．
玄田有史・宇野重規「希望を語るということ」『希望学1　希望を語る　社会科学の新たな地平へ』東京大学出版会，2009年，xviii頁．
近藤誠司「被災者に寄り添った災害報道に関する一考察——5.12中国汶川大地震の事例を通して」『自然災害科学』第28巻第2号，2009年，137-149頁．
近藤誠司「復興支援とマスメディア」藤森立男・矢守克也編著『復興と支援の災害心理学』福村書店，2012年，219-237頁．
近藤誠司・孫英英・宮本匠・谷澤亮也・鈴木進吾・矢守克也「高知県興津地区における津波避難に関するアクション・リサーチ(2)——避難訓練の充実化を目指した"動画カルテ"の開発と展望」『日本災害情報学会第14回研究発表大会予稿集』2012年，374-377頁．
近藤誠司・矢守克也・奥村与志弘「メディア・イベントとしての2010年チリ地震津波——NHKテレビの災害報道を題材にした一考察」『災害情報』第9号，2011年，60-71頁．
近藤誠司・矢守克也・李旉昕「東日本大震災に関する災害報道の対応分析——被害状況と報道量の地域別トレンド」第30回日本自然災害学会学術講演会講演概要集，2011年，39-40頁．
近藤誠司・矢守克也・奥村与志弘・李　旉昕「東日本大震災の津波来襲時における社会的なリアリティの構築過程に関する考察——NHKの緊急報道を題材としたメディア・イベント分析」『災害情報』第10号，2012年，77-90頁．
「焦点3.11大震災　義援金格差受付額　格差浮き彫り　5億円から100万円台」『河北新報』2011年5月27日．
関谷直也『風評被害——そのメカニズムを考える』光文社，2011年．
総務省「報道資料」2011年（http://www.soumu.go.jp/menu_news/s-news/01ryutsu07_010000018.html　2011年5月29日閲覧）．
孫英英・近藤誠司・宮本匠・矢守克也「新しい津波減災対策の提案——『個別訓練』の実践と『避難動画カルテ』の開発を通して」『災害情報』第12号，2013年，76-87頁．
戸羽太『被災地の本当の話をしよう——陸前高田市長が綴るあの日とこれから』ワニブックス，2011年．
内閣府・消防庁・気象庁「東北地方太平洋沖地震の津波警報及び津波情報に関わる面談調査結果（速報）」2011年（http://www.jma.go.jp/jma/press/1108/08a/besshi3.pdf　2011年8月31日閲覧）．
中村功「災害報道」大澤真幸・吉見俊哉・鷲田清一編『現在社会学辞典』弘文堂，2012年，473頁．
「日本海震源の津波被害想定で自治体に困惑広がる　秋田県」『河北新報』2013年9月24

日。
野村総合研究所「震災に伴うメディア接触動向に関する調査」2011 年（http://www.nri.co.jp/news/2011/110329.html　2011 年 8 月 1 日閲覧）。
原寿雄『ジャーナリズムの可能性』岩波書店，2009 年。
松田曜子・岡田憲夫『第 1 回防災計画研究発表会講演アブストラクト集』2006 年。
宮台真司・飯田哲也『原発社会からの離脱——自然エネルギーと共同体自治に向けて』講談社，2011 年。
矢守克也『巨大災害のリスク・コミュニケーション——災害情報の新しいかたち』ミネルヴァ書房，2013 年。
李旉昕・宮本匠・近藤誠司・矢守克也「『羅生門問題』からみた被災地の復興過程——茨城県大洗町を例に」『質的心理研究』第 14 号，2015 年，37-53 頁。
Freeman, M., *HINDSIGHT The Promise and Peril of Looking Backward*, Oxford University Press, 2010.（鈴木聡志訳『後知恵——過去を振り返ることの希望と危うさ』新曜社，2014 年）。
Krippendorff, K., *Content Analysis : An In Introduction to Its Methodology*, Sage Publication, 1980.（三上俊治・椎野信雄・橋元良明訳『メッセージ分析の技法——「内容分析」への招待』勁草書房，1989 年）。

第12章
法学者から見た防災教育

山崎栄一

1　防災教育の意義と二つのアプローチ

　災害から自らの命を守り，他人を支援し，積極的に社会に関わりを持とうとすることができる人材の育成を目指した防災教育は，まさに「防災対策の王道」というべきものである。

　防災教育を法学者の視点から語るのであれば，二つの視点からのアプローチが考えられる。まずは，「法は防災教育についてどのような規定をしているのだろうか，そして，実態はどのようになっているのか」という視点であり，もう一つは，「防災教育において法知識を教える意義は何か，そして，どのような法知識を教えていけばいいのだろうか」という視点である。

　本章においては，この二つの視点に基づき，筆者が自問自答しながらも，新たな防災教育のジャンル（＝防災法教育）の確立に向けた試論を展開していきたい。

2　防災教育の法制度上の位置づけ

　ここでは，「防災教育が法制度上どのような形で位置づけられているのか」を概観してみることにしたい。

（1）災害法制

　まずは，災害法制から見ていこう。災害法制の代表的な法律としては，災害対策基本法（以下，「災対法」という）があり，防災教育に関わりのある条項と

しては，以下のような条項を取り上げることができる。2012年並びに2013年の法改正により，防災教育に関わりのある条項が多く追加されている。

第2条の2（基本理念）第3項に，「科学的知見及び過去の災害から得られた教訓を踏まえて絶えず改善を図ること」とある。この条項は災対法改正によって新設された。

第7条第3項（住民等の責務）に，「地方公共団体の住民は，基本理念にのつとり，……防災訓練その他の自発的な防災活動への参加，過去の災害から得られた教訓の伝承にその他の取組により防災に寄与するように努めなければならない」とある。

第8条第2項（施策における防災上の配慮等）には，国・地方公共団体が実施に努めなければならない事項として，「過去の災害から得られた教訓を伝承する活動の支援」（第13号），「防災上必要な教育及び訓練」（第18号），「防災思想の普及」（第19号）が掲げられている。

このように，災対法において，防災教育が基本理念の一部分として定着しているのがわかる。

災対法の中核的な条項である，防災会議並びに防災計画の諸規定の中にも，防災教育の担い手である都道府県・市町村の教育委員会の委員長が都道府県・市町村の防災会議における一員として位置づけられ（第15条第5項第3号，第16条第6項），教育および訓練が都道府県・市町村の防災計画の一事項として位置づけられている（第40条第2項第2号，第42条第2項第2号）。また，市町村内の地区居住者等が共同して行う防災訓練が，地区居住者等が作成する「地区防災計画」の一内容として位置づけられている（第42条第3項）。

災害予防の手段の一つとして，防災教育および訓練が位置づけられている（第46条第1項第2号）。

ここで注目すべきは，第47条の2で災害予防責任者がきちんとした防災教育を受けなければならないということだ。この条項は災対法改正によって新設された（下線はいずれも筆者）。

災対法第47条の2（防災教育の実施）

第Ⅲ部　支援のあり方と予防への布石

　①災害予防責任者は，法令又は防災計画の定めるところにより，それぞれ又は他の災害予防責任者と共同して，その所掌事務又は業務について，防災教育の実施に努めなければならない。
　②災害予防責任者は，前項の防災教育を行おうとするときは，教育機関その他の関係のある公私の団体に協力を求めることができる。

　彼らがきちんとした防災教育を受けていなければ，それだけ住民が余計な被害を被ることにもなりかねない（第4節を参照）。子どもや地域の住民に教育する前に自分たちがきちんと防災教育を受けておかないといけないということだ。ところで，災害対策法制研究会編（2014）は，第47条の2について以下のような解説をしている。

　　災害予防責任者が実施するよう努めなければならない防災教育とは，例えば，各防災機関の職員等を対象に，防災に関するテキストやマニュアルを配布したり，教育機関と連携して防災に関する研修を行ったりすることが想定される。（11頁）

　　ここで，関係者に協力を求めて防災教育を行うとは，例えば，以下のような取組が想定される。
　　・各防災機関が，防災に詳しい学校や大学の教員を講師として招くこと
　　・各防災機関が，学校や大学の体育館等を利用して防災に関する講演会を開催すること
　　・地方公共団体の職員が自主防災組織の活動を理解するため，実地研修としてその活動に参加すること（11頁）

　また，災対法は防災の担い手が作成する防災計画の根拠法となっている。
　都道府県並びに市町村は地域防災計画において，防災教育に関する計画について定めることになっている（第40条第2項第2号，第42条第2項第2号，第42条第3項）のは今見たとおりであるが，内閣府によって設置される中央防災会議（第11条）が作成する『防災基本計画（平成26年1月）』（第34条）において，災害予防に関し，国民の防災活動の促進に向けて，「防災思想の普及，徹底」「防災知識の普及，訓練」「国民の防災活動の環境整備」「災害教訓の伝承」が掲げられている。同様に，指定行政機関（第2条第3号）の長の一人で

ある文部科学大臣が作成する防災業務計画(第36条)においては,災害予防の推進の箇所で,「学校における防災教育等の充実」が掲げられている。

災対法にある教育及び訓練の意味内容であるが,災害対策基本法のコメンタール(防災行政研究会編,2002,224頁)を見ると,以下のような解説がある。

「防災のための教育」としては,市町村職員,公共的団体等の防災関係者及び防災管理者等法令による者に対するものと一般住民に対するものが考えられるが,前者は専門的なものであり,後者は防災知識の普及を中心とするものである。
専門的な防災教育とは,災害の原因,特色,種類,形態等の災害理論,災害対策基本法,災害救助法,水防法,消防法等の災害関連法令,市町村地域防災計画の運用に関する事項等の教育であり,その実施方法として,講習会,研究会の実施等がある。
「防災のための訓練」には,防災関係職員に対するものと一般住民に対するものがある。前者は主として災害応急対策に関するもので,水防訓練,消防訓練,救助訓練,通信訓練,非常招集訓練等の実地訓練及び図上訓練,指導者演習等があり,後者は避難訓練を中心とするものであるが,初期消火訓練等もある。また,防災関係機関と住民が一体となり各種訓練を総合して行う総合防災訓練もある。

こう見ると,災対法にいうところの防災教育というのは,もともと大人に対する防災教育という側面が強いということがわかる。

東日本大震災を機に制定された法律である,津波対策の推進に関する法律(2011年6月24日公布・施行)においては,「津波及び津波による被害の特性,津波に備える必要性等に関する国民の理解と関心を深めること」「津波に関する最新の知見及び先人の知恵,行動その他の歴史的教訓を踏まえつつ,津波対策に万全を期する」「津波に関する基本的認識を明らかにする」(前文),「津波に関する防災上必要な教育及び訓練の実施」(第1条[目的]),「津波に関する防災上必要な教育及び訓練の実施,防災思想の普及等を推進する」(第2条第2号[津波対策を推進するに当たっての基本的認識])といった文言が見られ,第7条においてはまさに防災教育や訓練についての規定が存在する。

津波対策の推進に関する法律第7条(津波に関する防災上必要な教育及び訓練の

実施等)
　国及び地方公共団体は、第5条第2項の調査研究の成果等を踏まえ、国民が、津波に関する記録及び最新の知見、地域において想定される津波による被害、津波が発生した際にとるべき行動等に関する知識の習得を通じ、津波が発生した際に迅速かつ適切な行動をとることができるようになることを目標として、学校教育その他の多様な機会を通じ、映像等を用いた効果的な手法を活用しつつ、津波について防災上必要な教育及び訓練、防災思想の普及等に努めなければならない。

　ここでは「学校教育」が文言として存在しているが、津波からの避難行動となると、子どもからの教育が重要であることを示しているのであろう。

(2) 教育法制

　以上は、災害法制から見た防災教育であったが、教育法制ではどのような示唆がなされているのであろうか。教育法制の代表的な法律として、教育基本法がある。教育基本法第17条では、政府並びに地方公共団体が教育振興基本計画を定めることになっている。

　中央教育審議会が作成した『第2期教育振興基本計画の策定に向けた基本的な考え方（平成23年12月9日）』においては、教育行政の基本的方向性の一つである「社会を生き抜く力の養成」に関する具体的取り組みとして、「災害発生時に主体的に適切な行動ができる能力を培う学習」が打ち出されている（21頁）。

　『教育振興基本計画（平成25年6月14日）』においては、東日本大震災からの教訓を踏まえ、自ら危険を予測して回避するための「主体的に行動する態度」等を育成する防災教育の充実を図ることとされた（77頁）。加えて、被災地における「復興教育」の取り組みが推進されることになっている（78頁）。

　学校保健安全法において、学校は「学校安全計画」の策定と実施が義務づけられている。

　　学校保健安全法第27条（学校安全計画の策定等）
　　学校においては、児童生徒等の安全の確保を図るため、当該学校の施設及び設備

の安全点検，児童生徒等に対する通学を含めた学校生活その他の日常生活における安全に関する指導，職員の研修その他学校における安全に関する事項について計画を策定し，これを実施しなければならない。

　各教科，総合的な学習の時間等における防災教育や特別活動等における避難訓練等が，ここにいう，「安全に関する指導」の一環として位置づけられることになる。
　教育法制にいうところの防災教育というのは，やはり「学校教育としての防災教育」という側面が強いように見える。

3　大人に対する防災教育の必要性

　防災教育というと，子どもに対する防災教育について語られることが多いが，筆者としては，大人に対する防災教育もきちんと意識しながら進めるべきだと考えている。これには理由がある。これまで，筆者が防災の講演会や研修に関わっていく中，まず気づいたのは防災と福祉との関連性であった。それはまさに，災害時要援護者の避難支援に携わっている際に，災害というのは社会的に立場の弱い人たちに集中して降りかかってくるという現実を目のあたりにしたことによる。行政もそのあたりが認識できているようで，こういったテーマの講演会や研修においては，防災部局と福祉部局がセットで主催・参加してくれるようになった。しかし，災害時要援護者の避難支援をする主役というのは実は自主防災組織をはじめとする地域の人々である。そういった人々に関心を持ってもらい，避難支援の実践につなげていこうとすると，最終的に行き着いたのが，防災―福祉―教育の三部門の連携であった。筆者は講演会や研修会のことあるごとに，教育部門，特に社会教育の担い手の方の参加を呼びかけている。
　ゆえに，地域における防災活動を活性化させるためには「社会教育としての防災教育」という側面もおろそかにしてはならないのである。
　社会教育とは，「学校教育法（昭和22年法律第26号）に基き，学校の教育課程として行われる教育活動を除き，主として青少年及び成人に対して行われる

組織的な教育活動（体育及びレクリエーションの活動を含む。）」のことをいう（社会教育法第2条）。

　社会教育の拠点として評価しておきたいのが公民館である。公民館は，社会教育の拠点として位置づけられている（社会教育法第20条）。公民館は災害時には避難所として機能することが期待されているが，平常時にはまさに防災教育の拠点として機能することが期待されているのである。実際に，社会教育における防災教育の重要性を国も認識しているようで，各都道府県・政令指定都市教育委員会教育長宛てに出された通知「地域における防災にかかる教育・啓発活動の推進について」（平成17年10月24日・府政防第880号，17文科生第394号，国河災第18号）には，①社会教育施設等における防災教育への積極的取り組みおよび講座等への実施に当たっての講師派遣，②社会教育施設等におけるパンフレット等の備え付けへの推進を求めている。

　さらにいえば，専門家に対する防災教育もある。専門家としては，行政職員，医療・福祉関係に加えて，肝心なのは「教員に対する防災教育」が重要となる。防災教育の担い手の育成も考えていかなければならない。

　社会教育としての防災教育，専門家に対する防災教育を推進するにはどうすればいいのか。

　地域における防災の担い手の要請を目的として「防災士」という資格が存在しているが，資格要件に相当する科目の取得を卒業単位として認定するあるいは入試などで加算評価するという方法が考えられる。あるいは，既存の資格（「社会福祉士」「保健師」）の試験に防災に関する問題を追加することで防災に関する学習を推進することができる。

　行政職員に対しては，法知識の周知徹底が求められる。公務員試験の中に防災を試験科目として入れるとか，採用された後でも，全職員を対象に防災に関する試験を定期的に行うことで知識の維持を図るとか，昇進の際にはポストに応じた防災知識を試すといった工夫はできないものであろうか。

4　法知識を得ないことによるデメリット

　社会教育としての防災教育の内容は，確かに学校教育におけるそれと共通する部分はあるものの，地域における防災活動の実践，複雑な社会関係における対応，自主的な生活再建となると，災害に関する法知識がないと対応できないことになる。

　そういった，災害に関する法知識の欠如が被災者にとって不利益な事態を招いていることも確かである。ここでは，災害に関する法知識を得ていなかったために起きた問題を取り上げてみることにしたい。

　災害救助法は発災直後の被災者を直接救助・保護するものであり，災害応急対策の中でより重要な役割を担うものである。災害救助法で実施される支援が充実していないと，本格的な生活再建に着手することもままならず，そのまま没落してしまう危険性がある。だからこそ，災害救助法の運用についてはきちんとした知識を会得しておく必要がある。

　このように東日本大震災においては，災害救助法を柔軟に運用すれば適切な給付・サービスを提供できたのにもかかわらず，行政職員がそれを熟知していなかったために，十分な給付・サービスを提供することが迅速にできなかった自治体もあった。できるはずのことを行わないままに，人命が失われるとなると「人災」以外の何者でもない。そういった場合，支援者や被災者の側から何らかのアピールなどを行えば改善の余地もあったかもしれないが，支援者や被災者も災害救助法に関する知識を熟知していなかったことも，事態を深刻なものにしてしまっている。

　それ以外にも，法知識がないために享受できるはずの権利や利益を受けることができない事例は多々存在する。例えば，災害前の耐震改修や災害後のがれき処理・応急修理の場面において，契約法の知識を十分に有していないまま，悪徳商法まがいの被害を受けるケースがある。被災後の債権処理の方法（被災ローン減免制度の活用等）については，消費者教育の一環として行う余地もある。

確かに，自分自身が避難所生活や契約トラブルといったものに巻き込まれれば，自ずと法制度の実態を思い知らされるという意味で，教訓がもたらされるかもしれないが，そのようなケースでは，必要以上の損失を被ってしまうことになる。

つまるところ，災害に関する法知識というのは，一般市民の間（さらに行政職員さえも）ではあまり浸透していないという実態がうかがえるのである。

5　なぜ，法知識が普及しないのか

そもそも論として，「なぜ，防災に関する法知識の会得がなされないのか」について考えてみよう。

一つは，法知識の会得が防災教育の最終的なステップに位置づけられるということである。防災教育というのは，まず，自分自身が自然災害のリスクと関わりがあることを学んで，どうすればそのリスクを回避できるかという方法を，身の回りの安全の確保から始めていって，そこから，他者の救助や支援することを学んで，さらに自分たちの居住空間（住居・まち）のあり方やコミュニティーを考えていって……という風にステップアップしていくわけであるが，法制度の関わりというのは，どうしても後半のステップの段階でようやく登場する雰囲気が出てくるのである。このあたり，防災教育があまり進んでいないところで，いきなり法制度の説明ということにはならないであろう。

もう一つは，法知識の会得というのは，通常は，公民科教育の一環としての法教育の場面にて行われる（もちろん，家庭科教育の一環としての消費者教育の場面でも可能ではある）が，学校における教育というのは，受験対策がどうしても重要視されてしまうところがあり，そうなると公民科教育で何を教えるのかということになると，政治・経済の箇所に重点を置かざるを得ないという実態がある。そのため，高等学校を卒業して，何らかの高等教育機関に進学をして，法学部に進学したもしくはそれ以外の学部に進学しても，学部の性格からして法知識の会得が必要でもない限り，あるいは，たまたま一般教養の科目で出会う（それも必修ではない）ことがない限りは，まともに法知識を会得でき

る機会は教育現場では存在しないのである。法知識の会得の本場である法教育さえままならないのであるから，学校教育の場面で法教育を交えた防災教育を展開することは，困難であるといえる。

以上のように，一般市民にとって，災害に関する法制度（というか法制度そのもの）を知っていないことに加え，学習するチャンスがあまり見られないという現実がある。

6　法知識の手がかりとしてのテキスト

災害に関する法制度を会得しようと思えば，ある程度のテキストは用意されている。

防災の専門家向けのテキストとして，防災行政の担い手によって，災害法制に関するコメンタール（法の条文の注釈書），解説書，手引き等が発行されている（防災行政研究会編『逐条解説　災害対策基本法［第二次改訂版］』ぎょうせい，2002年，被災者生活再建支援法人『被災者生活再建支援制度——事務の手引き［平成22年9月改訂］』，災害救助実務研究会編『災害救助の運用と実務（平成23年版）』第一法規出版，2011年，内閣府『災害救助実務取扱要領（平成26年6月）』，災害救助実務研究会編『災害弔慰金等関係法令通知集（平成18年版）』第一法規出版，2006年など）。法学研究者による書籍や論文も発行されている（阿部泰隆『大震災の法と政策』日本評論社，1995年，生田長人編『防災の法と仕組み』東信堂，2010年など）。学会レベルでは，大震災後に法学雑誌において特集号が出版されたし，学会大会においても東日本大震災をテーマにした大会が開催された。ただし，災害法制を取り扱っている法学研究者が少ないという現実がある。

弁護士会や弁護士によって，災害法制の解説書や災害時の法律上のトラブルに関するQ＆A集が発行されている（津久井進『Q＆A被災者生活再建支援法』商事法務，2011年，関東弁護士会連合会編集『Q＆A災害時の法律実務ハンドブック［改訂版］』新日本法規，2011年，小倉秀夫ほか編著『震災の法律相談』学陽書房，2011年など）。

一般市民を念頭に置いたテキストとしては，政府は毎年『防災白書』を発行

第Ⅲ部　支援のあり方と予防への布石

し，その中で災害法制の概要について紹介をしているほか，内閣府が『被災者支援に関する各種制度の概要』というパンフレットを発行しており，東日本大震災を期に，政府は『生活支援ハンドブック』『税制支援ハンドブック』を発行している。日弁連も，一般市民向けのマニュアル本を作成している（『災害対策マニュアル――災害からあなたを守る本』商事法務［2010年］など）。さらに，市民団体も，一般市民並びにボランティア向けにテキストを作成している（Kobeの検証「法律編」編集委員会編『法律って何だ？　考えたぞう』震災がつなぐ全国ネットワーク，2004年，津久井進ほか著・兵庫県震災復興研究センター編『「災害救助法」徹底活用』クリエイツかもがわ，2012年など）。

　防災に関する法学教育に適した書籍としては，津久井進『大災害と法』岩波新書（2012年），生田長人『防災法』信山社（2013年），山崎栄一『自然災害と被災者支援』日本評論社（2013年），岡本正『災害復興法学』慶應義塾大学出版会（2014年）を挙げることができる。

　ただし，以上で紹介したテキストのほとんどが東日本大震災以降に発行されたものであって，東日本大震災以前に行政職員はともかく，一般市民が簡単に手にとって学習ができる機会というのはあまりなかったというのが実態である。とはいえ，東日本大震災以降，多くのテキストが出てきている。災害に関する法知識を積極的に会得したいのであれば，それなりの書物が整備されてきたということがいえる。今後の展開をどうするかだ。

7　法知識を獲得する意義と内容

　以上のことから，法知識を身につけていないためにデメリットを被る危険性があることがわかった。そして，法知識の会得は重要であるものの，法知識を身につける法的な根拠付けやテキストはあるにせよ，それがなかなか浸透していないことがわかった。

　以下においては，何をしなければならないのかを考えつつ，仕切り直しを図ってみたい。　防災教育の目的を「災害で命を落とさないため」とするならば，災害を生き抜くための具体的なアクションにつながるような，防災に関する法

制度の知識を教えていくことこそが，法学者の使命であると考える。以下においては，本章におけるもう一つの関心事である「防災教育において法知識を教える意義は何か，そして，どのような法知識を教えていけばいいのだろうか？」について，筆者なりの考えを展開していきたい。

まずは，「防災教育において法知識を教える意義は何か」，いいかえると，「法制度を知ることによって，どのような教育的成果が見いだせるのであろうか」については，さしずめ，以下のようなことがいえると思う。

①法制度によって，国一自治体がどのような取り組みを行っているのかを理解することで，自らが防災政策に関わりを持つきっかけとすることができる。
②法制度によって，どのような給付・サービスを受けることができるのか（公助）を理解することで，被災しても迅速かつ適切な生活再建を図ることができる。
③法制度によって，地域や住民がどのような責務・役割が課せられているのかを理解することで，共助一自助の精神をはぐくむことができる。
④法制度によって，建物やまちづくりに関する規制や計画手続を理解することで，私たちの生活空間が防災に配慮されていることを知ることができる。

①～④の学習を通じて，災害からの安全に関する意識を向上させることができる。

次は，「防災教育において，どのような法知識を教えていけばいいのだろうか？」について考えてみよう。

防災教育の現状を見るに，限られた時間とチャンスの中でしか教えることができないのであるとすれば，今まさに，災害前に教えておかないといけない法知識とは何なのかをピックアップする必要がある。とはいえ，災害法制というのは非常に幅広い分野であって，その中から何をピックアップしたらいいのだろうか。あるいは，災害法制における様々な項目について，防災教育上の意義をどのように評価すればいいのだろうか。その抽出あるいは評価基準として，以下の四つの指標を提示しておくことにする。

緊急性：災害後では手遅れになってしまう，今まさに知っておくべき知識であるか。

重要性：生命・それに準ずる重要な法益に関わる知識であるか。
共通性：みんなに関わる（あるいはみんなに関わりうる）知識であるか。
固有性：法知識を媒介にしないと身につけることができない知識であるか。

　これらの指標をもとにして，どのような法知識の会得が喫緊の課題とされているのかを考えてみると，第4節において取り上げた「災害救助法」に関する知識が該当するといえる。災害救助法の事例は，災害後，自分たちがどのような給付・サービスを受けることができるのかについて，法知識を身につけることによって，自らの命を守ることができるようになるというリーディングケースとなりうる。
　その他，法制度と直結した重要な防災知識として，どのようなものがあるだろうか。
　避難行動について，気象庁が災害に関する予報・警報を出すのは気象業務法第13条を根拠にしているし，市町村長が避難準備情報を出すのは災対法第56条，避難勧告・避難指示を出すのは災対法第60条に基づくものである。災対法には啓蒙・教育効果を目論んだ条文も存在する。例えば，避難のための立退きがかえって生命・身体に危険を及ぼすおそれがある場合には，「屋内での待避等の安全確保措置」（いわゆる「垂直避難」）を指示することもできる（災対法第60条第3項）。これは，避難＝避難所等への立ち退きだけではないことを教示する効果がある。
　建物の耐震性について，建築基準法施行令の改正によって1981年以降の建物については新耐震基準が適用されているといった知識は，まさに生命に直結する法知識である。
　先ほど紹介をした，岡本（2014）は，東日本大震災後に発生した多くのリーガルケースを提示してくれている。詳細は紙面上の制限もあり紹介しないが，いずれも緊急性が高く，法知識を媒介にしないと解決ができないケースを取り上げている。
　法制度の紹介を超えて，自らが法形成過程に積極的に参加し，新たな法令の提案であるとか法令の改正の提案ができるような人材を育成するとなると，法

学を体系的に学び，立法技術を会得できるようなカリキュラムの開発も必要となるだろう。

　法制度論の他にも，例えば，災害時における支援物資の分配ということになると，「公平性」といった法原理からの防災教育も考えられる。避難所内におけるルールづくりとなると，法教育における「ルールづくり」との関連性も出てくる。また，災害直後に他人の使用不能の車からガソリンを抜き取ることの是非となると，「正義論」との関わりが出てくる（横田ほか，2011）。

8　防災法教育の展開手法

　今後は，防災教育における法知識の会得を意識した「防災法教育」ともいうべき新たな防災教育スタイルを模索していきたい。以下においては，どのような展開手法がありうるのかについて述べてみたい。

（1）災害前からの防災法教育

　災害前からの法知識の会得となると，第3節で述べたように，資格制度や試験科目の中に法知識に関する項目を入れておくという方法が考えられる。

　自治体によって展開される研修やワークショップもきっかけになり得る。自治体職員に対する研修やワークショップはもとより，地域の人たちに対する研修やワークショップでもリーダーレベルあるいは上級レベルのものになると法知識について会得する機会が増えるかもしれない（図12-1）。ただし，地域レベルにまで浸透させようとすると，相当数の研修・ワークショップを重ねていかないと浸透はままならないであろう。図12-1でいうところの地域のリーダーレベルで終わってしまうことが多い。

（2）地区防災計画

　東日本大震災後に災対法が改正され，「地区防災計画」に関する規定が追加された（第42条第3項，第42条の2）。もともと，災対法は災害対策の総合性・計画性を担保させるために，国（中央防災会議）に防災基本計画を，都道

第Ⅲ部　支援のあり方と予防への布石

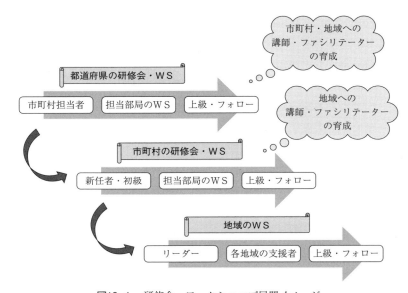

図12-1　研修会・ワークショップ展開イメージ
（出所）　山崎栄一「災害時要援護者の個人情報共有」岡本正ほか編著『自治体の個人情報共有の実務』ぎょうせい，2013年，39頁。

府県並びに市町村に地域防災計画を策定させることになっている。これらの計画は上位の計画との整合性が求められるトップダウン的な構造をとっているのであるが，地区防災計画は，地域コミュニティ，市町村内の一定の地区の居住者および事業者（地区居住者等）に地区防災計画を作成させ，市町村の防災会議に提案をした上で，市町村の地域防災計画に編入させるという，ボトムアップ的な構造をとっている。

内閣府により『地区防災計画ガイドライン（平成26年3月）』が作成されており，これをベースに全国規模で展開されることが予想される。ガイドラインによると行政関係者や学識経験者などの専門家が，地区防災計画の策定過程において逐次解説やアドバイスを行うことになっている（11頁）。ここで，社会教育としての防災教育が実践されるということだ。

加えて，地区防災計画の作成をするに当たっては，防災に関する法知識を会得しながらの作成になる。

例えば，災害時要援護者対策でいえば，①災害時要援護者に関する名簿は，市町村長が「避難行動要支援者名簿」という形で作成をすることが災対法で義務づけられていること，②要支援者名簿を作成するに当たって個人情報をどのように収集・共有することになるのか，③要支援者名簿を地域が提供を受ける際にはどのような配慮が必要なのか，④避難準備情報等の災害情報の提供，指定緊急避難場所・指定避難所の指定は市町村長が行うことになっている，⑤避難所等の生活環境の維持も市町村長の責任であるといった知識は災対法から学び取ることになる。また，避難所・仮設住宅を災害時要援護者にあわせて柔軟に運用できるようにするには災害救助法の知識も必要となる。

(3) 災害直後の防災法教育

災害に関する法知識を知らないことによるデメリットを最小限に防ぐには，災害直後から，被災者をはじめとする人びとに対して，被災以降に生じうるリーガルニーズやそれに対する対処法を認識してもらうために，テキストやパンフレット，インターネットなどのメディア，相談窓口の設置，訪問活動など様々なチャンネルを駆使して法知識の普及を図っていくことになる。このような法知識を普及させていくことで，被災者の没落を防止し，被災者の自律的な生活再建あるいは自律した被災者の形成につながる。

いずれの防災法教育を実践するにしても，相当数の防災法教育の担い手が必要となる。そうすると，防災法教育の担い手の育成方法論という意味における「メタ防災法教育」も視野に入れなければならない。

[付記] 本章は，山崎栄一『自然災害と被災者支援』日本評論社，2013年，178-193頁を加筆・修正したものである。

参考文献
岡本正『震災復興法学』慶應義塾大学出版会，2014年。
災害対策法制研究会編『災害対策基本法改正ガイドブック——平成24年及び平成25年改正』大成出版社，2014年。
城下英行ほか「学習指導要領の変遷過程に見る防災教育展開の課題」『自然災害科学』第

第Ⅲ部　支援のあり方と予防への布石

　26 巻第 2 号，2007 年 8 月，163-176 頁。
内閣府『地区防災計画ガイドライン（平成 26 年 3 月）』。
西澤雅道ほか『地区防災計画制度入門』NTT 出版，2014 年。
防災行政研究会編『逐条解説　災害対策基本法［第二次改訂版］』ぎょうせい，2002 年。
山崎栄一『自然災害と被災者支援』日本評論社，2013 年。
山崎栄一「災害時要援護者の個人情報共有」岡本正ほか『自治体の個人情報保護と共有の実務』ぎょうせい，2013 年，17-41 頁。
山崎栄一「法教育と防災教育の展開」岡本正ほか『自治体の個人情報保護と共有の実務』ぎょうせい，2013 年，42-43 頁。
山崎栄一「《報告》　被災者支援に関する法案の整理・分析」『災害復興研究』第 1 巻，2009 年 3 月，97-118 頁。
横田経一郎ほか「実践レポート　大震災を受け止め，授業で何を教えるか」『総合教育技術』2011 年 6 月号，43-47 頁。

終　章

安全教育はいかにあるべきか
―― 関西大学社会安全学部の取り組み ――

中村隆宏

1　現代社会と交通事故

　科学技術の進展と経済の発展は，私たちの生活を豊かに，快適にすることに，極めて大きな役割を果たしてきた。一方で，どれほど生活の利便性が向上しようと，巨大地震や大津波といった自然現象は一瞬にして私たちの生活を根底から覆し，時にはいとも簡単に生命を奪い去る。こうした出来事が起きるたびに，私たちは自然の脅威に抗えないことを，改めて思い知らされる。

　日々，生産活動を行う産業現場や，より速く，より効率的な移動を実現する交通機関，掌の端末から世界中につながるネットワーク，食事をするにも必要な品を購入するにも困らない24時間営業のサービス等々，私たちの身の回りには，かつてないほど様々なシステムが存在している。これらシステムのほとんどは，私たちがより豊かで，より快適で，より便利な生活を送ることができるように，と実現されてきたものである。人間が抗えない自然災害の脅威とは異なり，これらのシステムにおける様々なリスクは，基本的に全て人為的なコントロール下にあり，事故や災害の発生は常に防止されている"はず"である。しかし現実には，これほど技術が進歩し安全化が図られているにもかかわらず，程度の差こそあれ様々な事故が，ほぼ毎日のように発生している。

　中でも「交通事故」は，私たちの身近に存在し，生命を脅かすリスクの一つである。自身で車を運転しないとしても，移動に伴い道路や公共交通機関を利用するのであれば，交通事故に巻き込まれる可能性はゼロではない。図終-1に示すとおり，1970年に1万6765名となった年間の交通事故死者数は，道路設備の改善・道路環境の整備など様々な対策により，1979年には8466名にま

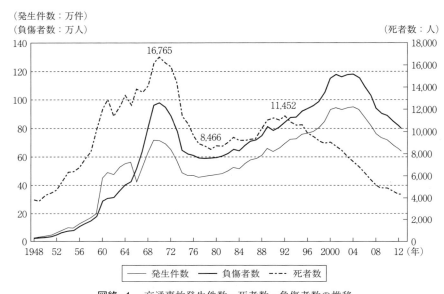

図終-1　交通事故発生件数・死者数・負傷者数の推移
（出所）　総務省統計局資料「平成25年中の交通事故の発生状況」に基づき作成。

で減少した。しかし，その後は再び増加に転じ，1992年には1万1452名と二度目のピークを示すことになった。シートベルト着用義務化や飲酒運転の厳罰化，車両安全性の向上といった取り組みに加え，道路設備等の改善が改めて功を奏し，2013年末には4373名となるまで減少している。とはいえ，最悪の状況から大幅に改善されたとはいえ，単純計算では，現在でも1日あたり平均12名が交通事故で亡くなっている現状は，私たちの日常において交通事故が決して稀なものではないことを物語っている。

　関西大学社会安全学部がカリキュラムに取り入れている「社会安全体験実習」(2)は，高度に発達し，同時に極めて複雑化した交通社会において，身近に存在する交通事故のリスクにどのように向き合い，どのように対応すべきかについて，机上で知識を得るだけではなく，自ら体験し，感じ，考え，学ぶことを目的とするものである。以下，本章では，この「社会安全体験実習」の内容・教育効果・今後の課題などについて概説し，安全教育のあり方に関する考察の

一助とする。

2　安全教育としての体験型教育

　体験型教育，あるいは体感教育と呼ばれる手法は以前から存在している。これは，あえて危険な状況を体験させ，災害の恐ろしさ，悲惨さを理解させようとする安全教育手法である。災害発生数の減少が，身近に災害を体験する機会の減少にもつながり，労働環境の整備・改善が，むしろ危険源の存在を直感的にわかりにくくしているのではないか，という懸念から，これらの教育手法は発展した。かつては，「危ないものには近寄らせない」「危ないことは教えない」と，リスクから出来る限り遠ざけることで安全化を図ろうとする考え方があったが，むしろ体験型教育は，どうなれば危険か，どうすれば危険になるかを，観念としてではなく自らの体験を通じて学び，安全行動へつなげようとするものである。

　中村（2008）は，様々な展開を示す危険体験教育について，安全教育としての実質的な効果を高めた有効な教育手法として発展させるための方向性を探る観点から，危険体験教育を実施する教習機関等へのヒアリング調査を行い，教育手法開発の背景，教育実施上の課題など，危険体験教育の問題点と今後の展開について検討している。ここでは，危険体験教育が，元来"実際の危険を実体験することは事実上不可能"というジレンマを抱えており，より効果的で実践的な災害防止対策へとつなげるためには，体験者の想像力を刺激し自発的な「気づき」を促す必要があること，また，これらを実現するためには指導員（インストラクター）の技量が教育効果を左右する重要な要素であること，などが指摘されている。

3　社会安全体験実習とは

　社会安全学部における社会安全体験実習は，前述のとおり，交通行動を対象とした体験型教育の一種である。以下に，その概要について説明する。

（1）構　成

　社会安全体験実習は，「事前学習」「宿泊研修」「事後学習」の3段階により構成されている。例年，事前学習は12月に，宿泊研修および事後学習は2月～3月にかけて開催される。

　事前学習は講義形式で行われ，主にガイダンスとしての機能を果たしている。実習の概要の説明に始まり，宿泊研修のタイムスケジュール，実習参加に当たっての注意点，成績評価の方法などが伝えられる。また，わが国における交通事故発生状況，自動車および道路交通システムの発達の歴史，ヒューマンエラーと自動車事故の関係，運転時の危険予測とリスク回避などについて講義が行われ，受講者は交通に関わる事故の問題について基礎知識を習得する。

　宿泊研修は，原則として1泊2日の日程となる。1日目午後には，オリエンテーションと基礎的な運転技能の確認を経て，複数の実習メニュー並びに講義を受講する。夜間の運転時の危険性を取り上げる実習は日没後に行う必要があり，さらに事後学習の一部を実施するため，1日目のプログラムの全てが終了するのは22時頃となる。2日目の午前中に，さらに複数の実習メニューを受講する（図終-2参照）。

　事後学習は，前述のとおり，宿泊研修1日目の夜，および2日目の午後に行われる。実習内容の振り返りと総括，グループに分かれてのディスカッションが主たる内容となるが，あわせてレポート課題の確認，レポート作成に向けた注意事項の説明が行われる（図終-3参照）。

　受講生は，宿泊研修後およそ1週間以内に，実習に関するレポートを提出しなければならない。レポート課題のほとんどはそれぞれの実習メニューに関する内容であるが，総合的な検討を要する内容も含まれる。

　社会安全学部の2年生全員（約280名）が必修科目として受講するため，宿泊研修および事後学習については，受講生を50～60名ずつのグループとして，およそ5回の日程に分けて実施している。

（2）受講者およびグループ編成

　宿泊研修においては，普通自動車運転免許を有し，自身で実習用の普通自動

終　章　安全教育はいかにあるべきか

図終-2　宿泊研修の様子

図終-3　事後学習におけるディスカッションの様子

車を単独で運転することに支障がない場合には，受講者自ら運転を行う．それ以外は，インストラクターが運転する車に同乗し，様々な交通場面において発生しがちな危険状況を体験する．したがって，1日程の受講者（50～60名）は，自身で運転するグループと，同乗するグループに分かれる．

　単独で運転することに支障がないかどうかは基本的に受講者本人が判断するが，免許取得からそれほど時間が経っておらず，運転経験も浅いため，自身で判断することが困難なケースも多い．その場合には，実習担当教員が予め個別に面談を行い，免許取得時期，それまでの運転経験，日頃の運転頻度，自動車の運転に関する知識などを基に，どちらのグループで実習に参加すべきかを助言する．

　自身で運転するつもりで宿泊研修に臨んだが，運転技能が十分な水準に達しておらず，研修の円滑な実施に支障があると判断される場合には，研修中であっても，同乗グループへの変更を行う．この判断は，実習を担当するインストラクターおよび実習担当教員によって行われる．

　体験型教育であるにもかかわらず，自身で運転せず同乗するだけでは効果が低いのではないか，といった疑問もある．しかし，自身で運転する場合には，インストラクターの技能レベルにまで達していることはほとんどない．そのため，自身で運転する場合と同乗する場合の体験効果は，やや異質のものとなる．自身で運転する場合には，主体的な経験を重視することになるが，同乗の場合には，限界に近い車の挙動をはじめとして，インストラクターの運転であれば

こその様々な現象を体験することが可能となる。

(3) 実習実施体制

　社会安全体験実習の中核部分は宿泊研修であり,「クレフィール湖東交通安全研修所」にて実施している。この研修所は, 目的が異なる複数の研修を実施するための専用コースを有し, 職業ドライバーをはじめ, 幅広い層に対する交通安全教育の実績を持つ。"車の構造的特性や人の行動特性による安全の限界をあらゆる交通シーンを体験しながら, 危険の回避に必要な安全運転の知識や技能を実践的に習得できる"（クレフィール湖東交通安全研修所ホームページより）[3]ことが特徴である。研修所には宿泊施設が併設されており, 泊りがけの研修を行うのに必要な設備が整えられている。

　かつて, 交通安全研修所では, 免許を持たず運転経験もない受講者を対象とする研修プログラムの設定はなかった。2011年度に初めて社会安全体験実習を実施するに当たり, 実習担当教員と研修所インストラクターの間で繰り返し打ち合わせを行うとともに, 実車を用いて設定コースの試走を行い, 条件設定を絞り込むなど, 社会安全体験実習の目的に適う実習メニューと全体のプログラムを検討した。すなわち, 交通安全研修所が元来有する職業ドライバーを主な対象とした研修ノウハウを基礎として, 試行錯誤を経て, 運転経験が決して豊富ではない（もしくは, 全くない）大学生を対象とした独自のメニュー・プログラムにアレンジした。これまでに3年間にわたり社会安全体験実習を実施してきたが, メニューおよびプログラムに関しては常に見直しを行い, 細部に至るまで改善を図っており, 今後も継続的に, 新たな課題の掘り起こしと改善に取り組むこととしている。

　宿泊研修において, 車の運転に関わる指導全般は, 交通安全研修所のインストラクターが担当する。実習プログラムは, 複数のメニューから構成されている。受講者に対する説明や指示, 実習方法の例示, 実施上の安全確認など多くの役割が必要であるため, いずれのメニューも, 複数のインストラクターの連携によって実施される。

　実習担当教員は, 事前学習・事後学習の講義を含め, 宿泊研修の総括を担う

終　章　安全教育はいかにあるべきか

表終-1　実習メニュー項目および概要

項　目	概　要
慣熟走行	受講者の技能レベルの確認
基本走行	基本姿勢の重要性について
シートベルトの必要性	衝突時の乗員の安全確保について
夜間検証	夜間の視認性，蒸発現象や錯覚などについて
運転と反応	認知・判断・操作のメカニズムについて
ブレーキング	速度，車両，路面状態などと停止距離の関係について

　主担当，補佐役である副担当のほか，宿泊研修において受講者に対し細かな指示・監督を行う引率担当に分かれる。50～60名の受講者が1回の宿泊研修に参加するため，研修エリア内の移動や休憩後の再集合に手間取るなどプログラム進行は遅れがちになるが，実習担当教員の指示・誘導によって対応を図っている。また，受講者の体調をはじめ，受講中の様子や受講態度の把握に努め，必要に応じて受講者への助言や指示を行うとともに，インストラクターとの間でグループ変更などに関する調整を行う。
　すなわち，宿泊研修は，インストラクターが研修の中核を担い，実習担当教員は，"受講者は多数の大学生から構成される"という特性を踏まえて周辺サポートを担う，といった連携の上に成り立っている。

（4）実習メニューの内容
　実習メニューの項目および概要について，表終-1に示す。これは，2013年度社会安全体験実習の宿泊研修におけるものである。
　車の構造的特性を踏まえた安全の限界や，物理的特性が運転の安全性に及ぼす影響など，いわゆる"理系科目"的な内容が中心であるかのように思われるが，実習メニューの多くは，ヒューマンファクター的内容との密接な関連を踏まえて構成されている。物理的限界を超えれば人間のコントロールが及ばない事象に至ること，どれほど注意深く慎重に行動しようとしても人間の側にも様々な限界があること，そして，これらの限界を超えないために何が必要か，超えてしまった場合に備えて予め何をするべきか，などを受講者に問う内容と

なっている。また，いずれに関しても，運転者としての立場からのみ考えるのではなく，同乗者・歩行者・自転車といった他の交通参加者の立場であればどうか，といった視点からの検討も含まれる。

4 実施上の課題とその対応

　様々な要因を考慮し，入念な準備の下に実施する社会安全体験実習であるが，全てが順調なわけではなく，いくつかの課題もある。

（1）安全性の確保

　実習の中でも宿泊研修は，研修コースで実際に車を運転しながら実施することから，何よりも"いかに安全を確保しつつ研修を行うか"が最大の課題となる。実習の実施方法や内容については，基本的に，豊富な研修実績を持つ交通安全研修所のノウハウに従って判断する。しかし，一般的なドライバーの運転技能や経験と比べ，大学生の場合は運転経験が少なく，運転技能も十分なレベルに達していないことが多い。そのため，予め実施方法や内容を吟味し，実習メニューの難易度を調整する，あるいは安全マージンをより多く確保する，などの対応を行う。特に，一般のドライバーであれば問題なく対応できるような事態でも，経験が浅い大学生では予想外の行動をとることもあり，これらの可能性を考慮して事前に対応することが必要になる。

（2）受講者の特性

　"いつものキャンパス"で開講される"いつもの授業"と異なり，屋外で泊りがけで実施される実習となると，参加する学生も，多少なりとも高揚感を覚えるようである。中には，やや"調子に乗る"者も出てくる。こうした問題に対しては，真剣に取り組まなければ事故や怪我の発生につながる可能性が高まること，一人の行為が他の受講者をはじめ多くに影響を与えることを繰り返し強調するとともに，改善が見られない場合には受講を許可しない，といった厳しい対応をとる場合もある。研修中は，複数の教員・インストラクターが受講

終　章　安全教育はいかにあるべきか

者に接するが,「真剣に取り組むこと」の重要性に関しては,担当者のそれぞれが共通認識を形成し,受講者への対応に一貫性を持たなければならない。これは,単に「実習を無事に実施する」といった観点だけではなく,まさしく「実習を通じて,安全についてどのような態度形成を目指すのか」といった課題に直結するためである。

　一方で,"若者の車離れ"といった言葉に代表されるように,運転,もしくは車そのものに対する近年の学生たちの関心は,概して低い傾向にある。運転免許を取得していればこの程度の知識はあるはずだ,といった前提は,しばしば通用しない。運転経験も,教習車と自宅にある車以外は皆無,といったことも少なくないため,初めて運転する車種の細かな操作方法の違いに,かなりの戸惑いを感じるようである。そのため,研修に使用する車両の操作方法については,事前学習において写真を示しながら説明し,宿泊研修の最初に行う「慣熟走行」においては,各受講者の運転技能レベルを確認する。運転免許を持たない受講者の場合,自動車学校や教習所で教育を受けた経験がない。そのため,どのような操作をすれば車は動き,曲り,停まるのか,といったレベルから説明が必要な場合もある。自動車工学の実習ではないため,あまりに専門的な説明にまで至ることは稀であるが,少なくとも自動車事故と密接に関わり得る事項については説明内容に取り入れる。ただし,いずれの場合も"運転が上手くなること"を目的とした研修ではなく,運転者の立場であれ,歩行者・自転車の立場であれ,周囲の環境や状況,運転者の操作内容やタイミングと車の挙動がどのような関係にあり,どういった場合に,どのような危険につながるのかを理解することに重点を置いている。

　自身で運転するか,同乗するかの選択に関連して,初めて宿泊研修を実施した際にはかなりの混乱につながったことがあった。研修に先立って,担当教員およびインストラクターが前提としていた"免許を持っており,ある程度の経験もある"運転者としての知識・技能レベルと,社会安全体験実習受講者のそれとの間には,幾分隔たりがあったことが主たる原因であろう。例えば,危険回避のための操作は,減速・停止および操舵の組み合わせとなることが一般的で,それぞれのタイミングや程度は状況に応じて様々である。しかし,中には

操舵操作のみで対応しようとするケースもあり，結果的に車両は不安定な挙動を示す。これはこれで貴重な体験ではあるが，実習メニューの本来の目的・趣旨とはずれてしまう。当時はグループ変更などによって対応を図ったが，研修中にグループ編成が度々変更されることによって，プログラムの進捗が大幅に遅れるなどの事態につながった。以来，こうした反省点を踏まえ，受講者の知識・技能レベルを的確に見極めるとともに，実習メニューの内容・方法などの改善に反映することにしている。

（3）教育効果の把握と評価

社会安全体験実習の受講者は，様々な体験と学びを通して，交通社会における今後の対応方法を身に付けるはずであるが，実際の効果はどうなのだろうか。

横山（2014a；2014b）は，2011年度に社会安全体験実習を履修した社会安全学部の一期生，および2012年度に履修した2期生を対象に，社会安全体験実習に関する質問紙調査を実施した。宿泊研修受講時には免許を有していた「A群」，受講時は免許無しだがその後取得した（受講時，免許を有していたが同乗グループを選択した場合を含む）「B群」，受講時も調査時も免許を有していない「C群」の三つの対象に分けて質問紙を作成し，共通の設問とそれぞれの群に固有の設問を用意した。有効回答数は，A群38名，B群32名，C群9名であった。質問紙の内容は「実習内容の理解度」「内容定着度」「実習後の行動」「実習後の意識」「実習の効果」など多岐にわたるが，いずれに関しても受講者の自己評価を基本としており，必ずしも客観的・定量的評価とは見なし難い側面がある。それでも注目すべきは，概して，意識面については実習の前後で変化が見られ，また，危険感受性の向上に関しては肯定的回答が目立つのに対し，実際の行動面，特に運転行動に関する変化がそれほど明確に現れていない点である。意識や感受性の変化があっても実際の行動につながらなければ，教育の効果は疑わしいものとなる。しかし，この点について横山梨菜は，回答者の多くが実習後に車を運転する機会，すなわち教育内容を実践する機会に乏しいことと調査結果との関連に着目し，「教育で学んだことを実践できる環境を整えること」の重要性を指摘している。

終　章　安全教育はいかにあるべきか

　社会安全体験実習を通じて，受講者が何をどのように理解し，感じたかについては，受講者から提出されるレポートからおおよそ把握することが可能である。この範囲に限れば，実習で学び体験したことは，多くの受講者にとって有用かつ有益であったことが伺える。しかし，より重要なのは，受講によって恒常的・長期的な安全態度の形成がなされたかどうか，より安全側への行動の変容につながったかどうか，という点である。こうした観点からは，受講者に対する長期的な追跡調査が望ましいが，卒業後も継続してデータを取得しようとすることは容易ではない。逆に，受講後に起こした交通事故の経験などもネガティブな面からの評価指標となり得るが，ネガティブであるがゆえに客観的なデータ取得はより困難になり，前述した理由により長期的な追跡も現実的ではない。したがって，現状ではレポートなどから実習の効果を推察するに留まらざるをえないが，将来的には，受講者に対して負担をかけることなく長期的な評価を実現する方法を検討したいと考えている。

（4）危険補償行動への対応

　危険補償行動とは，ワイルド（2007）[4]によって提唱された概念である。これは，「ある対策をとることで得られる安全面でのプラスの効果を，運転者がより危険な行動をとることで相殺する傾向」を指す。危険補償理論によれば，個々人は自分なりの「受容可能なリスクレベル」を持っており，周囲の状況や環境の変化に応じて自らの行動を変化させ，このリスクレベルを一定に保とう（補償しよう）とする傾向がある。したがって，例えば道路設備や道路環境面での安全化が進展するなど何らかの安全対策を実施しても，その交通環境において行動する交通参加者が対策実施前と同程度のリスクレベルを保とうとすれば，以前よりも不安全な行動をとる，といった「補償」を行うことになる。そのため，物理的な安全対策であっても，そこで行動する人間の主観的な「受容可能なリスクレベル」を引き下げる方向に働きかけるものでなければ，やがて対策の効果は失われてしまう。

　物理的対策に限らず，一定の教育や訓練，特に技能訓練が，危険補償行動につながるおそれもある。例えば，通常では経験しないような特殊な技能訓練を

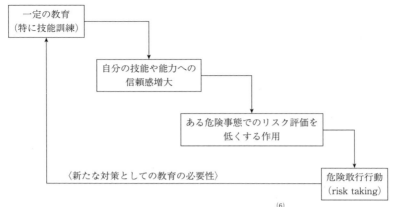

図終-4 教育における危険補償行動[6]
（出所）　中村隆宏「安全教育における疑似的な危険体験の効果と課題」『安全工学』第46巻第2号，2007年，82-88頁より筆者一部改変。

受けることで，受講者の自らの技能や能力への信頼感は高まる。高まった信頼感は，ある危険事態でのリスクを低く評価する作用を生み，その結果，訓練を受ける以前には受け入れなかったようなリスクでも受け入れ，危険敢行行動をとるようになる（図終-4）[5]。

　すなわち，教育や訓練の効果としての事故の減少あるいは増加は，最終的には，教育効果と危険補償行動の大きさとの力関係で決定されることになる。危険補償行動をコントロールするためには，はるかに高い水準の技能を提示すること，自分の能力だけでは回避しようのない危険事態を深く理解することが有効である，と指摘されている[7]。

　社会安全体験実習は，運転技能の向上を目的とした教育ではないが，「特殊な技能訓練」と理解されてしまう側面があることは否定できない。実習への参加が，危険補償行動を誘発するのではないか，という懸念があったことも，事実である。無論，こうした課題について無策であるわけではない。宿泊研修では，受講者に対し，危険感受性と危険敢行性，危険補償行動の問題について詳しく説明がなされている。また，インストラクターの運転技術に間近に触れることで，より高い水準の技能を提示可能である。加えて，宿泊研修中に実施す

る集団討議では，自身を含め様々な交通参加者の特性を踏まえ，交通場面における行動と危険事態について，受講者間でのディスカッションを行う。

　こうした対応が果たして十分なものであるか否かは，現時点では議論の余地が残されているものの，今後とも引き続き重要課題として取り組みを継続するとともに，前述の教育効果と同様，長期的な評価を実現する方法を検討したいと考えている。

5　社会安全体験実習が目指すもの：実習の本質

　交通事故に限らず，自然災害でも事故・災害でも，世の中に存在する様々なリスクは決して他人事ではない。しかし一方で，技術発展の恩恵を享受し，高い利便性に溢れ，膨大な情報に取り囲まれた日々を送る中で，こうした忌むべき事態が自分に起こる可能性は低いはずだ，自分には関係のないことだ，と思い込むように次第に仕向けられて，もしくは，自身を仕向けてはいないだろうか。

　社会安全体験実習は，自動車の運転技術の向上を図るものではない。交通事故という身近でありながら重大な出来事を切り口としてはいるが，受講生に対して第一に求めるのは，こうした身近なリスクを，自らの問題として真摯に捉える姿勢である。交通場面においては，不特定多数の人々が，道路をはじめ歩道や車両内といった空間を共有し，それぞれの目的と手段に応じて様々に行動する。自らハンドルを握らない場合でも，同乗者であれば同乗者として果たすべき役割と責任がある。これは，自身が歩行者として，あるいは自転車利用者，公共交通機関の利用者として行動する場合も変わりはない。さらに，一般的な交通環境においては，空間と時間を共有する人々の匿名性が高く，極めて複雑な相互関係の上に成り立っている。こうした中で，自らの意図や立場のみにこだわり，他の人々の意図や立場を考慮し尊重しなければ，自身と他者，あるいは周囲と間で様々なコンフリクト（対立・混乱）が生じる。関係する人々全てが安全かつ快適に交通行動を行うには，自身は何に着眼し，何を考慮し，どのような行動を選択すべきか，といった，他者の意図と立場を慮った思考が必要

となる。こうした思考への道筋を示し，自発的な気づきへと導くことが，実習において重視する点である。

　次いで受講生に対して求められるのは，前述した思考をどのように具現化するか，という点である。いくら理屈で理解しても行動として具現化できなければ，実践的・実用的ではない。無論これは，特殊な運転技術を身に付けなければならない，ということを意味してはいない。むしろ，自身も含め周囲の人々が，さらには社会全体が，より安全かつ快適に行動し，暮らしていくためにはどうすれば良いか，という，ごく基本的な思考の延長に位置するものである。事実，実習中には，時間厳守（遅刻厳禁），挨拶の励行，問いかけに対する返答など，まるで幼い子どもに対する小言のような注意が繰り返されるが，これらは単なる「お作法」ではない。前述のとおり，他者の意図と立場を慮るのであれば，どのように振る舞うべきかが，受講者に対して愚直なほどに問いかけられているのである。

　キャンパスの日常では，"少しくらいの遅刻なら構わない"という価値観が当たり前であったとしても，実習では認められていない。挨拶でも返答でも，厳しく指摘される機会など，大学生にもなれば皆無であるのかもしれない。これに対し，多くの受講者がかなりの戸惑いと反発を感じていることは，実習担当教員として実感するところである。しかし，実習後の大学生活においては，就職活動などで実社会との接点が確実に増加し，そして卒業後は社会人として生きていくことになる。4年間の大学生活の中で一度くらい，大学という枠の中だけで通用する価値観以外にも様々な価値観があり，それらに対応する必要があることを，実習を通じて経験しても良いだろう。"本当に必要な時にはきちんとする"といくら豪語しても，日頃からできない，しようとすらしないことを，いざという時だけ満足にやろうとしても，到底不可能である。日頃から意識し，行動に反映させ，躾となってこそ初めて，パフォーマンスを発揮できるようになるのであって，これは交通に限らずどのような「安全」にも通じることである。"取り返しのつかない事態"というものは必ず存在し，しかも身近なところにある。どれほど悔やんでも，取り戻せない，償い切れない事態に陥る可能性は，誰にでもある。これらの重大性を認識し，考え，これからの行

動にどのように結びつけるのかが，実習のいたるところで受講者に問われるのである。

6　安全を創造する担い手の育成

　自動車をはじめ現在の交通システムは，安全システムとしては，もともと不完全なものである。運転者であれ，自転車であれ，歩行者であれ，操作・行動する人間にかなりの裁量を委ねており，移動手段としての自由度が高い。その反面，絶対に事故に至らないことを保証するシステムは存在せず，扱う人間の側が相応の責任と役割を担わなければならない。それゆえに，交通参加者同士の信頼関係の上に，システム全体がかろうじて成り立っているのが現実である。
　受講者にとって，極めて身近にありながらも今後ともさらに複雑化・高度化する交通社会を生き抜いていく術を身に付けることはもちろん，自身と同様に他者を慮り，社会的存在としてともに安全を創造するきっかけを得る機会となれば，社会安全体験実習の目的は達せられる。

注
(1)　2010〜2013年度入学者に対するカリキュラムにおいては「社会安全体験実習Ⅱ」であった。2014年度入学者より「社会安全体験実習」に変更。
(2)　総務省統計局資料「平成25年中の交通事故の発生状況」(http://www.e-stat.go.jp/SG1/estat/List.do?lid=000001117549　2014年9月27日閲覧)。
(3)　クレフィール湖東交通安全研修所ホームページ (http://www.crefeel.co.jp/drive/study.html　2014年9月27日閲覧)。
(4)　蓮華一己『交通危険学——運転者教育と無事故運転のために』啓正社，1996年，D. Klebelsberg／長山泰久監訳，蓮華一己訳『交通心理学』企業開発センター交通問題研究室，1990年。
(5)　中村隆宏「安全教育における疑似的な危険体験の効果と課題」『安全工学』第46巻第2号，2007年，82-88頁。
(6)　中村隆宏，前掲注(5)。
(7)　蓮華一己『交通危険学——運転者教育と無事故運転のために』啓正社，1996年。

参考文献

中村隆宏「安全教育としての危険体験の展開」『安全工学』第 47 巻第 6 号，2008 年，383-390 頁。

横山梨菜「安全教育の現状と教育効果——体験型教育の場合」『関西大学社会安全学部卒業論文』2014 年 a（未公刊）。

横山梨菜「安全教育の現状と教育効果——体験型教育の場合」『関西大学社会安全学部平成 25 年度卒業論文発表会概要集』2014 年 b，489-490 頁。

ワイルド，ジェラルド・J・S／芳賀繁訳『交通事故はなぜなくならないか——リスク行動の心理学』新曜社，2007 年。

あとがき

　関西大学社会安全学部編による社会安全学に関するテーマを主軸とした一連の著作の第4冊目の出版に漕ぎ着けることができた。原稿の締め切りは2014年9月末であったが，ほとんど遅れることもなく10月初めには執筆者全員の原稿が筆者の手元にそろった。前3冊の場合も，刊行前年の9月末を締め切りとしていたが，スケジュールどおりに出版工程へ乗せることができている。今回もそうだが，夏休みを返上して執筆に傾注してくれた同僚諸氏に，編集担当者として改めて感謝の意を表したい。

　本書のタイトルは，「リスク管理のための社会安全学」である。国際的にも高名なドイツの社会学者のウルリヒ・ベックは，科学・技術の利活用により生産力が飛躍的に増大した現代社会を，人間に対する脅威の潜在的可能性が今までにない規模で顕在化した，リスク社会と呼んでいる（東廉・伊藤美登里訳『危険社会――新しい近代への道』法政大学出版局，1998年参照）。ベックは，東京電力福島第一原子力発電所の事故後の2011年5月に，ドイツのメルケル首相の諮問機関で脱原発を提言した「倫理委員会」のメンバーを務めたことでも知られている。新年早々，そのベックの逝去（享年70歳）の知らせが飛び込んできた（『日本経済新聞』2015年1月4日）。現代社会におけるリスクの諸問題を鋭く考察したベックの一連の著作は，わが国でも多くの読者を得ていただけに，惜しまれてならない。

　ところで，2014年4月16日，隣国・韓国でフェリー船・セウォル号の転覆・沈没事故が発生した。修学旅行中の高校生を含む300名近くの乗客が犠牲となる，韓国社会に衝撃を与えた痛ましい事故だった。この事故を受けて，韓国交通研究院は翌5月22日，ソウル近郊の高陽市において"System Construction for Effective Response and Prevention of Transport Disasters"と冠した国際シンポジウムを開催した。基調講演者としてこのシンポジウムに招聘された

筆者は，講演の冒頭で自己紹介を兼ねて社会安全学部について紹介・言及した。韓国の研究者は，安全問題に特化した学部や大学院があるということに一種のカルチャー・ショックを受けたようで，昼食やコーヒー・ブレイクの時間中にも，かなりの数の人たちから学部のカリキュラムの内容や卒業生の進路などについて，より立ち入った質問を受けた。国際的にも本学部の存在がアピールできた機会となった。

　本学部は，研究教育活動の一層の充実を図るため，2014年4月に5名の研究者を新規採用した。その結果，本学部の専任教員体制は28名へと拡充された。新たに着任した小山倫史，桑名謹三，山崎栄一，秋山まゆみ，近藤誠司の5人は，いずれも本学部編による一連の著作への初デビューとなる論考を本書に寄稿している。大方のご批判を仰ぎたいと思う。

　最後になったが，ミネルヴァ書房編集部の梶谷修さん，並びに中村理聖さんには今回も出版にあたって大変お世話になった。この場を借りて御礼申し上げたい。

　　2015年1月　小寒の日に

編集担当　安部誠治

索　引
（＊は人名）

あ　行

アーチアクション　112-114, 120
青色パトロール制度　184
アクセス権　25
圧力水頭（マトリックス・サクション）　135
雨水浸透　132, 138, 140
アンケート調査　92, 93
安全綱領　145
EC プライバシー研究報告　26
EU 一般データ保護規則提案　22, 32, 33
EU データ保護指令　21, 23
意見具申　16
1 時間雨量　137
1 分間降雨量　141
医療保険　72
雨滴粒径　131, 138
運転規制　146
営業秘密　37
X バンド MP レーダー　141, 142
FTC レポート　38
＊エルイーマム, K.　36
応力-浸透連成解析　139
遅れ破壊　146

か　行

回収等命令　9
外傷後成長　198, 200, 201
火災原因調査　170
火災予防　170
ガス湯沸器　50, 51
仮設住宅　191
学校教育　237
学校教育法　237
学校保健安全法　236

ガバナンスの欠陥　60
＊カブキアン, A.　35
間隙空気　137-139
間隙水圧　132
勧告　8, 16
関東大震災　147
監督機関　25
気液二相解析　140
企業の社会的責任　47
危険敢行行動　260
危険敢行性　260
危険感受性　260
危険体験教育　251
危険補償行動　259, 260
危険補償理論　259
気象業務法　244
気象レーダー　142
紀勢本線　154
教育基本法　236
行政手続番号法　23, 36
行政防護服　175
強制保険　72, 73, 77
局地的大雨　128
緊急雇用創出事業　191
緊急消防援助隊　171
緊急避難梯子　159
クラスト　138
＊グリーンリーフ, G.　26
群集事故　109, 114
経済産業省　62
ゲリラ豪雨　128, 134, 137, 141
圏域補完　183
原因究明　15
減災インセンティブ　70
減災の正四面体モデル　213

267

減災レジリエンス 85
原子力損害の賠償に関する法律（原賠法） 68
原子力保険 69
建築基準法 244
降雨外力 137
降雨加速度 137
降雨強度 129, 131, 137, 138, 141
降雨波形 129, 134
公助・共助・自助の三層補完モデル 168
交通参加者 261
公表 9
公民館 238
コールトリアージ 171
国難 85
個人情報保護法 24, 28
個人特定性低減データ 39
個別訓練タイムトライアル 225
コミットメント 213, 218, 226-228
コントロールボックス 55
コンプライアンス 27, 30, 41

さ 行

最悪の被災シナリオ 92
災害救助法 239
災害ジャーナリズム 211-214, 218, 226, 229
災害時要援護者 237
災害時要援護者対策 247
災害対策基本法 232
災害リスク 85, 88
再保険会社 78
CO中毒 47
CO中毒事故 48
時間雨量 133, 137
事故情報 60
事故情報データバンク 7, 13
事故調査 15
自然災害による鉄道の死亡事故 145
市町村消防本部間の地域間格差 168
市町村の一次的責任の原則 172

自動車損害賠償保障法（自賠法） 68
自動車保険 76
自賠責保険 69, 76
私保険 71
社会教育 237
斜面崩壊 131
集合知 91, 92
重大事故等 7, 13
集中豪雨 128
10分間降雨量 137
首都直下地震 85, 87, 92, 104, 105
純保険 71
小規模消防本部 169
譲渡等の禁止・制限 9
常磐線 152, 159
消費者安全調査委員会 15
消費者安全法 6, 8
消費者基本法 4
消費者行政 5, 6, 9, 18
消費者事故 7, 13
消費者庁 5, 7, 48
消費者の安全 47
消費者保護法 4
消費生活用製品安全法 48
消防研究センター 182
消防大学 182
消防団 183
消防団を中核とした地域防災力の充実強化に関する法律 185
消防庁 173
消防の広域再編 186
消防防災行政 167
昭和三陸津波 150
資料の提供要求等 10
指令 152
指令所 151, 153, 164
人事交流 174
侵食 133, 139, 141
深層崩壊 133
新地駅 152

索　引

浸透能　139
浸透破壊　141
新聞記事　99, 100
垂直補完　175
水平補完　177
数値解析（数値シミュレーション）　139, 142
すべり面　132
成解（社会的立解）　228
精神健康調査票（GHQ30）　196
製造物責任法　56
生命身体事故等　7
責任保険　68
先行降雨　141
全国消防長会　177
仙石線　151
選定　16
措置要求　9
損害賠償法　75

た　行

体感教育　251
体験型教育　251
代表消防　178
縦割り行政の欠陥　62
タンクモデル　139, 141
地域公助　171
地下鉄サリン事件　174
地区防災計画　185, 245
注意喚起　8, 9, 11
中央防災会議　105
調査　16
チリ津波　149
通信　164
通知　12
津波対策の推進に関する法律　235
津波ハザードマップ　154
津波発生時における鉄道旅客の安全確保に関する協議会　162
津波避難口　159
津波避難行動心得　157, 164

津波避難標　154
津波避難誘導　144, 151, 155, 157
津波避難誘導支援システム　159, 165
津波避難誘導標　157
デタッチメント（detachment）　213, 226
転倒枡型雨量計　134
東京南部地震　86
東京湾北部地震　86
統合型地下水解析　140
当事者性　214
透水係数（浸透能）　132
東南海地震　147
匿名化情報　38
土砂災害警戒区域　141
土砂災害警戒情報　141
土砂災害防止法　141
土壌雨量指数　141

な　行

内部統制システム　29
内部統制報告制度　30
内部摩擦角　132
内務省警保局　172
那智駅　147
南海地震　149
南海トラフ巨大地震　85, 86, 105
新潟県中越地震　147
日本海中部地震　149
日本語版外傷後成長尺度（PTGI-J）　196, 207
日本再興戦略　21
任意保険　77
ネット集合知　91
ネットワーク・ヘゲモン　173
根府川駅　147
粘着力　132
野蒜駅　151

は　行

パーソナルデータの利活用に関する制度

269

改正大綱　40
ハインリッヒの法則　164
ハザードマップ　141, 157
八戸線　158
バックビルディング現象　128
パロマ工場第三者委員会　57
パロマ事故　58
パロマ社　47
パロマ湯沸器事故　47
阪神・淡路大震災　89, 147
はんだ割れ　55
PIO-NET　7, 13
被害額　91, 104
被害想定　88
被害評価作業　85
東日本大震災　89, 100, 150
被規制産業　62
ピクトグラム　155
被災シナリオ　97
被災者支援　191, 192, 201, 206
避難階段　156
避難行動要支援者名簿　247
避難シミュレーション　107, 108, 125
ヒューマンエラー　145
評価　16
表層崩壊　133, 139
表面流　133, 139, 140
風評被害　222
フェールセーフ　54
不完全燃焼　55
福井地震　146
複合土砂災害　133
不正改造　48
不法行為法　68
プライバシー　28
プライバシー・コミッショナー　35
プレハブ仮設住宅　192
不連続変形法　139

防災士　238
防災法教育　245
飽和-不飽和浸透流解析　139
保険料　71
歩行者シミュレーション　107, 111
北海道南西沖地震　149
ボトルネック　109

ま行

マニュアル　164
マルチハザード　167
見かけの粘着力　132
未災者　211
みなし仮設住宅　193
明治三陸津波　150
モラルハザード　73, 77

や行

有限要素法　139
有効応力　132
融合型補完　182
抑止機能　77
4つのT　212

ら行

リアリティ　214, 215, 218, 227, 228
リアリティの共同構築　226-228
リアリティの共同構築モデル　212, 213
リアルタイム雨量計　134
離散要素法　113, 117
リスク　27, 31, 32, 60, 61, 170, 221, 240, 249-252, 259-261
リスク情報　50, 62
リバタリアニズム　67, 68
粒子法　139
列車無線　151
連続雨量　133
ローカリティ（locality）　224, 227

執筆者紹介

小澤　守（社会安全学部長・教授　巻頭言・第3章担当）
　1950年生まれ，大阪大学大学院工学研究科博士課程修了，工学博士，安全設計論。

秋山まゆみ（社会安全学部助教　第1章担当）
　明治大学大学院法学研究科博士後期課程単位取得後退学，経済法・消費者法・消費者安全論。

髙野一彦（社会安全学部教授　第2章担当）
　1962年生まれ，中央大学大学院法学研究科博士課程修了，博士（法学），情報法学・企業法学・企業の社会的責任論。

安部誠治（社会安全学部教授　はしがき・第3章・あとがき担当）
　1952年生まれ，大阪市立大学大学院経営学研究科後期博士課程中退，公益事業論。

桑名謹三（社会安全学部准教授　第4章担当）
　1960年生まれ，上智大学大学院地球環境学研究科博士後期課程修了，博士（環境学），保険論。

河田惠昭（社会安全学部教授　第5章担当）
　1946年生まれ，京都大学大学院工学研究科博士課程修了，工学博士，防災・減災，危機管理。

川口寿裕（社会安全学部教授　第6章担当）
　1966年生まれ，大阪大学大学院工学研究科博士前期課程修了，博士（工学），群集安全学。

小山倫史（社会安全学部准教授　第7章）
　1975年生まれ，スウェーデン王立工科大学（KTH）資源・水資源工学科博士課程修了，Ph.D，岩盤・地盤工学。

林能成（社会安全学部准教授　第8章担当）
　1968年生まれ，東京大学大学院理学系研究科博士課程修了，博士（理学），地震学・地震災害論。

永田尚三（社会安全学部准教授　第9章担当）
　1968年生まれ，慶應義塾大学大学院法学研究科修士課程修了，消防防災行政論。

永松伸吾(ながまつしんご)（社会安全学部准教授　第10章担当）

　1972年生まれ，大阪大学大学院国際公共政策研究科博士後期課程退学，国際公共政策博士，災害経済学。

元吉忠寛(もとよしただひろ)（社会安全学部准教授　第10章担当）

　1972年生まれ，名古屋大学大学院教育発達科学研究科博士後期課程単位取得後退学，博士（教育心理学），災害心理学。

金子信也(かねこしんや)（社会安全学部助教　第10章担当）

　1968年生まれ，福島県立医科大学大学院医学研究科博士課程修了，博士（医学），精神衛生・労働安全衛生。

近藤誠司(こんどうせいじ)（社会安全学部助教　第11章担当）

　1972年生まれ，京都大学大学院情報学研究科博士後期課程指導認定退学，博士（情報学），災害情報論・災害ジャーナリズム論。

山崎栄一(やまさきえいいち)（社会安全学部准教授　第12章担当）

　1971年生まれ，神戸大学大学院法学研究科公法専攻博士後期課程単位取得退学，京都大学博士（情報学），憲法・行政法・災害法制。

中村隆宏(なかむらたかひろ)（社会安全学部教授　終章担当）

　1967年生まれ，大阪大学大学院人間科学研究科博士後期課程単位取得退学，博士（人間科学），ヒューマンエラー論・産業心理学・交通心理学。

リスク管理のための社会安全学
――自然・社会災害への対応と実践――

2015年3月30日　初版第1刷発行　　　　　　　　〈検印省略〉

定価はカバーに
表示しています

編　者		関 西 大 学 社会安全学部
発 行 者		杉 田 啓 三
印 刷 者		林　　初 彦

発行所　株式会社　ミネルヴァ書房
607-8494　京都市山科区日ノ岡堤谷町1
電話代表　(075)581-5191
振替口座　01020-0-8076

© 関西大学社会安全学部，2015　　　　　太洋社・兼文堂

ISBN978-4-623-07282-8
Printed in Japan

検証　東日本大震災

関西大学社会安全学部　編　Ａ５判　328頁　本体3800円

各専門分野の研究者が被災地を踏査。山積する課題解決のための検証と大災害からの復興への視座を提示する。

事故防止のための社会安全学

関西大学社会安全学部　編　Ａ５判　328頁　本体3800円

●防災と被害軽減に繋げる分析と提言　学際融合的アプローチと実践的・政策的アプローチを統合し課題に対峙。

防災・減災のための社会安全学

関西大学社会安全学部　編　Ａ５判　250頁　本体3800円

●安全・安心な社会の構築への提言　最先端の学際的研究から自然災害への総合的対策を検証。

東日本大震災とNPO・ボランティア

桜井政成　編著　Ａ５判　232頁　本体2800円

●市民の力はいかにして立ち現れたか　NPO・ボランティアを取り巻く状況を紹介し、包括的な考察を試みる。

巨大災害のリスク・コミュニケーション

矢守克也　著　Ａ５判　234頁　本体3500円

●災害情報の新しいかたち　これまでの災害情報観を一新する革命的視点。

東日本大震災と社会学

田中重好／舩橋晴俊／正村俊之　編著　Ａ５判　364頁　本体6000円

●大災害を生み出した社会　長い復興に向けた議論の土台を築く，社会学による大震災研究への第一歩。

―― ミネルヴァ書房 ――

http://www.minervashobo.co.jp/